数控加工一体化教程

主　编　李东君

副主编　李明亮

参　编　聂振学

主　审　陈林山

北京理工大学出版社

BEIJING INSTITUTE OF TECHNOLOGY PRESS

内 容 简 介

本教材是以培养学生数控编程与操作能力、弘扬大国工匠精神为核心，依据国家相关职业标准规定的知识与技能要求，按职业岗位能力需要的原则编写的，教学内容按照分析工艺、拟定工艺路线、编写加工程序、仿真加工验证、检测工件、实际机床实训流程，整个学习过程以结合企业典型案例，深度融入课程思政，突出工匠精神、强化训练学生的综合技能，增强爱国主义情怀。

本教材分数控车削加工技术、数控铣削加工技术、数控电火花线切割加工技术、数控加工技能强化共 4 个项目 21 个工作任务，项目 1 主要介绍数控车削加工技术，包括认识数控车床、车削加工外圆柱/圆锥类、外圆弧类、螺纹类、孔类、综合类零件及操作数控车床共 7 项工作任务；项目 2 主要介绍数控铣削/加工中心加工技术，包括认识数控铣床/加工中心、铣削加工平面类、轮廓类、型腔类、孔类、综合类零件及操作数控铣床共 7 项工作任务；项目 3 主要介绍数控加工技能强化，包括数控车削加工技能强化 – 加工轴类零件、套类零件，数控铣削加工技能强化 – 加工凸台底板、轮廓孔板、综合件共 5 项工作任务；项目 4 主要介绍数控电火花加工技术，包括数控电火花线切割、数控电火花成型加工技术工 2 项工作任务。

本书可作为高职高专、五年制高职、成人专科、电大专科等相关院校数控、模具、机电一体化及相关专业的教学用书，也可作为从事机械加工制造的工程技术人员的参考书及培训用书。

图书在版编目（C I P）数据

数控加工一体化教程 / 李东君主编. －－ 北京：北京理工大学出版社，2021.7

ISBN 978 – 7 – 5763 – 0116 – 8

Ⅰ. ①数⋯ Ⅱ. ①李⋯ Ⅲ. ①数控机床 – 加工 – 高等职业教育 – 教材 Ⅳ. ①TG659

中国版本图书馆 CIP 数据核字（2021）第 152868 号

出版发行 / 北京理工大学出版社有限责任公司

社　　址 / 北京市海淀区中关村南大街 5 号

邮　　编 / 100081

电　　话 / （010）68914775（总编室）

　　　　　（010）82562903（教材售后服务热线）

　　　　　（010）68944723（其他图书服务热线）

网　　址 / http：//www.bitpress.com.cn

经　　销 / 全国各地新华书店

印　　刷 / 三河市龙大印装有限公司

开　　本 / 787 毫米 ×1092 毫米　1/16

印　　张 / 20.5

字　　数 / 531 千字

版　　次 / 2021 年 7 月第 1 版　2021 年 7 月第 1 次印刷

定　　价 / 89.00 元

责任编辑 / 薛菲菲

文案编辑 / 薛菲菲

责任校对 / 周瑞红

责任印制 / 李志强

《数控加工一体化教程》于 2010 年 8 月初版，融入全新的高职课改理念，坚持项目引领、任务驱动、校企合作等先进教改模式，获得 2011 年江苏省高校精品教材奖、2011 年由中国电子信息学会评选的全国优秀教材二等奖，于 2015 年获评"十二五"职业教育国家规划教材。自发行以来，深受全国同类高职院校同行的厚爱。

本书的编写继续秉承初版的精髓，坚持以高等职业教育人才培养目标为依据，结合教育部关于数控等相关专业紧缺型人才培养要求，注重内容的基础性、实践性、科学性、先进性和通用性。本书融理论教学、技能操作、企业项目为一体。本书的设计以项目为引领，以工作过程为导向，以具体工作任务为驱动，强化校企合作，按照数控加工职业岗位（数控编程员和数控操作工）的工作内容及工作过程，参照数控操作工国家职业资格标准，对应职业岗位核心能力培养设置了 4 个项目，共 21 个工作任务，进行由浅入深的项目任务学习和训练，最后完成综合零件的工艺设计、程序编制和加工操作。同时，按照国家职业标准进行数控车削、数控铣削等工种的中级工强化训练，较好地满足了企业对数控加工一线人员的职业素质需要。

本书继续突出以下特点。

（1）以项目为引领，工作过程为导向，典型工作任务为驱动，强化校企合作，用选自企业或生产中典型零件的工作任务来统领整个教学内容。

（2）强化职业技能和培养综合技能，要求教学中教师在"教中做"、学生在"做中学"，并与职业技能鉴定相结合。

本书参考学时为 174 学时，建议采用理实一体教学模式，6 周完成，各项目参考学时见下表。

项目设计	任务设计	理论学时	课内实训学时	总学时	项目小计
项目 1 数控车削加工技术	任务 1.1 认识数控车床	4	2	6	50
	任务 1.2 车削加工外圆柱/圆锥类零件	2	4	6	
	任务 1.3 车削加工外圆弧类零件	2	4	6	
	任务 1.4 车削加工螺纹类零件	4	4	8	
	任务 1.5 车削加工孔类零件	2	4	6	
	任务 1.6 车削加工综合类零件	2	6	8	
	任务 1.7 操作数控车床	2	8	10	

续表

项目设计	任务设计	理论学时	课内实训学时	总学时	项目小计
项目2 数控铣削加工技术	任务2.1 认识数控铣床/加工中心	4	2	6	54
	任务2.2 铣削加工平面类零件	2	4	6	
	任务2.3 铣削加工轮廓类零件	2	6	8	
	任务2.4 铣削加工型腔类零件	2	4	6	
	任务2.5 铣削加工孔类零件	2	4	6	
	任务2.6 铣削加工综合类零件	2	8	10	
	任务2.7 操作数控铣床/加工中心	4	8	12	
项目3 数控加工技能强化	任务3.1 数控车削加工技能强化——加工轴类零件	3	27	30	60
	任务3.2 数控车削加工技能强化——加工套类零件	3	27	30	
	任务3.3 数控铣削加工技能强化——加工凸台底板	2	18	20	60
	任务3.4 数控铣削加工技能强化——加工轮廓孔板	2	18	20	
	任务3.5 数控铣削加工技能强化——加工综合件	2	18	20	
项目4 数控电火花加工技术	任务4.1 数控电火花线切割加工技术	4	2	6	10
	任务4.2 数控电火花成型加工技术	2	2	4	
合计		48	126	174	174

本书由南京交通职业技术学院李东君任主编，盐城工业职业技术学院李明亮任副主编，山东美晨工业集团有限公司聂振学参与部分内容的编写。李东君负责编写项目1、项目2、项目4，李明亮主要负责任务3.1~任务3.5的编写，聂振学参与项目3、项目4部分内容的编写，感谢南京交通职业技术学院陈林山教授对该教材的审阅并提出修改意见。李东君负责全书的统稿，另外在本书编写过程中参考和借鉴了诸多同行的相关资料、文献，在此一并表示诚挚感谢！

限于编者水平，书中难免有疏漏之处，敬请读者不吝赐教，以便修正，日臻完善。

编　者

2021 年 5 月

目 录

项目1 数控车削加工技术

知识目标	技能目标	素养目标
1. 了解数控车床结构、种类及数控加工原理； 2. 掌握数控车削加工工艺规程制订； 3. 掌握数控车床编程坐标系、编程指令及其编程方法； 4. 掌握数控编程仿真软件操作及数控车床操作流程	1. 分析数控车削加工工艺能力； 2. 编制数控车削加工程序能力； 3. 中级数控车床操作能力； 4. 中级数控机床加工工艺分析、程序编制和调试能力； 5. 测量工件和控制质量能力	1. "立德树人"，德育先行，培养学生良好的道德品质、勤于思考、刻苦钻研、勇于探索的良好作风； 2. 培养学生大国工匠精神、甘于奉献、爱国主义情操； 3. 培养学生具有一定的计划、决策、组织、实施和总结的能力； 4. 培养学生沟通协调能力和团队合作及敬业精神； 5. 培养学生具有一定的综合分析、解决问题的能力； 6. 培养学生严谨、细心、全面、追求高效、精益求精的职业素质，强化产品质量意识

技能目标

1. 具备分析数控车削加工工艺的能力；
2. 具备编写数控车削加工程序的能力；
3. 具备中级数控车床操作的能力；
4. 具备中级数控车床加工工艺分析、程序编制和调试的能力；
5. 具备测量工件和控制质量的能力。

课程思政案例一

知识目标

1. 了解数控车床的结构、种类及数控加工原理；
2. 掌握数控车削加工工艺规程制定；
3. 掌握数控车床编程坐标系、编程指令及其编程方法；
4. 掌握数控编程仿真软件操作及数控车床操作流程。

项目导读

本项目从认识数控车削加工开始，分别介绍车削外圆柱/圆锥类、外圆弧类、螺纹类、孔类、综合类零件，分析车削工艺，拟定车削路线，同时利用数控仿真软件由浅入深地分类介绍数控车削编程技术与仿真编程加工，最后介绍实际机床加工操作，使学生直接体验车削加工的真实过程。此外，本项目在熟练操作数控编程仿真软件及实际数控车床的基础上，针对中级数控车床国家职业技能标准进行强化训练，主要针对典型的轴类与套类零件等进行加工，强化训练约两周，并在两周后举行数控车床中级技能鉴定。

本项目精选企业加工案例，遵循"做中学，学中做"，融理实为一体，参照国家职业技能鉴定标准，借助数控仿真软件、数控车床同步教学，针对性极强，突出技能训练，目的是使学生达到中级及以上技能操作水平。学习过程：分析工艺→拟定车削路线→编写数控车削程序→仿真加工验证→实际车床加工→检测工件→考证。

任务 1.1　认识数控车床

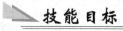 **技能目标**

1. 能分析数控车床结构；
2. 能分析车削工艺；
3. 会对刀、设立刀补并确定相关坐标系；
4. 会使用数控车床加工仿真软件。

知识目标

1. 了解数控车床结构与车削工艺；
2. 掌握机床坐标系确定原则；
3. 了解并掌握机床原点与参考点；
4. 熟悉工件坐标系及其设定；
5. 熟悉数控车床仿真软件；
6. 熟悉数控车床加工仿真操作步骤。

1.1.1　任务导入：数控车削仿真加工

完成如图 1.1 所示零件的数控仿真加工，毛坯为 $\phi 25$ mm 棒料。

1.1.2　知识链接

1. 数控机床的分类

1）按加工方式分类

（1）切削机床类：如数控车床、铣床、镗床、钻床和加工中心等。

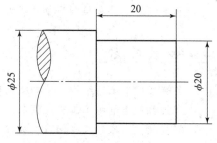

图 1.1　阶梯轴零件图

（2）成型机床类：如数控冲压机、弯管机、折弯机等。

（3）特种加工机床类：如数控电火花、线切割、激光加工机床等。

（4）其他机床类：如数控等离子切割、火焰切割、点焊机、三坐标测量机等。

2）按控制系统功能分类

（1）点位控制数控机床。点位控制数控机床只要求控制机床的移动部件从某一位置移动到另一位置的准确定位，对于两位置之间的运动轨迹不作严格要求，在移动过程中刀具不进行切削加工，如图 1.2 所示。具有点位控制功能的数控机床有数控钻床、数控冲床、数控镗床及数控点焊机等。

（2）直线控制数控机床。直线控制数控机床的特点是除了控制点与点之间的准确定位外，还要保证两点之间移动的轨迹是一条与机床坐标轴平行的直线，而且对移动的速度也要进行控制，因为这类数控机床在两点之间移动时要进行切削加工，如图 1.3 所示。具有直线控制功能的数控机床有比较简单的数控车床、数控铣床及数控磨床等，很少有单纯用于直线控制的数控机床。

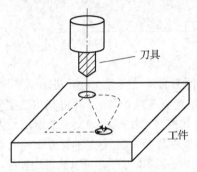

图 1.2　点位控制数控机床

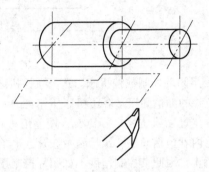

图 1.3　直线控制数控机床

（3）轮廓控制数控机床。轮廓控制又称连续轨迹控制，这类数控机床能够对两个或两个以上的运动坐标的位移及速度进行连续相关的控制，因而可以进行曲线或曲面的加工，如图 1.4 所示。具有轮廓控制功能的数控机床有数控车床、数控铣床及加工中心等。

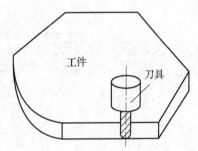

图 1.4　轮廓控制数控机床

3）按伺服控制方式分类

（1）开环控制数控机床。这类数控机床不带检测装置，也无反馈电路，以步进电动机为驱动元件，其控制系统框图如图 1.5 所示。数控机床数控装置输出的进给脉冲指令经驱动电路进行功率放大，转换为控制步进电动机各定子绕组依次通电/断电的电流脉冲信号，驱动步进电动机转动，再经机床传动机构（齿轮箱、丝杠等）带动工作台移动。这种方式控制简单，价格比较低廉，被广泛应用于经济型数控系统中。

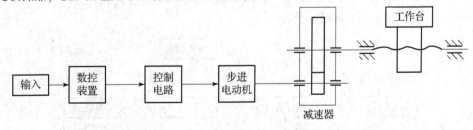

图 1.5　开环控制系统框图

（2）闭环控制数控机床。这类数控机床的位置检测元件安装在机床工作台上，用以检测机床工作台的实际运行位置（直线位移），并将其与数控装置计算出的指令位置（或位移）相比较，用差值进行控制，其控制系统框图如图 1.6 所示。这类控制方式的位置控制精度很高，但由于它将丝杠、螺母副及机床工作台这些大惯性环节放在闭环内，因此调试时，其系统稳定状态很难达到。

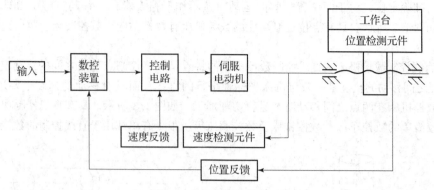

图 1.6 闭环控制系统框图

（3）半闭环控制数控机床。这类数控机床的位置检测元件被安装在电动机轴端或丝杠轴端，通过角位移的测量间接计算出机床工作台的实际运行位置（直线位移），并将其与数控装置计算出的指令位置（或位移）相比较，用差值进行控制，其控制系统框图如图 1.7 所示。由于半闭环的环路内不包括丝杠、螺母副及机床工作台这些大惯性环节，且这些环节造成的误差不能由环路所矫正，因此其控制精度不如闭环控制系统。但由于其调试方便，可以获得比较稳定的控制特性，因此在实际应用中，这种方式被广泛采用。

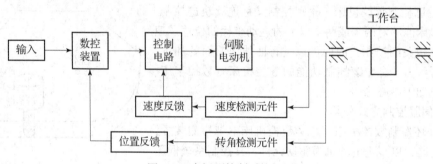

图 1.7 半闭环控制系统框图

2. 数控车床组成

1）数控车床的结构组成

数控车床主要由车床主体、数控装置、伺服系统、检测装置和辅助装置等组成。图 1.8 为数控车床的组成框图，图 1.9 为数控车床的结构。

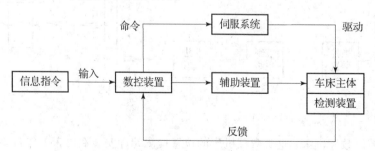

图 1.8 数控车床的组成框图

（1）车床主体：数控车床的机械部件，主要包括主传动系统、进给传动系统、辅助装置等。与普通车床相比，数控车床的主体结构具有刚度好、精度高、可靠性好、热变形小等特点。

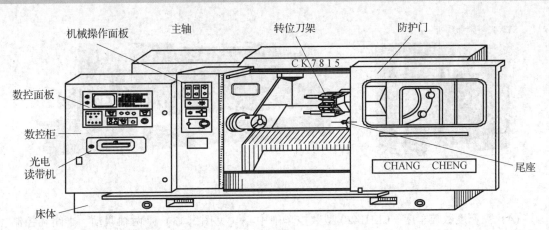

图1.9 数控车床的结构

（2）数控装置：数控车床的控制核心，现代数控装置通常是带有专门软件的专用计算机，在数控车床中起指挥作用。数控装置接收加工程序等送来的各种信息，经处理和调配后，向驱动机构发出各种指令信息。在执行过程中，其驱动、检测等机构同时将有关信息反馈给数控装置，以便经处理后发出新的命令。

（3）伺服系统：数控车床的执行机构，由驱动和执行两大部分组成。它接受数控装置发出的脉冲指令信息，并按脉冲指令信息的要求控制执行部件的进给速度、方向和位移等，每一脉冲使机床移动部件产生的位移叫脉冲当量。

（4）检测装置：通过位置传感器将伺服电动机的角位移或数控车床执行机构的直线位移转换成电信号，输送给数控装置，使之与指令信号进行比较，并由数控装置发出指令，纠正所产生的误差，使数控车床按加工程序要求的进给位置和速度完成加工。

（5）辅助装置：数控车床中一些为加工服务的配套部分，如液压、气动、冷却、照明、润滑、防护和排屑装置等。

2）数控车床的类型

（1）卧式数控车床（水平床身），如图1.10所示，分单轴卧式和双轴卧式数控车床。

（2）立式数控车床，如图1.11所示，分单柱立式和双柱立式数控车床。

（3）卧式斜床身数控车床，如图1.12所示，其采用整体斜床身结构（床身底座一体化结构），导轨向后倾斜成45°，造型美观大方，便于排屑。

图1.10 卧式数控车床

图1.11 立式数控车床

SYX42斜床身系列

图 1.12　卧式斜床身数控车床

（4）高精度数控车床。CKH1420 型数控车削中心（见图 1.13）是两轴联动、半闭环控制、小型高速精密的数控车削中心，是一种车削为主、铣削为辅的车铣复合加工机床。其控制系统采用 SIEMENS 810D 系统，操作方便。刀架上既可安装车刀，又可安装动力铣头或钻头，可进行一般车削加工，还可进行铣削或钻削加工。主轴最高转速可达 8 000 r/min、加工精度可达 IT5、X 轴可全闭环控制。机床采用整体倾斜床身，直线滚动导轨，后置电动刀架，全封闭罩壳，内藏式电主轴，具有 C 轴功能，C 轴分度定位精度高。机床具有高精度、高刚性、高可靠性等特点，可广泛应用于军工、航空航天、仪器仪表、光学、液压、气动、纺织等行业。

（5）四轴联动数控车床，如图 1.14 所示。

图 1.13　CKH1420 型数控车削中心　　　　图 1.14　四轴联动数控车床

（6）车削加工中心，图 1.15 为沈阳一机 CH6145A 车削加工中心。车削加工中心是一种以车削加工模式为主，添加铣削动力刀头后又可进行铣削加工模式的车 – 铣合一的切削加工机床类型。

（7）各种专用数控车床，图 1.16 为轮胎模专用数控车床，此外还有数控卡盘车床、数控管子车床等。

3）数控车床的加工对象

结合数控车削的特点，与普通车床相比，数控车床适用于车削具有以下要求和特点的回转体零件。

（1）轮廓形状特别复杂或难以控制尺寸的回转体零件。数控车床具有直线插补和圆弧插补功能，部分数控车床甚至还具有某些非圆曲线插补功能，故数控车床能车削由任意平面曲线轮廓所组成的回转体零件，包括不能用数学方程描述的列表曲线类零件。有些内型、内腔零件，用普通车床难以控制尺寸，如图 1.17 所示的特形内表面零件，用数控车床加工就很容易控制其尺寸。

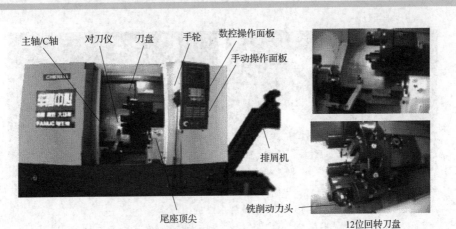

图1.15 沈阳一机CH6145A车削加工中心

（2）精度要求高的回转体零件，如图1.18（a）所示的高精度机床主轴和图1.18（b）所示的高速电动机主轴。

零件的精度要求主要指尺寸、形状、位置和表面精度等要求，其中表面精度主要指表面粗糙度。例如，尺寸精度要求高（达0.001 mm或更小）的零件；圆柱度要求高的圆柱体零件；素线直线度、圆度和倾斜度均要求高的圆锥体零件；线轮廓度要求高的零件（其轮廓形状精度可超过用数控线切割加工的样板精度）；在特种精密数控车床上，还可加工出几何轮廓精度极高（达

图1.16 轮胎模专用数控车床

0.000 1 mm）、表面粗糙度极小（达0.02 μm）的超精零件（如复印机中的回转鼓及激光打印机上的多面反射体等），以及通过恒线速度切削，加工表面精度要求高的各种变径表面类零件等。

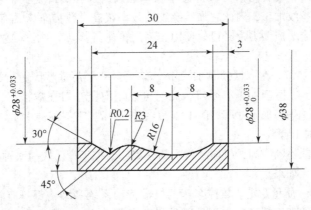

图1.17 特形内表面零件

数控车床刚性好，制造和对刀精度高，能方便和精确地进行人工补偿和自动补偿，所以能加工尺寸精度要求较高的零件，在有些场合可以以车代磨。此外，数控车削的刀具运动是通过高精度插补运算和伺服驱动来实现的，再加上机床的刚性好和制造精度高，所以它能加工对母线直线度、圆度、圆柱度等形状精度要求高的零件。对于圆弧以及其他曲线轮廓，加工出的形状与图纸上所要求的几何形状的接近程度比用仿形车床要高得多。

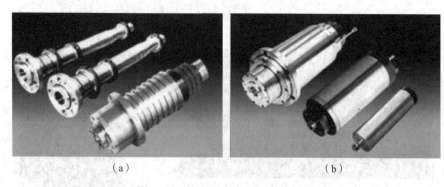

图 1.18 精度要求高的回转体零件

(a) 高精度机床主轴；(b) 高速电动机主轴

（3）特殊的螺旋零件。如图 1.19 所示，这些螺旋零件是指特大螺距（或导程）、变（增/减）螺距、等螺距与变螺距或圆柱与圆锥螺旋面之间作平滑过渡的螺旋零件，以及高精度的模数螺旋零件（如圆柱、圆弧蜗杆）和端面（盘形）螺旋零件等。

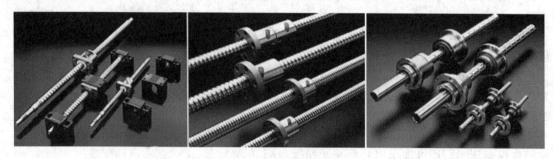

图 1.19 特殊的螺旋零件

数控车床车螺纹时主轴转向不必像普通车床车螺纹时那样交替变换，它可以一刀接一刀不停地循环，直到完成螺纹加工，因此它加工螺纹的效率很高。数控车床具有精密螺纹切削功能，再加上一般采用硬质合金成型刀片，可以使用较高的转速，所以车削出来的螺纹精度高、表面粗糙度小。

（4）淬硬工件的加工。在大型模具加工中，有不少尺寸大而形状复杂的零件，这些零件经热处理后的变形量较大，磨削加工有困难，此时可以用陶瓷车刀在数控车床上对淬硬工件进行车削加工，以车代磨，提高加工效率。图 1.20 为数控车床加工的零件。

4）数控车床的加工特点

随着控制系统性能不断提高，机械结构不断完善，数控车床已成为一种高自动化、高柔性的加工设备，其加工特点如下。

（1）加工精度高、质量稳定。数控车床的机械传动系统和结构都具有较高的精度、刚度和热稳定性。数控车床的加工精度基本不受零件复杂程度的影响，零件加工精度和质量由机床保证，消除了操作者的人为误差。所以，数控车床加工精度高，而且同一批零件加工尺寸一致性好，加工质量稳定。

（2）加工效率高。数控车床刚性好、功率大，能自动进行切削加工，所以能采用较大的、合理的切削用量，可以在一次装夹中完成全部或大部分工序。随着新刀具材料的应用和机床机构不断完善，其加工效率也不断提高，是普通车床的 2～5 倍，且加工零件形状越复杂，越能体现数控车床高效率的特点。

图 1.20 数控车床加工的零件

（3）适应范围广，灵活性好。数控车床能自动完成轴类及盘类零件内外圆柱面、圆锥面、圆弧面、螺纹以及各种回转曲面的切削加工，并能进行切槽、钻孔、扩孔和铰孔等工作。

例如，由非圆曲线或列表曲线（如流线型曲线）构成其旋转面的零件，各种非标螺距的螺纹或变螺距螺纹等多种特殊旋转类零件，以及表面粗糙度要求非常均匀且很小的变径表面类零件，都可以通过数控系统所具有的同步运行和恒线速度等功能保证其精度要求。加工程序可以根据加工零件的要求而变化，所以它的灵活性好，可以加工普通车床无法加工的形状复杂的零件。

3. 确定数控车床坐标系

为了确定工件在数控车床中的位置，准确描述车床运动部件在某一时刻所在的位置以及运动的范围，就必须要给数控车床建立一个几何坐标系。数控车床坐标轴的指定方法已标准化，我国执行的数控标准 GB/T 19660—2005《工业自动化系统与集成 机床数值控制 坐标系和运动命名》与国际标准 ISO 和 EIA 等效，即数控车床的坐标系采用右手笛卡尔直角坐标系。它规定直角坐标系中 X、Y、Z 3 个直线坐标轴，围绕 X、Y、Z 各轴的旋转运动轴为 A、B、C 轴，用右手螺旋法则判定 X、Y、Z 3 个直线坐标轴与 A、B、C 轴的关系及其正方向。

1）数控车床坐标系

（1）坐标轴和运动方向的命名原则。

①永远假定刀具相对于静止的工件坐标而运动。

②数控车床的坐标系按国际标准化组织规定为右手直角笛卡尔坐标系。

③增大刀具与工件距离的方向即为各坐标轴的正方向。

（2）右手笛卡尔直角坐标系。标准车床坐标系中 X、Y、Z 坐标轴的相互关系用右手笛卡尔直角坐标系决定，如图 1.21 所示。

①伸出右手的大拇指、食指和中指，并互为 90°。则大拇指代表 X 坐标轴，食指代表 Y 坐标轴，中指代表 Z 坐标轴。

②大拇指的指向为 X 坐标轴的正方向，食指的指向为 Y 坐标轴的正方向，中指的指向为 Z 坐标轴的正方向。

③围绕 X、Y、Z 坐标轴旋转的旋转坐标分别用 A、B、C 表示，根据右手螺旋定则，大拇指的指向为 X、Y、Z 中任意轴的正向，则其余四指的旋转方向即为旋转坐标 A、B、C 的正向。

数控车床坐标轴
方向确定

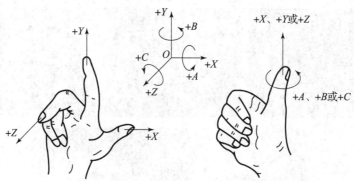

图 1.21　右手笛卡尔直角坐标系

（3）坐标轴方向的确定。判断顺序为 Z 轴→X 轴→Y 轴。

①Z 坐标轴。Z 坐标轴的运动方向是由传递切削动力的主轴所决定的，即平行于主轴轴线的坐标轴即为 Z 坐标轴，Z 坐标轴的正向为刀具离开工件的方向。如果机床上有几个主轴，则选一个垂直于工件装夹平面的主轴方向为 Z 坐标轴方向；如果主轴能够摆动，则选垂直于工件装夹平面的方向为 Z 坐标轴方向；如果机床无主轴，则选垂直于工件装夹平面的方向为 Z 坐标轴方向。

②X 坐标轴。X 坐标轴平行于工件的装夹平面，一般在水平面内。确定 X 轴的方向时，要考虑两种情况：

a. 如果工件作旋转运动，则刀具离开工件的方向为 X 坐标轴的正方向。

b. 如果刀具作旋转运动，则分为两种情况：Z 坐标轴水平时，观察者沿刀具主轴向工件看时，$+X$ 运动方向指向右方；Z 坐标轴垂直时，观察者面对刀具主轴向立柱看时，$+X$ 运动方向指向右方。

③Y 坐标轴。在确定 X、Z 坐标轴的正方向后，可以根据 X 和 Z 坐标轴的方向，按照右手直角坐标系来确定 Y 坐标轴的方向。

数控机床坐标轴的方向取决于机床的类型和各组成部分的布局，数控车床坐标系如图 1.22 所示，Z 轴平行于主轴轴心线，以刀架沿着离开工件的方向为 Z 轴正方向；X 轴垂直于主轴轴心线，以刀架沿着离开工件的方向为 X 轴正方向。

2）数控机床坐标系与工件坐标系

（1）机床坐标系与机床原点。机床坐标系是机床上固有的坐标系，并设有固定的坐标原点，就是机床原点，又称机械原点，即 $X=0$、$Y=0$、$Z=0$ 的点。从机床设计的角度来看，该点位置可任选，但从使用某一具体机床来说，这点是机床

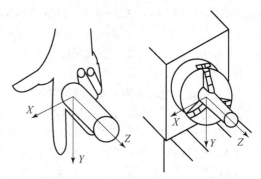

图 1.22　数控车床坐标系

固定的点。与机床原点不同但又很容易混淆的另一概念是机床参考点（零点），它是机床坐标系中一个固定不变的极限点，如图 1.23 所示，在加工前及加工结束后，可用控制面板上的"回零"按钮使部件（如刀具）退回到该点。对车床而言，机床零点是指车刀退离主轴端面和中心线最远而且是某一固定的点，该点在机床出厂时，就已经调好并记录在机床使用说明书中供用户编程时使用，一般情况下，不允许随意变动，如图 1.23 所示的数控车床坐标系与坐标原点的位置。

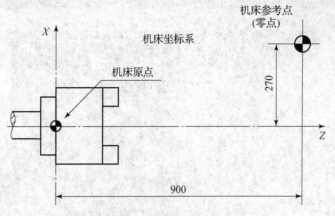

图1.23　机床原点和机床参考点

（2）工件坐标系和工件原点。编程时，为了编程方便，需要在零件图纸上适当选定一个编程原点，即程序原点（或称程序零点）。并以这个原点作为坐标系的原点，再建立一个新的坐标系，称工件坐标系或编程坐标系，故此原点又称为工件原点（工件零点）。与机床坐标系不同，工件坐标系是人为设定的。如图1.24所示，数控车床的工件坐标系一般设在工件的左或右端面中心。

为了建立机床坐标系和工件坐标系的关系，需要设立"对刀点"。所谓"对刀点"就是用刀具加工零件时，刀具相对于工件运动的起点。

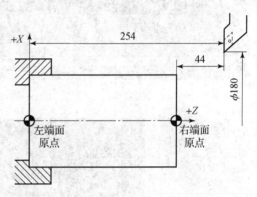

图1.24　工件坐标系设定

"对刀点"一般来说就是编程起点，它既可选在工件上，也可选在工件外面。例如，可选在夹具上或机床上，但它必须与零件的定位基准有一定的尺寸关系，这样才能确定机床坐标系与工件坐标系的关系。

4．数控车床仿真软件操作

图1.25为FANUC 0i–T车床仿真软件界面。

数控车床仿真软件操作过程如下。

（1）进入数控加工仿真系统。

（2）选择机床类型。

（3）开启机床。

（4）毛坯的设定。

（5）数控车床刀具的选择。

（6）介绍数控加工仿真系统的面板。

（7）机床对刀操作。

（8）数控加工程序的传输。

（9）自动加工。

1）机床操作面板

机床操作面板位于窗口的右下侧，如图1.26所示，主要用于控制机床运行状态，由模式选择按钮、运行控制开关等多个部分组成，每一部分的详细说明如下。

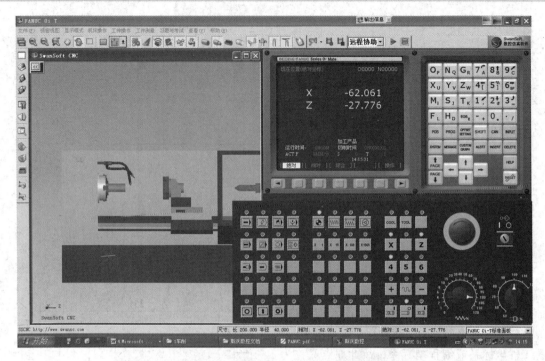

图 1.25   FANUC 0i – T 车床仿真软件界面

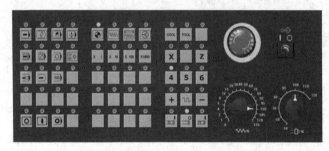

图 1.26   FANUC 0i – T 车床操作面板

（1）基本按钮。

AUTO：自动模式。

EDIT：编辑模式。

MDI：手动数据输入。

课程思政案例二

DNC：用 232 电缆线连接 PC 和数控机床，选择程序传输加工。

REF：回参考点。

JOG：手动模式，手动连续移动机床。

INC：增量进给。

HND：手轮模式移动机床。

（2）程序运行控制开关。

：程序运行停止；在程序运行中，按下此按钮停止程序运行。

：程序运行开始；模式选择旋钮在 AUTO 和 MDI 位置时单击此按钮有效，其余时间单击此按钮无效。

（3）机床主轴手动控制开关。

：手动主轴正转。

：手动停止主轴。

：手动主轴反转。

（4）手动移动车床各轴按钮。

首先选择手动模式，可以进行手工操作数控车床走刀：（1）单击 X 按钮后，若按住 + 按钮，则数控车床的车刀朝着"+X"轴方向走刀，若按住 – 按钮，则数控车床的车刀朝着"– X"轴方向走刀；（2）单击 Z 按钮后，若按住 + 按钮，则数控车床的车刀朝着"+Z"轴方向走刀，若按住 – 按钮，则数控车床的车刀朝着"– Z"轴方向走刀。在走刀之前，若单击 按钮，则走刀会快进。

（5）增量进给倍率选择按钮： 。

选择移动机床轴时，每一步的距离：×1 为 0.001 mm，×10 为 0.01 mm，×100 为 0.1 mm，×1 000 为 1 mm。置光标于按钮上，单击即可选择。

（6）进给率 F 调节旋钮： 。

调节程序运行中的进给速度，调节范围为 0~120%。置光标于旋钮上，单击即可转动。

（7）主轴转速倍率调节旋钮： 。调节主轴转速，调节范围为 0~120%。

（8）手轮： 。

把光标置于手轮上，选择轴向，按住鼠标左键，移动鼠标即可旋转。手轮顺时针转，相应轴往正方向移动，手轮逆时针转，相应轴往负方向移动。

（9）单步执行开关 。每单击一次该按钮，就会执行一条程序指令。

（10）程序段跳读 。在自动模式下，单击此按钮，跳过程序段开头带有"/"的程序。

（11）程序停 。在自动模式下，单击此按钮，则遇有 M00 程序停止。

（12）机床空运行 。单击此按钮，各轴以固定的速度运动。

（13）手动示教 。单击此按钮，以手动方式移动机床刀具或工作台产生加工程序，在程序界面，可输入程序，就是在手动加工的同时，根据要求加入适当指令，编制出加工程序。

（14）冷却液开关 COOL 。单击此按钮，冷却液开；再单击一下，冷却液关。

（15）在刀库中选刀 TOOL 。单击此按钮，则在刀库中选刀。

（16）程序编辑锁定开关 。置于 位置，可编辑或修改程序。

（17）程序重启动 。由于刀具破损等原因自动停止后，程序可以从指定的程序段重新启动。

（18）机床锁定开关 。单击此按钮，机床各轴被锁住，只能按程序运行。

（19）M00 程序停止 。程序运行中，M00 停止。

（20）紧急停止旋钮 。机床运行中出现危险或紧急情况时，移动光标到此按钮上并按住鼠标左键，机床移动立即停止，所有输出（主轴旋转、冷却液等）全部关闭。松开鼠标左键，解除急停报警，CNC 进入复位状态。

2）FANUC 0i - T 数控系统操作

图 1.27 为 FANUC 0i - T 车床面板，系统操作键盘在视窗的右上角，其左侧为显示屏，右侧是编程面板。

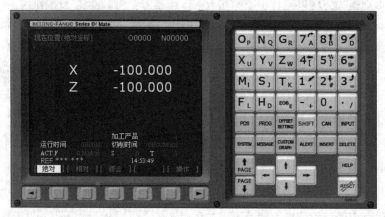

图 1.27 FANUC 0i - T 车床面板

（1）按键介绍。

①数字/字母键： 。

数字/字母键用于输入数据到输入区域，如图 1.28 所示，系统自动判别取字母还是取数字。字母和数字键通过按 SHIFT 键切换输入，如：O—P，7—A。

②编辑键。

ALERT：替换键，用输入的数据替换光标所在的数据。

DELETE：删除键，删除光标所在的数据，或者删除一个程序，或者删除全部程序。

INSERT：插入键，把输入区之中的数据插入到当前光标之后的位置。

图 1.28 FANUC 0i - T 车床数字及符号输入

CAN：取消键，消除输入区内的数据。

EOB E：回车换行键，结束一行程序的输入并且换行。

SHIFT：上挡键。

③页面切换键。

PROG：程序显示与编辑页面。

POS：位置显示页面，位置显示有 3 种方式，按〈PAGE〉键选择。

OFFSET SETTING：参数输入页面，按一次进入坐标系设置页面，再按一次进入刀具补偿参数页面。进入不同的页面以后，按〈PAGE〉键进行切换。

SYSTEM：系统参数页面。

MESSAGE：信息页面，如"报警"。

CUSTOM GRAPH：图形参数设置页面。

HELP：系统帮助页面。

RESET：复位键。

④翻页键。

PAGE↑：向上翻页。PAGE↓：向下翻页。

⑤光标移动键。

↑：向上移动光标。←：向左移动光标。

↓：向下移动光标。→：向右移动光标。

⑥输入键。

INPUT：把输入区内的数据输入参数页面。

（2）手动操作机床。

①回参考点。

a. 置模式旋钮在 ⊕ 位置。

b. 单击各轴 X Y Z 按钮，即回参考点。

②移动。

手动移动机床轴的方法有以下 3 种。

a. 快速移动，这种方法适用于较长距离的工作台移动。

➤ 置模式旋钮在 〰 位置。

➤ 选择各轴，将光标移动到方向按钮 ＋ － 上并按住鼠标左键，机床各轴移动，松开左键后停止移动。

➤ 单击 ⋒ 按钮，各轴快速移动。

b. 增量移动，这种方法适用于微量调整，如用在对基准操作中。

➤ 置模式旋钮在 〰 位置：选择 X1 X10 X100 X1000 步进量。

➤ 选择各轴，每单击一次，机床各轴移动一步。

c. 操纵"手脉"，这种方法适用于微量调整。在实际生产中，使用"手脉"可以让操作者容易控制和观查机床移动。单击软件界面右上角 ⟪⟫ 按钮，"手脉"即出现。

③开、关主轴。

a. 置模式旋钮在 ▦ 位置。

b. 单击 ▦ ▦ 按钮机床主轴正、反转，单击 ▦ 按钮主轴停转。

④启动程序加工零件。

a. 置模式旋钮在 AUTO ▦ 位置。

b. 选择一个程序（参照下面选择程序的方法）。

c. 单击程序启动按钮 ▦。

⑤试运行程序。

试运行程序时，机床和刀具不切削零件，仅运行程序。

a. 置在 ▦ 模式。

b. 选择一个程序（如 O0001）后，单击 ▦ 按钮调出程序。

c. 单击程序启动按钮 ▦。

⑥单步运行。

a. 置单步开关 ▦ 于 ON 位置。

b. 程序运行过程中，每单击一次 ▦ 按钮执行一条指令。

⑦选择一个程序。

有两种方法进行选择：按程序号搜索和选择模式 AUTO ▦ 位置。

a. 按程序号搜索。

➤ 选择模式放在 "EDIT"。

➤ 单击 ▦ 按钮输入字母 "O"。

➤ 单击 ▦ 按钮输入数字 "7"，则输入了搜索的号码 "O7"。

➤ 按 CURSOR：单击 ▦ 按钮开始搜索；找到后，"O7" 显示在屏幕右上角程序号位置，"O7" NC 程序显示在屏幕上。

b. 选择模式 AUTO ▦ 位置。

➤ 单击 ▦ 按钮输入字母 "O"。

➤ 单击 ▦ 按钮输入数字 "7"，则输入了搜索的号码 "O7"。

➤ 单击 ▦操作 → ▦ 中的 ▦O检索▦ 按钮，将 "O7" 显示在屏幕上。

➤ 可输入程序段号 "N30"，单击 ▦N检索▦ 按钮搜索程序段。

⑧删除一个程序。

a. 选择模式 EDIT。

b. 单击 ▦ 按钮输入字母 "O"。

c. 单击 ▦ 按钮输入数字 "7"，则输入了要删除的程序的号码 "O7"。

d. 单击 ▦ 按钮，"O7" NC 程序被删除。

⑨删除全部程序。

a. 选择模式 EDIT。

b. 单击 PROG 按钮输入字母"O"。

c. 输入"–9999"。

d. 单击 DELETE 按钮，全部程序被删除。

⑩搜索一个指定的代码。

一个指定的代码可以是一个字母或一个完整的代码，如"N0010""M""F""G03"等。搜索应在当前程序内进行，操作步骤如下。

a. 在 AUTO → 或 EDIT ⊘ 模式。

b. 单击 PROG 按钮。

c. 选择一个 NC 程序。

d. 输入需要搜索的字母或代码，如"M""F""G03"。

e. 单击 【BG-EDT】【O检索】【检索↓】【检索↑】【REWIND】中的【检索↓】按钮，开始在当前程序中搜索。

⑪编辑 NC 程序（删除、插入、替换操作）。

a. 模式置于 EDIT ⊘。

b. 单击 PROG 按钮。

c. 输入被编辑的 NC 程序名，如"O7"，单击 INSERT 按钮即可编辑。

d. 移动光标。

方法1：单击 ↑PAGE 或 PAGE↓ 按钮翻页；单击 ↓ 或 ↑ 按钮移动光标。

方法2：用搜索一个指定的代码的方法移动光标。

e. 输入数据：单击数字/字母按钮，数据被输入到输入域。单击 CAN 按钮可以删除输入域内的数据。

f. 自动生成程序段号输入：单击 OFFSET SETTING → 【SETTING】，图1.29为程序段号自动生成，在参数页面顺序号中输入"1"，所编程序自动生成程序段号（如：N10…N20…）。

g. 删除、插入、替代：

➤ 单击 DELETE 按钮，删除光标所在的代码。

➤ 单击 INSERT 按钮，把输入区的内容插入到光标所在代码后面。

➤ 单击 ALERT 按钮，以输入区的内容替代光标所在的代码。

⑫通过操作面板手工输入 NC 程序。

a. 置模式开关在 EDIT ⊘。

b. 单击 PROG 按钮，再单击 DIR 按钮进入程序页面。

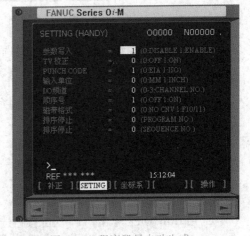

图1.29 程序段号自动生成

c. 单击 7ᴬ 按钮输入 "O7" 程序名（输入的程序名不可以与已有程序名重复）。

d. 单击 ᴱᴼᴮE → INSERT，开始程序输入。

e. 单击 ᴱᴼᴮE → INSERT，换行后再继续输入。

⑬从计算机输入一个程序。

NC 程序可在计算机上建文本文件编写，文本文件后缀名 " *.txt" 必须改为 " *.nc" 或 " *.cnc"。

a. 选择 EDIT 模式，单击 PROG 按钮切换到程序页面。

b. 新建程序名 Oxxxx，单击 INSERT 按钮进入编程页面。

c. 单击 📂 按钮打开计算机目录下的文本文件，程序显示在当前屏幕上。

⑭输入零件原点参数。

a. 单击 OFFSET SETTING 按钮进入参数设定页面，单击 "坐标系" 按钮，打开如图 1.30 所示的 FANUC 0i－T 车床工件坐标系页面。

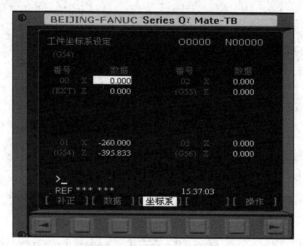

图 1.30　FANUC 0i－T 车床工件坐标系页面

b. 单击 ↑PAGE PAGE↓ 按钮或 ↓ ↑ 按钮选择坐标系。

c. 输入地址字（X/Y/Z）和数值到输入域。方法参考 "输入数据" 操作。

d. 单击 INPUT 按钮，把输入域中间的内容输入到所指定的位置。

⑮输入刀具补偿参数。

a. 单击 OFFSET SETTING 按钮进入参数设定页面，单击 补正 按钮，打开如图 1.31 所示的 FANUC 0i－T 车床刀具补正页面。

b. 单击 ↑PAGE 和 PAGE↓ 按钮选择长度补偿、半径补偿。

c. 用 CURSOR：单击 ↓ 和 ↑ 按钮选择补偿参数编号。

d. 输入补偿值到长度补偿 H 或半径补偿 D。

e. 单击 INPUT 按钮，把输入的补偿值输入到所指定的位置。

⑯位置显示。

单击 |POS| 按钮切换到位置显示页面。单击 |↑PAGE| 和 |PAGE↓| 按钮或者用软键切换。

⑰MDI 手动数据输入。

a. 单击 |🐎| 按钮，切换到 MDI 模式。

b. 单击 |PROG| 按钮，再单击 ▆▆MDI▆ → |EOB E| 分程序段号 "N10"，输入程序如：G0X50。

c. 单击 |INSERT| 按钮，"N10G0X50" 程序被输入。

d. 单击 |◖| 按钮。

⑱零件坐标系（绝对坐标系）位置。图 1.32 为 FANUC 0i – T 车床。

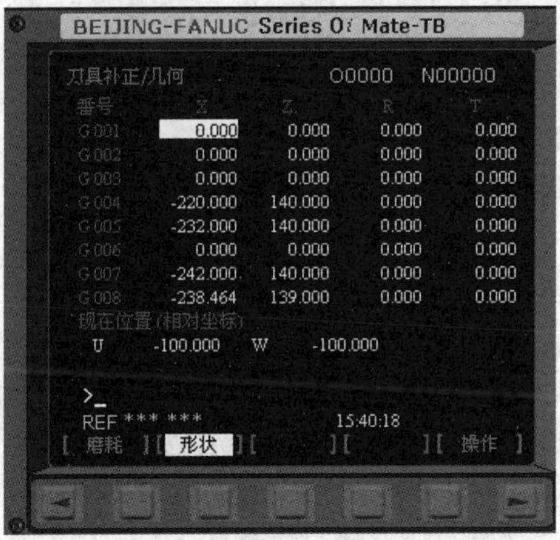

图 1.31　FANUC 0i – T 车床刀具补正页面 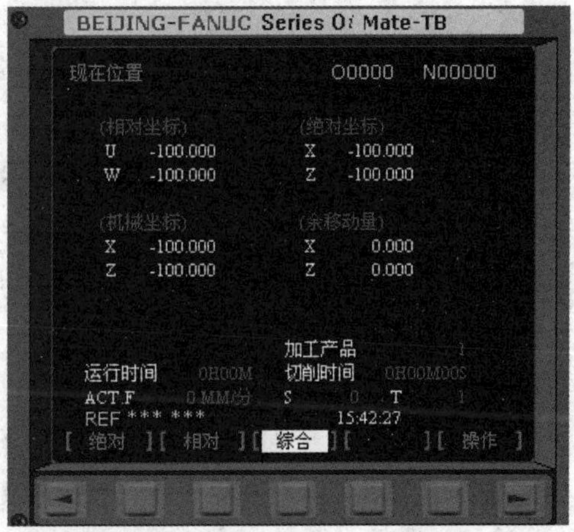　　　　图 1.32　FANUC 0i – T 车床

绝对坐标系：显示机床在当前坐标系中的位置。

相对坐标系：显示机床坐标相对于前一位置的坐标。

综合显示：同时显示机床在以下坐标系中的位置。

绝对坐标系中的位置（ABSOLUTE）。

相对坐标系中的位置（RELATIVE）。

机床坐标系中的位置（MACHINE）。

当前运动指令的剩余移动量（DISTANCE TO GO）。

3）车床对刀

（1）FANUC 0i – T 系统数控车床设置工件零点的几种方法。

①直接用刀具试切对刀。

a. 用外圆车刀先试切一外圆，测量外圆直径后，单击 |OFFSET SETTING| → ▆补正▆ → ▆形状▆，输入外圆直径值，单击 ▆测量▆ 按钮，刀具 "X" 补偿值即自动输入到几何形状里。

b. 用外圆车刀再试切外圆端面，单击 |OFFSET SETTING| → ▆补正▆ → ▆形状▆，输入 "Z0"，单击 ▆测量▆ 按钮，刀具 "Z" 补偿值即自动输入到几何形状里。

②用 G50 设置工件零点。

a. 用外圆车刀先试切一段外圆，单击 ▆相对▆ → |SHIFT| → |X U| ，这时 U 坐标在闪烁。单击 ▆ORIGIN▆ 按钮置 "零"，测量工件外圆后，选择 |🐎| MDI 模式，输入 "G01 U – ××（×× 为测

量直径）F0.3"，切端面到中心。

b. 选择 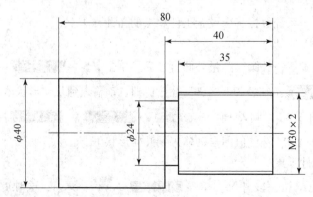 MDI 模式，输入"G50 X0 Z0"，单击 ▣ 按钮，把当前点设为零点。

c. 选择 MDI 模式，输入"G0 X150 Z150"，使刀具离开工件。

d. 这时程序开头为：

```
G50 X150 Z150
```

注意：用 G50 X150 Z150 时，程序起点和终点必须一致，即 X150 Z150，这样才能保证重复加工不乱刀。

e. 如用第二参考点 G30，即能保证重复加工不乱刀，这时程序开头为：

```
G30 U0 W0；
G50 X150 Z150；
```

f. 在 FANUC 系统里，第二参考点的位置在参数里设置，在 YHCNC 软件里，机床对完刀后（X150 Z150），右击出现对话框 `X:-160.000 Z:-395.833 ▶ 存入第二参考点`，单击确认即可。

③工件移设置工件零点。

a. 在 FANUC 0i – T 系统的 `OFFSET SETTING` 里，有一工件移界面，可输入零点偏移值。

b. 用外圆车刀先试切工件端面，这时 X、Z 坐标的位置如：X – 260 Z – 395，直接输入到偏移值里。

c. 单击 ▣ 按钮选择回参考点方式，按 X、Z 轴回参考点，这时工件零点坐标系即建立。

注意：这个零点一直保持，只有重新设置偏移值 Z0，才清除。

④G54 ~ G59 设置工件零点。用外圆车刀先试切一外圆，单击 `OFFSET SETTING` → ◀ → `坐标系`，如选择 G55，输入"X0""Z0"，单击 `测量` 按钮，工件零点坐标即存入 G55 里，程序直接调用，如：G55 X60 Z50…

特 别提示

可用 G53 指令清除 G54 ~ G59 工件坐标系。

【应用实例】 FANUC 0i – T 系统数控车床仿真操作。任务描述：加工如图 1.33 所示零件，T1：外圆车刀；T2：割刀；T3：螺纹刀，毛坯尺寸：φ42 mm × 150 mm。

图 1.33 工件实例

使用 FANUC 0i – T 车床系统编写加工程序：

```
O0001;
N010 M3S1200;                        //启动主轴正转,转速1 200 r/min
N020 T0101 M08;                      //选择1号刀及刀补,打开切削液
N030 G0X45;
N040 Z0;
N050 G1X –1F100;
N060 X40Z0;
N070 G71U1R2;                        //粗切循环
N080 G71P90Q130U0.1W0;
N090 X30;
N100 Z –40;
N110 X40;
N120 Z –90;
N130 X45;
N140 G0X100Z50;
N150 S1500;
N160 X40Z0;
N170 G70P90Q130;                     //精切循环
N180 G0X50Z100;
N190 T0202S800;                      //选择2号刀及刀补,转速800 r/min
N200 G0X45;
N210 Z –35;
N220 G1X24F0.2;
N230 X45;
N240 G0X50Z100;
N250 T0303;                          //选择3号刀及刀补
N260 G0X30;
N270 Z2;
N280 G76P030060Q100R0.1;             //螺纹切削循环
N290 G76X30Z –36P1200Q400F2;
N300 G0X50Z100;
N310 T0300;                          //取消3号刀补
N320 M05;                            //主轴停转
N330 M30;                            //程序结束返回
```

操作步骤：

第1步，分析工件，编制工艺，并选择刀具，在草稿上编辑好程序；

第2步，打开仿真软件中的 FANUC 0i – T 车床系统。

1. 回零（回参考点）

单击 ⊕（REF：回参考点）→ X（X 轴回零）→ Z（Z 轴回零），回参考点完毕。

2. 选择刀具

单击"刀具库管理"按钮 📋（左侧工具条），出现如图 1.34 所示的"刀具库管理"对话框。选择需要的刀具（外圆刀、割刀、螺纹刀）添加到刀盘中，单击"确定"按钮即完成选刀。

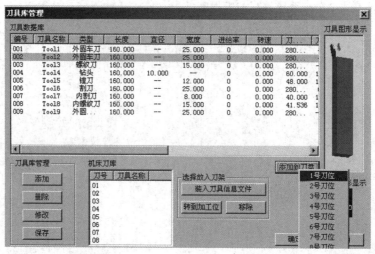

图 1.34 "刀具库管理"对话框

3. 对刀

1) T01 刀 (外圆刀) 对刀

(1) 单击 [WWW] 按钮进入手动模式, 随后试切工件端面并保持 Z 方向不动, 再沿 X 方向退出, 单击 [OFFSET SETTING] 按钮进入参数输入界面。

(2) 单击 [补正] → [形状] → 输入 "Z0" → [测量], T01 刀 Z 轴对刀完毕, 如图 1.35 所示。

(3) 试切外圆并保持 X 方向不动, 再沿 Z 方向退出, 单击工具条中的 [📦] 按钮测量直径 (假设测量的直径为 96.17 mm), 单击 [OFFSET SETTING] 按钮进入参数输入界面, 单击 [补正] → [形状] → 输入测量的直径 "X96.17" → [测量], T01 刀 (外圆刀) X 轴对刀完毕。

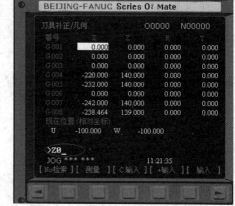

图 1.35 Z 轴对刀

2) T02 刀 (割刀) 对刀

(1) 在手动模式下, 单击 [TOOL] 按钮换 T02 刀 (割刀), 随后碰工件端面并保持 Z 方向不动, 再沿 X 方向退出, 单击 [OFFSET SETTING] 按钮进入参数输入界面, 单击 [补正] → [形状] → 光标移到 2 号刀补 → 输入 "Z0" → [测量], T02 刀 Z 轴对刀完毕。

(2) 试切外圆并保持 X 方向不动, 再沿 Z 方向退出, 单击工具条中的 [📦] 按钮测量直径 (假设测量得直径为 95.67 mm), 单击 [OFFSET SETTING] 按钮进入参数输入界面, 单击 [补正] → [形状] → 光标移到 2 号刀补 → 输入测量的直径 "X95.67" → [测量], T02 刀 (割刀) X 轴对刀完毕。

3) T03 刀 (螺纹刀) 对刀

(1) 在手动模式下 [TOOL] 换 T03 刀 (螺纹刀) → 碰工件端面 → Z 方向不动, 沿 X 方向退出 → [OFFSET SETTING] 进入参数输入界面, 按 [补正] → [形状] → 光标移到 3 号刀补 → 输入 "Z0" →

【 测量 】→T03 刀 Z 轴对刀完毕。

（2）试切外圆→X 方向不动，沿 Z 方向退出→工具条中 📦 测量直径（假设测量的直径为 $\phi94.67$ mm）→ [OFFSET SETTING] 进入参数输入界面，按 【 补正 】→【 形状 】→光标移到 3 号刀补→输入测量的直径"X94.67"→ 【 测量 】→T03 刀（螺纹刀）X 方向对刀完毕→对刀全部完成。

4. 程序输入

（1） 🔷 程序编辑模式→[PROG] 程序。

（2）单击 【 DIR 】→输入新建程序名"010"→[INSERT]，创建新程序名，如图 1.36 所示。

（3）将在草稿编好的程序输入→程序输入完成，如图 1.37 所示。

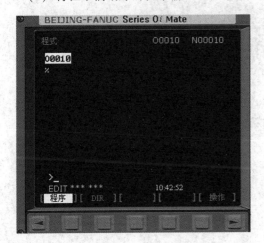

图 1.36 创建新程序名

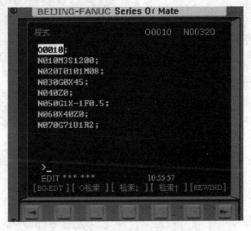

图 1.37 程序输入

5. 选择工件毛坯

在左侧工具条中单击 🔲 按钮，设定工件大小，如图 1.38 所示。

6. 加工零件

单击 ➡️ 按钮进入自动模式，再单击 🔳 按钮循环启动，程序将自动运行直至完毕。

7. 测量工件

单击工具条中的 🔷 → ↦ （特征线），完成测量。

8. 工件模拟加工完成

略。

1.1.3 任务实施

1. 分析数控车削加工工艺

工艺分析是数控车削加工的前期准备工作，在选定数控车床加工零件及其加工内容后，应对零件的加工工艺进行全面、仔细、认真的分析，为程序编制做好充分的准备。数控车削加工与普通车床加工工艺基本相同，在设计数控车削加工工艺时，首先要遵循普通车床加工工艺的基本原则与方法，同时还需要考虑数控加工本身的特点和零件编程的要求。数控车削加工工艺要求工艺内容具体明确、工艺设计准确严密、加工工序相对集中。

分析数控车削加工工艺的主要内容有分析零件图和分析结构工艺性。

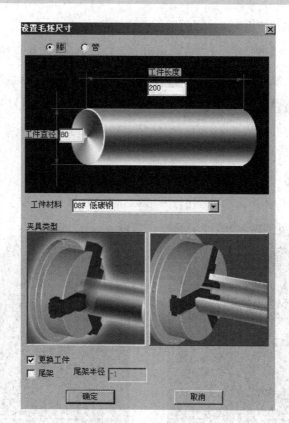

图 1.38　设定工件大小

1）分析零件图

分析零件图是制定加工工艺的首要工作，直接影响零件加工程序的编制及加工结果，主要工作内容如下。

（1）分析零件图尺寸标注。最好以同一基准引注或直接给出坐标尺寸，既便于编程又便于尺寸间的相互协调及设计基准、工艺基准、测量基准与程序原点的统一。

（2）分析轮廓几何要素。编制程序时，编程人员必须充分掌握构成零件轮廓的几何要素参数及各几何要素间的关系，以便于自动编程时对零件轮廓的所有几何要素进行定义。

手工编程时计算所有基点和节点的坐标；自动编程时对构成零件轮廓的几何元素进行定义。因此，在分析零件图时，要分析几何元素的给定条件是否充分。如图 1.39 所示的圆弧与斜线的关系要求为相切，但经计算后却为相交。又如图 1.40 所示，图中给出的各段长度之和不等于其总长，给定的几何元素条件自相矛盾。

（3）分析尺寸公差和表面粗糙度。这是确定机床、刀具、切削用量以及确定零件尺寸精度的控制方法和加工工艺的重要依据。分析过程中还同时进行一些编程尺寸的简单换算。数控车削加工中常对零件要求的尺寸取其最大和最小极限尺寸的平均值作为编程的尺寸依据。对表面粗糙度要求较高的表面，应采用恒线速度切削。本工序的数控车削加工精度若达不到图样要求而需要继续加工，则应给后道工序留有足够的加工余量。

（4）分析形状和位置公差。零件图上给定的形状和位置公差是保证零件精度的重要要求。在工艺分析过程中，应按图样的形状和位置公差要求确定零件的定位基准、加工工艺，以满足公差要求。

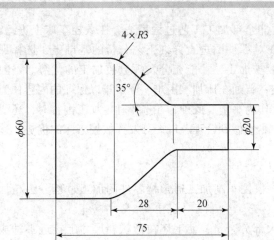

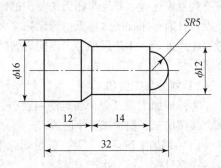

图 1.39　轮廓缺陷之一　　　　　　　　　图 1.40　轮廓缺陷之二

数控车削加工零件的形状和位置误差主要受车床机械运动副精度和加工工艺的影响，车床机械运动副精度的误差不得大于图样规定的形位公差要求，在其达不到要求时，需要在工艺准备中考虑进行技术性处理的相关方案，以便有效地控制其形状和位置误差。图样上有位置精度要求的表面，应尽量能一次装夹加工完毕。

2）分析结构工艺性

零件的结构工艺性是指零件对加工方法的适应性，即在满足使用要求的前提下零件加工的可行性和经济性。数控车床加工时，应根据数控车削的特点，认真分析零件结构的合理性。如图 1.41（a）所示零件，需要 3 把不同宽度的切槽刀切槽，如无特殊需要，显然不合理，若改成如图 1.41（b）所示结构，只需一把切槽刀即可加工出 3 个槽，既减少了刀具数量，少占刀架位置，又节省换刀时间。

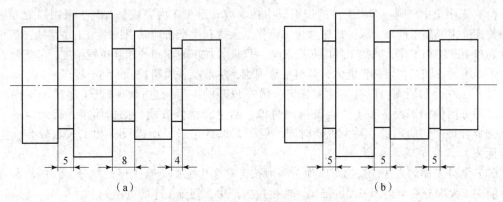

图 1.41　工件的结构工艺性
(a) 3 个不同宽度槽；(b) 3 个相同宽度槽

2. 制定数控车削加工工艺

制定加工工艺是加工程序编制工作中较为复杂又非常重要的环节，无论是手工编程还是自动编程，在编程前都要对零件进行工艺分析、拟定工艺路线、设计加工工序等工作。制定加工工艺时应遵循一般的工艺原则，并结合数控车床的特点，详细制定零件的数控车削加工工艺。

1）选择加工内容

数控车床有其优点，但价格较贵、消耗较大、维护费用较高，导致加工成本增加。因此，从技术和经济等角度出发，对于某个零件来说，并非全部加工工艺过程都适合在数控车床上进行，而往往只选择其中一部分内容采用数控加工。在对零件图进行详细工艺分析的基础上，选择那些适合且需要进行数控加工的内容和工序进行数控加工，才能充分发挥数控加工的优势。一般按下列原则选择：普通车床无法加工的内容优先；普通车床加工困难、质量难以保证的内容作为重点；普通车床加工效率低，劳动强度大的内容作为平衡。此外，在选择确定加工内容时，还要考虑生产批量、生产周期、工序间周转情况等。尽量做到合理，以充分发挥数控车床的优势，达到多、快、好、省的目的。

2）划分加工阶段

为保证加工质量和合理地使用设备、人力，数控车削加工通常把零件的加工过程分为粗加工、半精加工、精加工 3 个阶段。

（1）粗加工阶段：主要任务是切除毛坯上大部分余量，使毛坯在形状和尺寸上接近零件成品，主要目标是提高生产率。

（2）半精加工阶段：主要任务是完成次要表面的加工，使主要表面达到一定精度并留一定精加工余量，为主要表面的精加工做好准备。

（3）精加工阶段：主要任务是保证各主要表面达到规定的尺寸精度和表面粗糙度要求，主要目标是保证加工质量。

此外，随着精密车削技术的发展，对零件的精度和表面粗糙度要求高（IT6 级以上，表面粗糙度值 Ra 为 0.2 μm 以下）的表面，可进行光整加工，主要目标是提高尺寸精度和减小表面粗糙度，一般不用来提高位置精度。

划分加工阶段可以使粗加工造成的加工误差通过半精加工和精加工予以纠正，保证加工质量；还可合理使用设备，及时发现毛坯缺陷，便于安排热处理工序。

3）划分工序

划分工序有两种不同的原则，即工序集中原则和工序分散原则。

（1）工序集中原则：即将工件的加工集中在少数几道工序内完成，有利于采用高效专用设备和数控机床提高生产率，减少机床数量、操作工人数和生产占地面积；缩短工序路线，简化生产计划和生产组织工作；减少工件的装夹次数，保证各加工表面间的相互位置精度，节省辅助时间。但专用设备和工艺装备投资大，调整维修困难，生产准备周期长，不利于转产。

（2）工序分散原则：即将工件的加工分散在较多的工序内进行，每道工序的加工内容很少。工序分散使加工设备和工艺装备结构简单，调整和维修方便，操作简单，转产容易，有利于选择合理的切削用量，减少机动时间。但工艺路线较长，所需设备和工人数较多，生产占地面积大。

（3）划分工序的方法。数控车床加工一般按工序集中原则进行工序的划分，在一次装夹中尽可能完成大部分甚至全部表面的加工。在批量生产中，划分工序的方法如下。

①按零件装夹定位方式划分工序。由于每个零件结构形状不同，各表面的技术要求也有所不同，故加工时其定位方式各有差异。一般加工外形时，以内形定位，加工内形时又以外形定位，因而可根据定位方式的不同来划分工序。

②按粗、精加工划分工序。根据零件的加工精度、刚度和变形等因素来划分工序时，可按粗、精加工分开的原则来划分工序，即先粗加工再精加工。此时，可用不同的机床或不同的刀具进行加工。通常在一次装夹中，允许将零件某一部分表面加工完毕后再加工零件的其他表面，如图 1.42 所示，先切除整个零件各加工面的大部分余量，再将其表面精加工一遍，以保证加工精度和表面粗糙度要求。

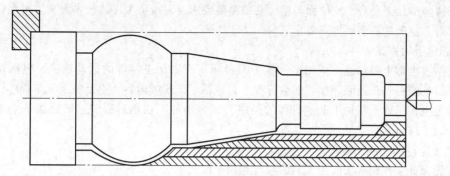

图 1.42 粗、精分开车削

③按所用刀具划分工序。为了减少换刀次数、压缩空行程时间、减少不必要的定位误差，可按刀具集中工序的方法加工零件，即在一次装夹中，尽可能用同一把刀具加工出可能加工的所有部位，然后再换另一把刀加工其他部位。专用数控机床和加工中心常采用这种方法。

4）安排加工顺序

（1）车削加工顺序的安排原则。

①上道工序的加工不能影响下道工序的定位与夹紧。

②先粗后精。在车削加工中，按照粗车→半精车→精车的顺序安排加工，逐步提高加工表面的精度和减小表面粗糙度。粗车在短时间内切除毛坯的大部分加工余量，如图 1.43 所示，以提高生产率，同时尽量满足精加工的余量均匀性要求，为精车做好准备。粗加工完毕后，再进行半精加工、精加工。

③先近后远。离对刀点近的部位先加工，离对刀点远的部位后加工，这样可缩短刀具移动距离、减少空行程时间、提高生产效率，还有利于保证坯件或半成品的刚性，改善切削条件。当加工如图 1.44 所示零件时，由于余量较大，因此粗车时，可先车端面，再按 50 mm→45 mm→40 mm→35 mm 的顺序加工；精车时，如果按 50 mm→45 mm→40 mm→35 mm 的顺序安排车削，不仅会增加刀具返回换刀点所需的空行程时间，而且还可能使台阶的外直角处产生毛刺，应该按 35 mm→40 mm→45 mm→50 mm 的顺序加工。如果余量不大，可以直接按直径由小到大的顺序一次加工完成，符合先近后远的原则，即离刀具近的部位先加工，离刀具远的部位后加工。

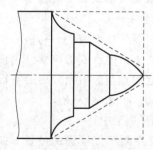

图 1.43 先粗后精车削

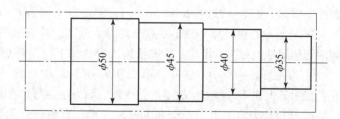

图 1.44 先近后远车削

④内外交叉。既有内表面又有外表面的零件应对内外表面先进行粗加工，再进行精加工。

⑤基面先行。用作精基准的表面优先加工，定位基准的表面越精确装夹误差就越小。例如，轴类零件的加工，总是先加工中心孔，再以中心孔为精基准加工外圆表面和端面。

（2）数控加工工序与普通工序的衔接。

数控加工的工艺路线设计常常仅是几道数控加工工艺过程，而非指毛坯到成品的整个工艺过程，它常穿插于零件加工的整个工艺过程中。为使之与整个工艺过程协调，必须建立相互状态要求，如留多少加工余量、定位面与定位孔的精度要求、对校形工序的技术要求、对毛坯热处理状态要求等。目的是能满足加工需求。

5）确定进给路线

进给路线也称走刀路线，指加工过程中刀具相对于被加工零件的运动轨迹，包括切削加工的路径及刀具的引入、返回等非切削空行程。它包括了工步的内容，也反映了工步顺序。确定进给路线的重点在于确定粗加工及空行程的路线，因为精加工切削过程的进给路线基本上都是沿零件轮廓顺序进行的。

（1）确定进给路线的原则。

①应能保证工件轮廓表面加工后的精度和粗糙度要求。

②使数值计算容易，以减少编程工作量。

③应使走刀路线最短，以提高加工效率。

（2）确定最短走刀路线。在保证加工质量的前提下使加工程序具有最短的走刀路线，可节省整个加工过程的时间并减少一些不必要的刀具消耗及机床进给机构滑动部位的磨损量等。实现最短的走刀路线，除依据实践经验外，还应善于分析，必要时辅以一些简单计算。

①最短空行程路线。

a. 巧用起刀点车削，如图 1.45 所示。

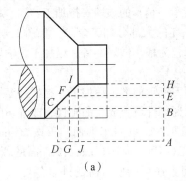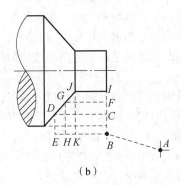

（a）　　　　　　　　　　　　　　　　　（b）

图 1.45　巧用起刀点车削

➤ 为采用矩形循环方式进行粗车的一般情况，其对刀点 A 的设定考虑到加工过程中需要方便地换刀，故设置在离工件较远的位置，同时将起刀点与对刀点重合在一起，按 3 刀粗车的进给路线安排如下：第一刀 $A \to B \to C \to D \to A$；第二刀 $A \to E \to F \to G \to A$；第三刀 $A \to H \to I \to J \to A$。

➤ 巧妙地将循环加工的起刀点与对刀点分离，并设于图 1.45（b）中点 B 的位置，仍按相同的切削用量进行 3 刀粗车，其进给路线安排如下：循环加工的起刀点与对刀点分离的空行程 $A \to B$；第一刀 $B \to C \to D \to E \to B$；第二刀 $B \to F \to G \to H \to B$；第三刀 $B \to I \to J \to K \to B$。

很明显上述第二种方法所走的路线短，该方法也可用在其他循环加工中。

b. 巧设换刀点。出于安全和方便的考虑，有时将换刀点设置在离工件较远的位置，如图 1.45（a）中的点 A，则当换第二把刀后，进行精车时的空行程较长。如果第二把刀的换刀点设置在图 1.45（b）中点 B 的位置上，因工件已切掉一定的余量，则可缩短空行程距离，但换刀过程中一定不能发生碰撞。

c. 合理安排"回零"路线。手工编制复杂轮廓的加工程序时，为简化计算过程、便于校核，将每把刀加工完成后的刀具终点通过执行"回零"操作指令，使其全部返回到"对刀点"位置，然后执行后续程序。这样，增加了进给路线的距离，降低了生产效率。因此，要合理安排"回零"路线，使前一刀终点与后一刀起点间的距离尽量短或者为零，以满足进给路线最短的要求。

另外，选择返回对刀点指令时，在不发生干涉的前提下尽可能采用 X、Z 轴双向同时"回零"指令，该功能"回零"路线最短。

②最短切削进给路线。

切削进给路线最短，可有效提高生产效率，降低刀具的损耗等。

在安排粗加工或半精加工的切削进给路线时，应同时兼顾到被加工零件的刚性及加工的工艺性等要求。图1.46 为粗加工的3种不同循环进给路线的示例。

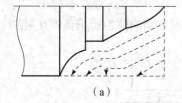 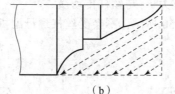 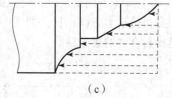

（a）　　　　　　　　　（b）　　　　　　　　　（c）

图 1.46　粗加工的 3 种不同循环进给路线

a. 图1.46（a）为利用数控系统的封闭式复合循环功能，控制车刀沿工件轮廓等距线循环的进给路线。

b. 图1.46（b）为利用数控系统的三角形循环功能而安排的"三角形"进给路线。

c. 图1.46（c）为利用数控系统的矩形循环功能而安排的"矩形"循环进给路线。

3种切削进给路线中，矩形循环进给路线的进给长度总和最短，因此在同等条件下，其切削所需时间（不含空行程）最短，刀具的损耗量最少。

③大余量毛坯的阶梯切削进给路线。

图1.47 为车削大余量工件的两种进给路线。其中，图1.47（a）是错误的阶梯切削路线，加工所剩的余量过多。图1.47（b）按 1~5 的顺序切削，每次切削所留余量相等，是正确的阶梯切削路线。

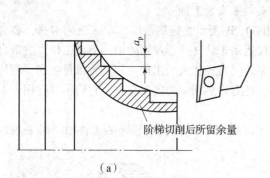 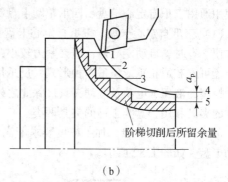

（a）　　　　　　　　　　　　　　　（b）

图 1.47　大余量毛坯的阶梯车削路线

④完工轮廓的进给路线。

在安排一刀或多刀进行的精加工进给路线时，其零件的完工轮廓由最后一刀连续加工而成，此时刀具的进、退刀位置要选择适当，尽量不要在连续轮廓中安排切入、切出或停顿，以免因切削力的突然变化而破坏工艺系统的平衡状态，致使零件轮廓上产生表面划痕、形状突变、可滞留刀痕等缺陷。

⑤特殊的进给路线。

在数控车削加工中，一般情况下 Z 轴方向的进给运动都是沿着负方向进给的，但有时按这种方式安排进给路线并不合理，甚至可能车坏工件。

采用尖形车刀加工大圆弧内表面时，如图1.48（a）所示，刀具沿 $-Z$ 方向进给，此时切削

力沿 X 方向的吃刀抗力 F_p 为 $+X$ 方向；刀尖运动到换象限处，即由 $-Z$、$-X$ 向 $-Z$、$+X$ 方向变换时，F_p 方向与横拖板传动力方向一致，如图 1.49 所示，若丝杠螺母副有机械传动间隙，就可能使刀尖嵌入工件表面（即扎刀）。如图 1.48（b）所示，刀具沿 $+Z$ 方向进给，当刀尖运动到换象限处，即由 $+Z$、$-X$ 向 $+Z$、$+X$ 方向变换时，吃刀抗力 F_p 与丝杠传动横

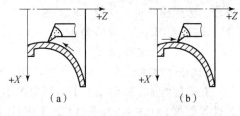

图 1.48　两种不同的进给方法

向拖板传动力方向相反，如图 1.50 所示，不会受丝杠螺母副机械传动间隙的影响面产生扎刀，是比较合理的进给路线。

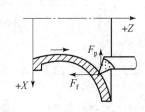
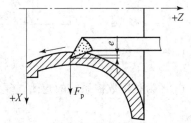

图 1.49　嵌刀现象　　　　图 1.50　合理的进给方案

此外，在车削螺纹时有一些多次重复进给的动作，且每次进给的轨迹相差不大，这时进给路线的确定可采用系统固定的循环功能。

6）安装零件

数控车床上零件的安装方法与普通车床一样，要合理选择定位基准和夹紧方案，在选择数控车削加工定位方法时，对于轴类零件，通常以零件自身的外圆柱面作为径向定位基准来定位；对于套类零件，则以内孔作为径向定位基准，轴向定位则以轴肩或端面作为定位基准。数控车床常使用通用三爪自定心卡盘、四爪单动卡盘等夹具来安装工件。

（1）三爪自定心卡盘。三爪自定心卡盘如图 1.51 所示，是最常用的车床通用卡具，装夹工件方便、省时、自动定心好，但夹紧力较小，仅适用于装夹外形规则的中、小型工件。三爪自定心卡盘可安装成正爪或反爪两种形式，反爪用来装夹直径较大的工件。如果大批量生产，则使用自动控制的液压、电动及气动夹具。除此之外，还有许多相应的实用夹具，它们主要有用于轴类工件的夹具和用于盘类工件的夹具两类。

（2）四爪单动卡盘。加工精度要求不高、偏心距小、零件长度较短的工件时，可采用四爪单动卡盘，如图 1.52 所示。

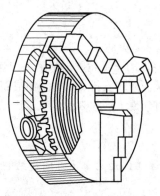
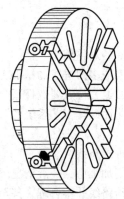

图 1.51　三爪自定心卡盘　　　　图 1.52　四爪单动卡盘

（3）中心孔定位夹具。

①两顶尖拨盘。两顶尖定位的优点是定心准确可靠，安装方便。顶尖的作用是定心、承受工件的重量和切削力。顶尖分前顶尖和后顶尖。

前顶尖中的一种是插入主轴锥孔内的，如图1.53（a）所示；另一种是夹在卡盘上的，如图1.53（b）所示。前顶尖与主轴一起旋转，与主轴中心孔不产生摩擦。

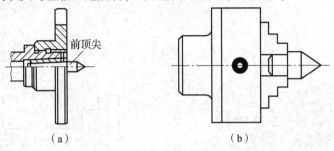

图1.53　前顶尖

后顶尖插入尾座套筒。后顶尖中的一种是固定的，如图1.54（a）所示；另一种是回转的，如图1.54（b）所示，使用时需要根据具体情况来选择。

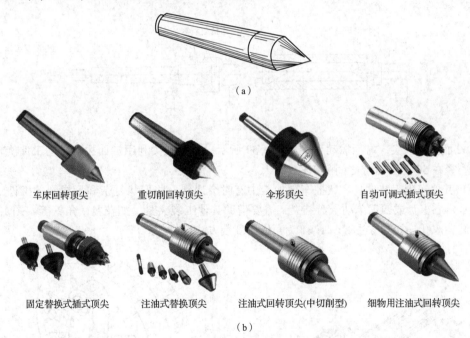

（a）

| 车床回转顶尖 | 重切削回转顶尖 | 伞形顶尖 | 自动可调式插式顶尖 |
| 固定替换式插式顶尖 | 注油式替换顶尖 | 注油式回转顶尖(中切削型) | 细物用注油式回转顶尖 |

（b）

图1.54　后顶尖

工件安装时，可以采用"一夹一顶"的安装形式，如图1.55所示。还可以用对分夹头或鸡心夹头夹紧工件一端，拨杆伸向端面。两顶尖只对工件有定心和支撑作用，必须通过对分夹头或鸡心夹头的拨杆带动工件旋转，如图1.56所示。利用两顶尖定位还可以加工偏心工件，如图1.57所示。

②拨动顶尖。

拨动顶尖常用有内、外拨动顶尖和端面拨动顶尖两种。

a. 内、外拨动顶尖。内、外拨动顶尖如图1.58所示，这种顶尖的锥面带齿，能嵌入工件，拨动工件旋转。

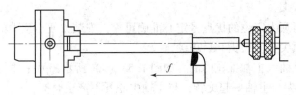

图 1.55 "一夹一顶"的安装形式

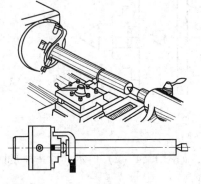

图 1.56 两顶尖装夹工件

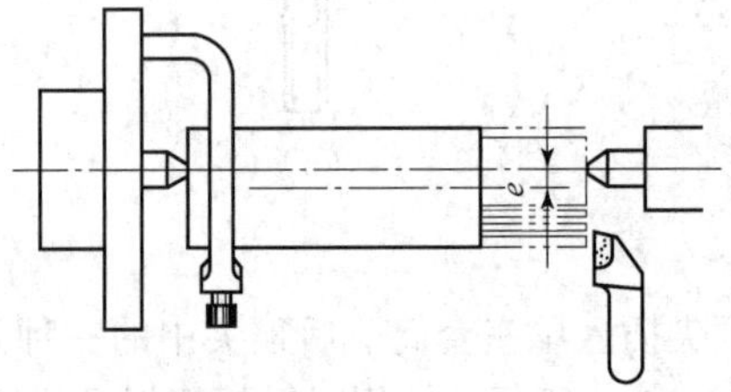

图 1.57 两顶尖车偏心轴

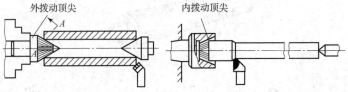

外拨动顶尖　　　　内拨动顶尖

图 1.58 内、外拨动顶尖

b. 端面拨动顶尖。端面拨动顶尖如图 1.59 所示。这种顶尖利用端面拨爪带动工件旋转,适合装夹直径在 50~150 mm 之间的工件。

(4) 其他车削工装夹具。数控车削加工中有时会遇到一些形状复杂和不规则的工件,不能用三爪自定心卡盘或四爪单动卡盘装夹,需要借助其他工装夹具,如花盘、角铁等。图 1.60 为用花盘装夹双孔连杆的方法。图 1.61 为角铁的安装方法。

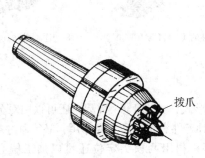

拨爪

图 1.59 端面拨动顶尖

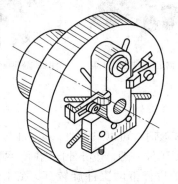

图 1.60 用花盘装夹双孔连杆

7) 选择安装刀具

(1) 车刀种类。在数控车床上使用的刀具按用途可分为外圆车刀、内孔车刀、螺纹车刀、切断车刀、钻头等。车刀按结构可分为整体车刀、焊接车刀、机夹车刀、可转位车刀和成型车刀。图 1.62~图 1.67 为常用各种车刀及用途。

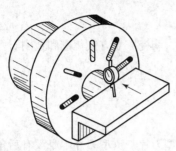

图 1.61　角铁的安装方法

图 1.62　常用车刀

图 1.63　外圆车刀

图 1.64　内孔车刀

图 1.65　螺纹车刀

图 1.66　切断（槽）车刀

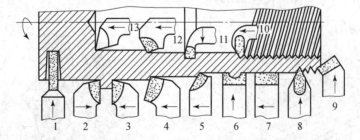

1—切断刀；2—90°左偏刀；3—90°右偏刀；4—弯头车刀；5—直头车刀；6—成型车刀；7—宽刃精车刀；
8—外螺纹车刀；9—端面车刀；10—内螺纹车刀；11—内槽车刀；12—通孔车刀；13—盲孔车刀。

图 1.67　常用车刀的应用

　　生产中广泛采用不重磨机夹可转位车刀。特点：刀片各刃可转位轮流使用，减少换刀时间；刀刃不重磨，有利于采用涂层刀片；断削槽型压制而成，尺寸稳定，节省硬质合金；刀杆刀槽的制造精度高。

（2）对刀具的要求。为了减少换刀时间和方便对刀，便于实现机械加工的标准化，数控车削加工时，应尽量采用机夹刀和机夹刀片。数控车床一般选用可转位车刀，使用时须考虑以下几个方面。

①刀片材质的选择。

常见刀片材料有高速钢、硬质合金、涂层硬质合金、陶瓷、立方氮化硼和金刚石等，其中应用最多的是硬质合金和涂层硬质合金。

②刀片尺寸的选择。

刀片尺寸的大小取决于必要的有效切削刃长度 L。

③刀片形状的选择。

刀片的基本形态由刀柄决定，通常有负型刀片与正型刀片。负型刀片本身没有后角，依靠刀杆设计装夹后形成后角，正型刀片本身带有后角，另外还要考虑槽型及刀尖 R 角等参数，合理确定刀片形状。

④刀尖圆弧半径的选择。

刀尖圆弧半径的大小直接影响刀尖的强度及被加工零件的表面粗糙度。刀尖圆弧半径大，表面粗糙度值增大，切削力增大且易产生振动，但刀刃强度增加。通常，在切深较小的精加工、细长轴加工、机床刚度较差情况下，选用刀尖的圆弧较小；而在需要刀刃强度高、工件直径大的粗加工中，选用刀尖的圆弧较大。

⑤刀杆头部形式的选择。

刀杆头部形式按主偏角和直头、偏头不同分有十几种形式，各形式规定了相应的代码。

⑥左右手刀柄的选择。

有 3 种选择：R（右手）、L（左手）和 N（左右手）。

⑦断屑槽型的选择。

断屑槽型的参数直接影响着切屑的卷曲和折断，槽型根据加工类型和加工对象的材料特性来确定：基本槽型按加工类型有精加工（代码 F）、普通加工（代码 M）和粗加工（代码 R）；加工材料按国际标准有加工钢的 P 类，不锈钢、合金钢的 M 类和铸铁的 K 类。这两种情况一组合就有了相应的槽型，选择时可查阅具体的产品样本。比如，FP 是指用于钢精加工的槽型，MK 是指用于铸铁普通加工的槽型等。

（3）安装刀具。将刀杆安装到刀架上，保证刀杆方向正确，图 1.68 为刀具在刀架上的安装，图 1.69、图 1.70 为自动回转刀架的刀具安装。

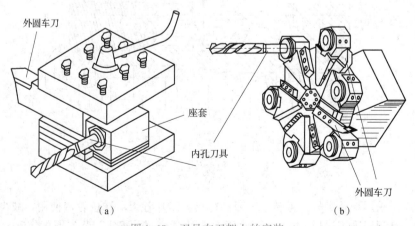

外圆车刀
座套
内孔刀具

（a）

外圆车刀

（b）

图 1.68　刀具在刀架上的安装

（a）普通转塔刀架；（b）自动回转刀架

（a）　　　　　　　　　　　　　　（b）

图 1.69　自动回转刀架左、右手刀安装

（a）自动回转刀架左手刀（L）安装；（b）自动回转刀架右手刀（R）安装

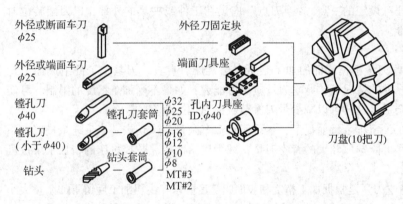

图 1.70　安装自动回转刀架车刀

8）确定对刀点与换刀点

对刀点是数控加工时刀具相对零件运动的起点。由于程序也是从这一点开始执行，所以"对刀点"也称为程序起点。

（1）对刀点的选择原则。

①对刀点应选在对刀方便的位置，便于观察和检测。

②尽量选在零件的设计基准或工艺基准上，以提高零件加工精度。

③便于数学处理和简化程序编制，建立了绝对坐标系的数控机床对刀点最好选在该坐标系的原点，或者选择已知坐标值的点。

④需要换刀时，每次换刀所选择的换刀点位置应在工件外部的合适位置，避免换刀时刀具与工件、夹具和机床相碰。

⑤引起的加工误差小。

对刀点可选在零件、夹具或机床上。若选在夹具或机床上则须与工件的定位基准相联系，以保证机床坐标系与工件坐标系的位置关系。对刀点不仅是程序的起点，往往也是程序的终点。因此，在批量生产中要考虑对刀点的重复定位精度，刀具加工一段时间后或每次机床启动时，都要进行刀具回机床原点或参考点的操作，以减小"对刀点"的累积误差。

（2）刀具在机床上的位置是由"刀位点"的位置来表示的。"刀位点"指程序编制中用于表示刀具特征的点，也是对刀和加工的基准点。各类车刀的刀位点如图 1.71 所示。切削加工时经常要对刀，也就是使"刀位点"和"对刀点"重合。实际操作时，可以通过手工对刀，但对刀精度较低；也可采用光学对刀镜、对刀仪等自动对刀装置，以减少对刀时间，提高对刀精度。

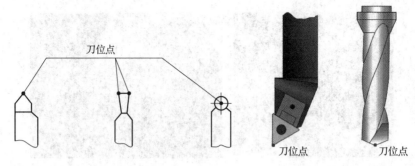

图 1.71　各类车刀的刀位点

（3）加工过程中需要换刀时应设置"换刀点"。所谓"换刀点"指刀架转位换刀时的位置。该点可以是某一固定点或任意设定的一点。"换刀点"应设在工件或夹具的外部，以刀架转位时不碰到工件和其他部件为准。

9）选择切削用量

（1）背吃刀量 α_p。背吃刀量根据零件的加工余量，由机床、夹具、刀具、工件组成的工艺系统的刚性确定。在刚度允许的情况下，背吃刀量应尽可能大；如果不受加工精度的限制，可使背吃刀量等于零件的加工余量，这样可以减少走刀次数，提高加工效率。

①粗车时在保留半精车、精车余量前提下，尽可能将粗车余量一次切去。当毛坯余量较大不能一次切除粗车余量时，尽可能选取较大的背吃刀量，减少进给次数。数控机床的精加工余量可略小于普通机床。

②半精车和精车时，背吃刀量是根据加工精度和表面粗糙度要求，由粗加工后留下的余量大小确定的。当余量不大，且一次进给不会影响加工质量要求时，可以一次进给车到尺寸。

③如一次进给产生振动或切屑拉伤已加工表面（如车孔），应分成两次或多次进给车削，每次进给的背吃刀量按余量分配，依次减小。

④当使用硬质合金刀具时，因其切削刃在砂轮上不能磨得很锋利（刃口圆弧半径较大），所以最后一次的背吃刀量不宜太小，否则很难达到工件表面质量的要求。

（2）进给量 f（mm/min 或 mm/r）。背吃刀量 α_p 值选定以后，根据工件的加工精度和表面粗糙度要求及刀具和工件的材料进行选择，确定进给量的适当值。最大进给量受到机床刚度和进给性能的制约。

①粗车时，由于作用在工艺系统上的切削力较大，进给量主要受机床功率和系统刚性等因素的限制。在条件允许的前提下，可选用较大的进给量。增大进给量 f 有利于断屑。

②半精车和精车时因背吃刀量较小，所以切削阻力不会很大。限制进给量的主要因素是图样规定的表面粗糙度。为满足加工精度和表面粗糙度要求，一般选用较小的进给量。

③刀具空行程特别是远距离"回零"时，可设定尽量高的进给速度。

④进给速度应与主轴转速和背吃刀量相适应。

⑤车孔时刀具刚性较差，应采用小一些的背吃刀量和进给量。在切断或用高速钢刀具加工时，宜选择较低的进给速度，一般在 20~50 mm/min 范围内选取。

一般数控机床都有倍率开关，能控制数控机床的实际进给速度。因此，在数控编程时可给定一个比较大的进给速度，而在实际加工时由倍率进给确定实际的进给速度。

此外，在安排粗、精车的切削用量时，应注意机床说明书给定的切削用量范围，对于主轴采用交流变频调速的数控车床，由于主轴在低速时输出转矩降低，因此应尤其注意此时切削用量的选择。推荐的切削用量数据见表1.1，供应用时参考，详细内容可查阅切削用量手册。

表 1.1 数控车削用量推荐表

工件材料	加工内容	背吃刀量 α_p/mm	切削速度 v_c	进给量 $f/(\text{mm} \cdot \text{r}^{-1})$	刀具材料
碳素钢 ($\sigma_b > 600$ MPa)	粗加工	5 ~ 7	60 ~ 80 m · min^{-1}	0.2 ~ 0.4	YT 类
	粗加工	2 ~ 3	80 ~ 120 m · min^{-1}	0.2 ~ 0.4	
	精加工	0.2 ~ 0.6	120 ~ 150 m · min^{-1}	0.1 ~ 0.2	
	钻中心孔		500 ~ 800 r · min^{-1}		W18Cr4V
	钻孔		30 m · min^{-1}	0.1 ~ 0.2	
	切断（宽度 < 5 mm）		70 ~ 110 m · min^{-1}	0.1 ~ 0.2	YT 类
铸铁 （硬度在 200HBS 以下）	粗加工		50 ~ 70 m · min^{-1}	0.2 ~ 0.4	YG 类
	精加工		70 ~ 100 m · min^{-1}	0.1 ~ 0.2	
	切断（宽度 < 5 mm）		50 ~ 70 m · min^{-1}	0.1 ~ 0.2	

（3）切削速度 v_c。切削速度对切削功率、刀具寿命、表面加工质量和尺寸精度有较大影响。提高切削速度可提高生产率和降低成本。但过分提高切削速度会使刀具寿命下降变快，迫使背吃刀量和进给量减小，结果反而使生产率降低，加工成本提高。

①粗车时，背吃刀量和进给量均较大，切削速度受刀具寿命限制和机床功率的限制，可根据生产实践经验和有关资料确定，一般选择较低的切削速度。但必须考虑机床的许用功率，如超出机床的许用功率，必须适当降低切削速度。

②半精车和精车时，一般可根据刀具切削性能的限制来确定切削速度，可选择较高的切削速度，但须避开产生积屑瘤的区域。

③工件材料的加工性较差时，应选较低的切削速度。加工灰铸铁的切削速度应较加工中碳钢的切削速度低，加工铝合金和铜合金的切削速度较加工钢的切削速度高得多。

④刀具材料的切削性能越好，切削速度可选得越高。因此，硬质合金刀具的切削速度可选得比高速钢刀具高几倍，而涂层硬质合金、陶瓷、金刚石和立方氮化硼刀具的切削速度又可选得比硬质合金刀具高许多。

此外，断续切削时为减少冲击，应采用较低的切削速度和较小的进给量，并应避开自激振动的临界速度。车端面时，可适当提高切削速度使平均速度接近刀具车外圆时的数值。车削细长轴时工件易弯曲，应采用较低的切削速度。

加工带硬皮的铸锻件时，亦应选择较低的切削速度。加工大型零件时，若机床和工件的刚性较好，可采用较大的背吃刀量和进给量，但切削速度应降低，以保证必要的刀具寿命，也可使工件旋转时的离心力不致太大。

切削速度确定以后，要计算主轴转速，步骤如下。

a. 车削光轴时的主轴转速：根据零件上被加工部位的直径，按零件和刀具的材料及加工性质等条件所允许的切削速度来确定，计算公式为

$$n = \frac{1\,000v_c}{\pi D}$$

式中：v_c——切削速度，m/min；

D——工件切削部位回转直径，mm；

n——主轴转速，r/min。

根据计算所得的值，查找机床说明书确定标准值。数控机床的控制面板上一般备有主轴转速修调（倍率）开关，可在加工过程中对主轴转速进行整倍数调整。

b. 车削螺纹时的主轴转速：在车螺纹时车床主轴转速过高，会使螺纹破牙，所以对普通数控车床，车螺纹时的主轴转速为

$$n \leqslant \frac{1\ 200}{P} - 80$$

式中：P——螺纹导程，mm。

3. 对刀

试切对刀，对刀坐标系存储在 G54 中。

4. 程序的编写、传输

编写程序如下：

```
O0011；程序名
N010  G54  G00  X100  Z50;          //建立工件坐标系/设置换刀点
N020  M03  S1500;                    //主轴正转 S1500
N030  T0101;                         //调1号刀及刀补
N040  G00  X30  Z0;                  //快速定位到起刀点
N050  G01  X-1  F100;                //切端面
N060  G00  Z5;                       //Z 向退刀
N070  X21;                           //X 向退刀到外圆切削起始点
N080  G01  Z-20;                     //粗车外圆
N090  X30;                           //X 方向退刀到 X30
N100  G00  Z5;                       //Z 向快速退刀
N110  X20;                           //X 向进刀
N120  M03  S2000;                    //精车变速
N130  Z-20  F40;                     //精车外圆至尺寸/调整进给率
N140  X30;                           //X 向退刀
N150  G00  X100;                     //X 向快速返回到换刀点
N160  Z50;                           //Z 向快速返回到换刀点
N170  T0100;                         //取消1号刀补
N180  M05;                           //主轴停
N190  M30;                           //程序结束返回
```

5. 程序的校验、自动加工与检测

利用仿真系统的程序自动校验、模拟加工及检测功能完成。

6. 尺寸测量

利用游标卡尺进行测量，不同位置多测量几遍，避免产生读数误差。

习　题

一、判断题

1. 点位控制数控机床只要求控制机床的移动部件从某一位置移动到另一位置的准确定位，

对于两位置之间的运动轨迹不作严格要求，在移动过程中刀具不进行切削加工。 （　　）

2. 具有轮廓控制功能的数控机床有数控钻床、数控铣床及加工中心等。 （　　）

3. 开环控制数控机床不带检测装置，也无反馈电路，以步进电动机为驱动元件，这类控制方式的位置控制精度很高。 （　　）

4. "对刀点"一般来说就是编程起点，它既可选在工件上，也可选在工件外面。 （　　）

5. 增大刀具与工件距离的方向即为各坐标轴的负方向。 （　　）

6. 应在保证加工质量的前提下使加工程序具有最短的走刀路线。 （　　）

7. "换刀点"应设在工件或夹具的外部，以刀架转位时不碰到工件和其他部件为准。 （　　）

8. 机床坐标系是机床上固有的坐标系，并设有固定的坐标原点，就是机械原点，又称机床参考点。 （　　）

二、填空题

1. 数控机床按控制系统功能分 _____ 、 _____ 和 _____ 3 种类型。

2. 数控车床主要由 _____ 、 _____ 、 _____ 、 _____ 和辅助装置等组成。

3. 数控机床的坐标系采用 _____ 。

4. 编程时，为了编程方便，需要在零件图纸上适当选定一个 _____ 。

5. 数控车削加工工艺的主要内容有 _____ 、 _____ 、 _____ 和 _____ 以及 _____ 等。

6. 数控车削加工通常把零件的加工过程分为 _____ 、 _____ 、 _____ 3 个阶段。

7. 在数控车床上使用的刀具按用途可分为 _____ 、 _____ 、 _____ 、 _____ 、 _____ 等。生产中广泛采用 _____ 车刀。

8. 数控车床坐标 _____ 轴平行于主轴轴心线，以刀架沿着离开工件的方向为 _____ 轴方向；_____ 轴垂直于主轴轴心线，以刀架沿着 _____ 的方向为 X 轴正方向。

三、选择题

1. 数控车床的执行机构，由（　　）组成。

A. 检测和辅助装置　　　B. 驱动和执行部分　　　C. 驱动和检测部分

2. 坐标的运动方向是由传递切削动力的主轴所决定的，即平行于主轴轴线的坐标轴即为（　　）。

A. X 坐标轴　　　　　　B. Y 坐标轴　　　　　　C. Z 坐标轴

3. （　　）表示手动模式，即手动连续移动机床。

A. AUTO　　　　B. JOG　　　　C. HND　　　　D. EDIT

4. INSERT 表示（　　）。

A. 替换键　　　　B. 删除键　　　　C. 插入键　　　　D. 取消键

5. 生产中广泛采用（　　）。

A. 整体车刀　　　　B. 焊接车刀　　　　C. 机夹可转位车刀

6. 数控车床加工一般按（　　）原则进行工序的划分。

A. 工序集中　　　　B. 工序分散

7. AUTO 表示（　　）。

A. 手动模式　　　　B. 编辑模式　　　　C. 自动模式

四、简答题

1. 说明数控机床的分类。

2. 说明数控车床的结构组成。

3. 说明数控车床的加工对象。

4. 说明数控车床的加工主要特点。

5. 说明机床坐标系坐标轴和运动方向的命名原则。

6. 说明机床坐标系与机床原点的含义。

7. 说明工件坐标系与工件原点的含义。

8. 说明对刀点的含义。

9. 介绍数控车床仿真软件操作过程。

10. 说明数控车削加工工艺的主要内容。

11. 介绍数控车刀的种类。

12. 说明确定进给路线的原则。

任务 1.2　车削加工外圆柱/圆锥类零件

知识目标	技能目标	素养目标
1. 掌握数控车削外圆柱/圆锥面工艺知识； 2. 掌握外圆柱/圆锥面加工常用编程指令（G00、G01、G90、G94、G71、G72）； 3. 熟悉数控车床仿真软件； 4. 熟悉数控车削加工仿真操作步骤	1. 能分析和设计外圆/圆锥面加工工艺； 2. 会外圆/圆锥面的测量； 3. 能编制外圆/圆锥面加工程序； 4. 能在仿真软件中加工零件	1. 培养学生具有一定的计划、决策、组织、实施和总结的能力； 2. 培养学生勤于思考、刻苦钻研、勇于探索的良好作风； 3. 培养学生自学能力，在分析和解决问题时查阅资料、处理信息、独立思考及可持续发展能力

◢ 技能目标

1. 能分析和设计外圆/圆锥面加工工艺；

2. 会对外圆/圆锥面进行测量；

3. 能编写外圆/圆锥面加工程序；

4. 能在仿真软件中加工零件。

◢ 知识目标

1. 掌握数控车削外圆柱/圆锥面的工艺知识；

2. 掌握外圆柱/圆锥面加工常用的编程指令（G00、G01、G90、G94、G71、G72）；

3. 熟悉数控车床仿真软件；

4. 熟悉数控车削加工仿真操作步骤。

应用 – 加工短轴

1.2.1　任务导入：短轴零件加工

短轴零件如图 1.72 所示，按单件生产安排其数控加工工艺，编写出加工程序。毛坯为 φ38 mm 棒料，材料为 45 钢。

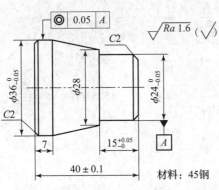

材料：45钢

图 1.72　短轴零件

基本编程指令 –
G00 – G01

1.2.2　知识链接

1. 基本编程指令

1）字与字的功能

（1）字符与代码。字符是用来组织、控制或表示数据的一些符号，如数字、字母、标点符号、数学运算符等。数控系统只能接受二进制信息，用"0"和"1"组合的代码来表达。国际上广泛采用两种标准代码：ISO（国际标准化组织）标准代码；EIA（美国电子工业协会）标准代码。这两种标准代码的编码方法不同，在大多数现代数控机床上这两种代码都可以使用，可用系统控制面板上的开关来选择，或用G功能指令来选择。

（2）字。在数控加工程序中，字是指一系列按规定排列的字符，作为一个信息单元进行存储、传递和操作。字是由一个英文字母与随后的若干位十进制数字组成，这个英文字母称为地址符。例如，"X2500"是一个字，"X"为地址符，"2500"为地址中的内容。

（3）字的功能。组成程序段的每一个字都有其特定的功能含义，本书是以FANUC数控系统的规范为主来介绍的，实际工作中，请遵照机床数控系统说明书来使用各个功能字。

①顺序号字N。顺序号又称程序段号或程序段序号。顺序号位于程序段之首，由顺序号字N和后续数字组成。顺序号字N是地址符，后续数字一般为1~4位的正整数。数控加工中的顺序号实际上是程序段的名称，与程序执行的先后次序无关。数控系统不是按顺序号的次序来执行程序，而是按照程序段编写时的排列顺序逐段执行。

顺序号的作用：对程序的校对和检索修改；作为条件转向的目标，即作为转向目的程序段的名称。有顺序号的程序段可以进行复归操作，是指加工可以从程序的中间开始，或回到程序中断处开始。

一般使用方法：编程时将第一程序段冠以N10，以后以间隔10递增的方法设置顺序号，这样，在调试程序时，如果需要在N10和N20之间插入程序段时，就可以使用N11、N12等。

②准备功能字G。准备功能字的地址符是G，又称为G功能或G指令，是用于建立机床或控制系统工作方式的一种指令。后续数字一般为1~3位的正整数，如表1.2所示。

③尺寸字。尺寸字用于确定机床上刀具运动终点的坐标位置。其中，第一组X，Y，Z，U，V，W，P，Q，R用于确定终点的直线坐标尺寸；第二组A，B，C，D，E用于确定终点的角度坐标尺寸；第三组I，J，K用于确定圆弧轮廓的圆心坐标尺寸。在一些数控系统中，还可以用P指令暂停时间、用R指令测量圆弧的半径等。

表 1.2 功能字 G 的含义表

功能字 G	FANUC 系统	SIEMENS 系统	功能字 G	FANUC 系统	SIEMENS 系统
G00	快速定位	快速定位	G40	刀具半径补偿注销	刀具半径补偿注销
G01	直线插补	直线插补	G41	刀具半径补偿——左	刀具半径补偿——左
G02	顺时针圆弧插补	顺时针圆弧插补	G42	刀具半径补偿——右	刀具半径补偿——右
G03	逆时针圆弧插补	逆时针圆弧插补	G43	刀具长度补偿——正	—
G04	暂停	暂停	G44	刀具长度补偿——负	—
G05	—	通过中间点圆弧插补	G49	刀具长度补偿注销	—
G17	XY 平面选择	XY 平面选择	G50	主轴最高转速限制 数控车设定工件坐标系	—
G18	ZX 平面选择	ZX 平面选择	G54 ~ G59	加工坐标系设定	零点偏置
G19	YZ 平面选择	YZ 平面选择	G65	用户宏指令	—
G20	英制单位	—	G70	精加工循环	英制单位
G21	公制单位	—	G71	内外圆粗车循环	公制单位
G22	脉冲当量	半径尺寸	G72	端面粗车循环	—
G23	—	直径尺寸	G73	封闭车削循环	—
G27	返回参考点检查	—	G74	深孔钻循环	返回参考点
G28	自动返回参考点	—	G75	外径切槽循环	返回固定点
G29	自动从参考点返回	—	G95	数控铣床每转进给量	每转进给量
G32	螺纹切削	—	G96	恒线速控制	恒线速度
G33	—	恒螺距螺纹切削	G97	恒线速取消	注销 G96
G76	复合螺纹切削循环	—	G98	数控车床每分钟 进给量数控铣床 返回起始平面	—
G90	数控车床内外圆 单循环数控铣床 绝对尺寸编程	绝对尺寸编程	G99	数控车床每转 进给量数控铣 床返回 R 平面	—
G91	数控铣床增 量尺寸编程	增量尺寸编程			
G92	螺纹切削循环 数控铣床设定 工件坐标系	主轴转速极限			
G94	数控车床端面 单循环数控铣 床每分钟进给量	每分钟进给量			

多数数控系统可以用准备功能字来选择坐标尺寸的制式,如 FANUC 诸系统可用 G21/G20 来选择公制单位或英制单位,也有些系统用系统参数来设定尺寸制式。采用公制单位时,一般单位为 mm,如 X100 指令的坐标单位为 100 mm。当然,一些数控系统可通过参数来选择不同的尺寸单位。

④进给功能字 F。进给功能字的地址符是 F,又称为 F 功能或 F 指令。它用于指定切削的进给速度。对于数控车床,F 可分为每分钟进给和主轴每转进给两种,对于其他数控机床,一般只用每分钟进给。F 指令在螺纹切削程序段中常用来指定螺纹的导程。

⑤主轴转速功能字 S。主轴转速功能字的地址符是 S,又称为 S 功能或 S 指令。它用于指定主轴转速,单位为 r/min。对于具有恒线速度功能的数控车床,程序中的 S 指令用来指定车削加工的线速度,单位为 m/min。

⑥刀具功能字 T。刀具功能字的地址符是 T,又称为 T 功能或 T 指令。它用于指定加工时所用刀具的编号。对于数控车床,其后的数字还兼作指定刀具长度补偿和刀尖半径补偿。

⑦辅助功能字 M。辅助功能字的地址符是 M,后续数字一般为 1~3 位的正整数,又称为 M 功能或 M 指令。它用于指定数控机床辅助装置的开关动作,如表 1.3 所示。

表 1.3　辅助功能字 M 的含义表

辅助功能字 M	含义	辅助功能字 M	含义
M00	程序停止	M07	2 号冷却液开
M01	计划停止	M08	1 号冷却液开
M02	程序停止	M09	冷却液关
M03	主轴顺时针旋转	M30	程序停止并返回开始处
M04	主轴逆时针旋转	M98	调用子程序
M05	主轴旋转停止	M99	返回子程序
M06	换刀		

2）程序格式

（1）程序段格式。程序段是可作为一个单位来处理的连续的字组,是数控加工程序中的一条语句。一个数控加工程序是由若干个程序段组成的。

程序段格式是指程序段中的字、字符和数据的安排形式。现在一般使用字地址可变程序段格式,每个字长不固定,各个程序段中的长度和功能字的个数都是可变的。

地址可变程序段格式中,在上一程序段中写明的、本程序段里又不变化的那些字仍然有效,可以不再重写,这种功能字称之为续效字。

程序段格式举例:

```
N30 G01 X88.1 Y30.2 F500 S3000 T02 M08;
N40 X90;
```

本程序段省略了续效字"G01,Y30.2,F500,S3000,T02,M08",但它们的功能仍然有效。

在程序段中,必须明确组成程序段的各要素。

①移动目标:终点坐标值 X、Y、Z。

②轨迹移动：准备功能字 G。

③进给速度：进给功能字 F。

④切削速度：主轴转速功能字 S。

⑤使用刀具：刀具功能字 T。

⑥机床辅助动作：辅助功能字 M。

（2）加工程序的一般格式。

加工程序的一般格式举例：

```
%                                    //开始符
O1000;                               //程序名
N10 G00 G54 X50 Y30 M03 S3000;
N20 G01 X88.1 Y30.2 F500 T02 M08;
N30 X90;                             //程序主体
……;                                 （N10~N290）
N290 M05;
N300 M30;                            //程序结束
%                                    //结束符
```

①程序开始符、结束符。程序开始符、结束符是同一个字符，ISO 标准代码中是"%"，EIA 标准代码中是"EP"，书写时要单列一段。

②程序名。FANUC 系统程序名由英文字母 O 和 1~4 位的正整数组成，一般要求单列一段。

③程序主体。程序主体是由若干个程序段组成的，主体最后程序段一般用 M05 停主轴。每个程序段一般占一行。

④程序结束指令。程序结束指令可以用 M02 或 M30，一般要求单列一段。

3）绝对/相对坐标系编程

FANUC 系统数控车床有两个控制轴，有两种编程方法：绝对坐标命令方法和相对坐标命令方法。此外，这些方法能够被结合在一个指令里。对于 X 轴和 Z 轴地址所要求的相对坐标指令是 U 和 W。如图 1.73 所示，锥面的车削可有 3 种编程形式，具体如下。

①绝对坐标程序——G01 X40Z5F100。

②相对坐标程序——G01 U20W－40F100。

③混合坐标程序——G01 X40W－40F100/G01 U20Z5F100。

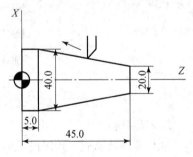

图 1.73 绝对/相对坐标编程

4）常用编程指令

（1）G54~G59——选择工件坐标系。

指令格式：

G54~G59;

通过使用 G54~G59 命令，采取工件坐标系预先寄存在数控机床寄存器的方式，最多可设置 6 个工件坐标系（1~6）。在接通电源和完成了原点返回后，系统自动选择工件坐标系（G54~G59）。在有"模态"命令对这些坐标进行改变之前，它们将保持其有效性。

（2）G50——设定工件坐标系指令。

在编程前，一般首先确定工件原点。在 FANUC 0i 数控车床系统中，设定工件坐标系常用的指令是 G50。从理论上来讲，车削工件的工件原点可以设定在任何位置，但为了编程计算方便，编程原点常设定在工件的右端面或左端面与工件中心线的交点处。

指令格式：

G50 X_Z_;

其中，X、Z 表示当前刀尖（即刀位点）起始点相对于工件原点的 X 轴方向和 Z 轴方向的坐标，X 值常用直径值来表示。如图 1.74 所示，用 G50 来设定工件坐标系。

按图 1.75 设置加工坐标的程序段：G50 X128.7 Z375.1。

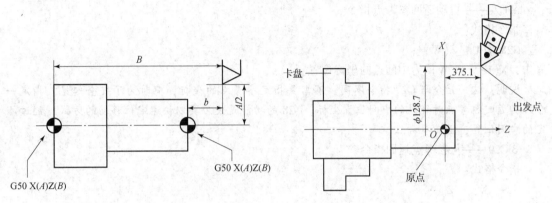

图 1.74　G50 设定工件坐标系　　　　图 1.75　G50 设定工件坐标系举例

显然，如果当前刀具位置不同，所设定的工件坐标系也不同，即工件原点也不同。因此，数控机床操作人员在程序运行前，必须通过调整机床，将当前刀具移到确定的位置，这一过程就是对刀。对刀要求不一定十分精确，如果有误差，可通过调整刀具补偿值来达到精度要求。

（3）T 功能。T 功能指令用于选择加工所用刀具。

指令格式：

T___；

T 后面通常有 4 位数字表示所选择的刀具号码，前两位是刀具号，后两位是刀具长度补偿号，或是刀尖圆弧半径补偿号。但也有 T 后面用两位数的情况。在 FANUC 0i 系统中，这两种形式均可通用。例如，T0101 表示采用 1 号刀具和 1 号刀补，T0100 表示取消刀具补偿。

（4）G94/G98、G95/G99——设定进给速度单位。

指令格式：

G94/G98　F ___；每分钟进给量，mm/min。

G95/G99　F ___；每转进给量，主轴转一圈时刀具的进给量，mm/r。

一般，FANUC 系统车床采用 G98（mm/min）、G99（mm/r）；FANUC 系统铣床、SIMENS 系统采用 G94（mm/min）、G95（mm/r）。

（5）G27、G28、G29——与参考点有关的指令。

所谓"参考点"，是指沿着坐标轴的一个固定点，其固定位置由 X 轴方向与 Z 轴方向的机械挡块及电动机零点（即机床原点）位置来确定，机械挡块一般设定在 X、Z 轴正向最大位置。定位到参考点的过程称为"返回参考点"。由手动操作返回参考点的过程称为"手动返回参考点"。而根据规定的 G 代码自动返回零点的过程称为"自动返回参考点"。当进行返回参考点的操作时，装在纵向和横向拖板上的行程开关碰到挡块后，向数控系统发出信号，由系统控制拖板停止运动，完成返回参考点的操作。

①G27——返回参考点检查指令。

指令格式：

G27 X(U)_Z(W)_;

其中，X(U)、Z(W) 为参考点在编程坐标系中的坐标，X、Z 为绝对坐标，U、W 为增量坐标。

数控机床通常是长时间连续工作的，为了提高加工的可靠性，保证零件的加工精度，可用 G27 指令来检查工件原点的正确性。

使用这一指令时，若先前使用 G41 或 G42 指令建立了刀尖半径补偿，则必须用 G40 取消后才能使用，否则会出现不正确的报警。

②G28——自动返回参考点指令。

指令格式：

G28 X(U)_Z(W)_;

其中，X(U)、Z(W) 为中间点的坐标位置。

说明：这一指令与 G27 指令不同，不需要指定参考点的坐标，有时为了安全起见，指定一个刀具返回参考点时经过的中间位置坐标。G28 的功能是使刀具以快速定位移动的方式，经过指定的中间位置，返回参考点。

③G29——从参考点返回指令。

指令格式：

G29 X_   Z_ ;

其中，X、Z 为刀具返回目标点时的坐标。

说明：G29 指令的功能是经过中间点（G28 指令中规定的中间点）达到目标点指定的位置，返回参考点。因此，这一指令在使用之前，必须保证前面已经用过 G28 指令，否则 G29 指令不知道中间点的位置，会发生错误。

（6）G96、G97——线速度控制指令。

数控车床主轴分成低速和高速区；在每一个区内的速率可以自由改变。

指令格式：

①G96 S___；

G96 指令的功能是执行恒线速度控制，并且只通过改变转速来控制相应的工件直径变化时维持稳定的恒定的切削速率，和 G50 指令配合使用。在车削端面、圆锥面或圆弧面时，常用 G96 指令指定恒线速度，使工件上任意一点的切削速度都一样，如：

G50 S1800；指定主轴最高转速为 1 800 r/min。

G96 S100；指定恒线速度为 100 m/min。

②G97 S___；

G97 指令的功能是取消恒线速度控制，并且仅仅控制转速的稳定，如 S 未指定，将保留 G97 的最终值，如：

G97 S1000；恒线速取消后，主轴速度为 1 000 r/min。

（7）G00——快速点定位指令。

指令格式：

G00 X(U)_Z(W)_;

其中，X(U)、Z(W) 为移动终点，即目标点的坐标；X、Z 为绝对坐标，U、W 为增量坐标。

功能：G00 快速点定位指令控制机床各轴以最大速率从现在位置移动到指令位置。G00 是模态代码。

快速点定位 G00
同时到达终点

G00－G01 指令
仿真加工应用

特别提示

①刀具以点位控制方式从当前点快速移动到目标点。

②快速定位，无运动轨迹要求，移动速度是机床设定的空行程速度，与程序段中指定的进给速度无关。

③G00指令是模态代码，其中X（U）、Z（W）是目标点的坐标。

④车削时快速定位目标点不能直接选在工件上，一般要离开工件表面1~2 mm。

如图1.76所示，车削加工从起点A快速运动到目标点B，其绝对坐标方式程序（系统默认X向为直径编程格式）为：G00　X120　Z100；

其增量坐标方式程序为：G00　U80　W80；

如果程序为：G00X120Z60；刀具快速运动到点（60，60）。

　　　　　　　　X120Z100；再运动到点（60，100）。

运行上述程序段，使用G00指令时要注意刀具是否和工件及夹具发生干涉，忽略这一点，就容易发生碰撞。

（8）G01——直线插补指令。

指令格式：

G01 X（U）_ Z（W）_ F_；

其中，X（U）、Z（W）表示加工目标点的坐标，F表示加工时的进给率。

功能①：指令刀具以程序给定的速度从当前位置沿直线加工到目标位置。G01指令是模态指令，进给速度由F指定，它可以用G00指令取消。在G01程序段中或之前必须含有F指令。如图1.77所示，选右端面O为编程原点，绝对坐标程序如下：

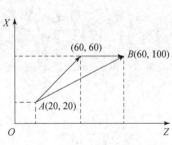

图1.76　G00刀具轨迹示意

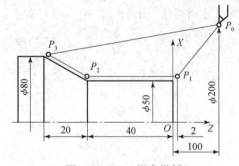

图1.77　G01指令举例

```
G00　X50　Z2　M03　S800;(P0→P1)
G01　Z-40　F80;(P1→P2)
X80　Z-60;(P2→P3)
G00　X200　Z100;(P3→P0)
```

增量坐标程序如下：

```
G00　U-150　W-98　M03　S800;(P0→P1)
G01　W-42　F80;(P1→P2)
U30　W-20;(P2→P3)
G00　U120　W160;(P3→P0)
......
```

功能②：倒角、倒圆编程功能。可以实现45°倒角、90°圆角及任意角度倒角与倒圆功能。倒角、倒圆只能在 G01 指令下使用且不可省略，倒角、倒圆正负方向判断如下：$Z \to +X$ 方向为正值；$Z \to -X$ 方向为负值；$X \to +Z$ 方向为正值；$X \to -Z$ 方向为负值，如图 1.78 所示。

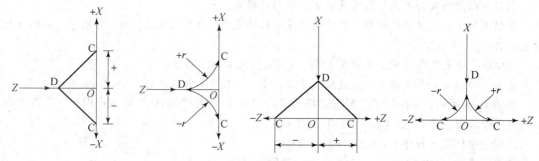

图 1.78　倒角、倒圆正负方向判定

指令格式：

G01 X(U)_ Z(W)_ C/R_ F_;

其中，X(U)、Z(W) 表示未倒角时倒角线相邻两轨迹线交点的坐标；F 表示加工时的进给率。

如图 1.79 所示，走刀路径为 $A \to B \to C \to D \to E$，程序如下：

```
G01   X35   C2   F60;        (A→B)
G01   Z-28   R8   F60;        (B→C)
G01   X64   C1.5   F60;       (C→D)
G01   Z-44.5   F60;           (D→E)
```

功能③：角度编程功能。当直线段的终点缺少一个坐标值时，可以用角度方式编程。如图 1.80 所示，走刀路径为 $A \to B \to C \to D$，程序如下：

```
G01   X10   Z-15;                  (A→B)
G01   A135;                        (B→C)
G01   X30   Z-50   A165(或 A-15);   (C→D)
```

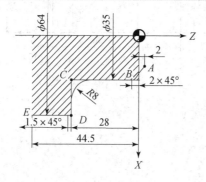

图 1.79　倒角、倒圆编程

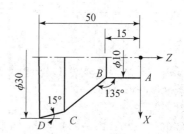

图 1.80　角度编程

表 1.4 列出了不同情况刀具路径的角度、倒角、倒圆编程。

(9) G04——暂停指令。

指令格式：

G04 X_(P_);

其中，X(P) 为暂停时间，s(ms)。

表 1.4　不同情况刀具路径的角度、倒角、倒圆编程

编程指令格式	刀具路径	编程指令格式	刀具路径
G1 X_1_Z_1_ G1 X_2_(Z_2_)，A_ 其中，X_2、Z_2 坐标有一个未知	（图）	G1 X_1_Z_1_ G1 X_2_Z_2_，R_1_ G1 X_3_Z_3_，R_2_ G1 X_4_Z_4_ 或 G1 X_1_Z_1_ G1 A_1_R_1_ G1 X_3_Z_3_，A_2_，R_2_ G1 X_4_Z_4_ 其中，X_2、Z_2 坐标未知	（图）
G1 X_1_Z_1_ G1 A_1_ G1 X_3_Z_3_A_2_ 其中，X_2、Z_2 坐标未知	（图）	G1 X_1_Z_1_ G1 X_2_Z_2_，C_1_ G1 X_3_Z_3_，C_2_ G1 X_4_Z_4_ 或 G1 X_1_Z_1_ G1 A_1_C_1_ G1 X_3_Z_3_，A_2_，C_2_ G1 X_4_Z_4_ 其中，X_2、Z_2 坐标未知	（图）
G1 X_1_Z_1_ G1 X_2_Z_2_R_1_ G1 X_3_Z_3_ 或 G_1 X_1_Z_1 G1 A_1_R_1_ G1 X_3_Z_3_A_2 其中，X_2、Z_2 坐标未知	（图）	G1 X_1_Z_1_； G1 X_2_Z_2_R_1_ G1 X_3_Z_3_C_2_ G1 X_4_Z_4_ 或 G1 X_1_Z_1_ G1 A_1_R_1_ G1 X_3_Z_3_，A_2_C_2_ G1 X_4_Z_4_ 其中，X_2、Z_2 坐标未知	（图）
G1 X_1_Z_1_ G1 X_2_Z_2_C_1_ G1 X_3_Z_3_ 或 G_1 X_1_Z_1 G1 A_1_C_1_ G1 X_3_Z_3_A_2 其中，X_2、Z_2 坐标未知	（图）	G1 X_1_Z_1_ G1 X_2_Z_2_C_1_ G1 X_3_Z_3_R_2_ G1 X_4_Z_4_ 或 G1 X_1_Z_1_ G1 A_1_C_1_ G1 X_3_Z_3_，A_2_R_2_ G1 X_4_Z_4_ 其中，X_2、Z_2 坐标未知	（图）

特 别提示

①运行该程序段时暂停给定时间，暂停时间过后，继续运行下一段程序。

②X(P)为暂停时间。其中，X后面可用小数表示，单位为s，如G04X5，表示前面的程序执行完后，要经过5 s的暂停，下面的程序段才能运行。地址P后面用整数表示，单位为ms。如G04 P1000，表示暂停1 000 ms。

③暂停时，数控车床的主轴不会停止运动，但刀具会停止运动。

【应用实例1】 加工工件如图1.81（a）、（b）、（c）所示，刀尖从点 A 移动到点 B，完成车外圆、车槽、车倒角的编程。

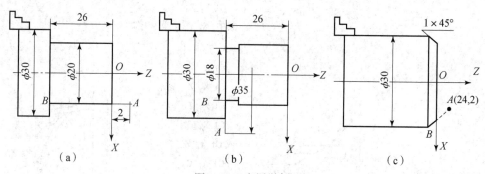

图1.81 应用举例

（a）车外圆；（b）车槽；（c）车倒角

①车外圆程序如下：

```
G00  X20  Z2;
G01  Z-26 F80;            //绝对坐标方式
```

或

```
G01  U0  W-28 F80;        //增量坐标方式
```

或

```
G01  W-28 F80;           //混合坐标方式
```

②车槽程序如下：

```
G00  X35  Z-26;
G01  X18  F50;           //绝对坐标方式
```

或

```
G01  U-17  F50;          //增量坐标方式
```

③车倒角程序如下：

```
G00  X24  Z2;
G01  X30  Z-1 F80;        //绝对坐标方式
```

或

```
G01  U6  W-3  F80;        //增量坐标方式
```

【应用实例2】 内孔车削如图 1.82 所示工件，给定材料内径为 20 mm，试用一刀完成车削，编写车削 $\phi26$ mm 内孔的程序。

选用镗孔刀进行车削内孔，零件的工件坐标系如图 1.82 所示，程序如下：

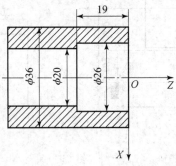

图 1.82　内孔车削

```
N10   G00 X26 Z3;
N20   G01 Z-19 F100;
N30   X18;
N40   Z3;
N50   G00 X50 Z50;
```

与车削外圆柱面不同的是，车削完内孔退刀时，由于刀具还处于孔的内部，不能直接退刀到加工的起始位置，必须先将刀具从孔的内部退出来后，再退回到起始位置。

2. 循环指令

1）单循环指令

单一固定循环可以将一系列连续加工的 4 步动作，即"进刀→切削→退刀→返回"，用一个循环指令完成，刀具的循环起始位置也是循环的终点，从而简化程序。

（1）G90——单一形状内外圆自动车削循环。

指令格式：

G90 X(U)_ Z(W)_ R_ F _;

其中，X(U)、Z(W) 为切削循环终点的坐标；R 为圆锥面切削起始点与终点的半径之差；F 为切削进给速度。

①圆柱面切削循环。

指令格式：

G90 X(U)_Z(W)_F_;

特 别提示

X、Z 为圆柱面切削终点的绝对坐标；U、W 为终点相对于起点的增量坐标，U、W 数值符号由刀具路径方向来决定，如图 1.83（a）所示。图 1.83（b）的程序如下：

```
G90 X40 Z30 F30;      //刀具运动轨迹为:A→B→C→D→A
    X30;              //刀具运动轨迹为:A→E→F→D→A
    X20;              //刀具运动轨迹为:A→G→H→D→A
```

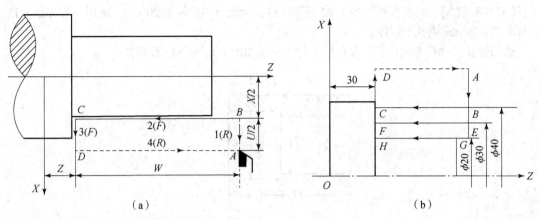

图1.83　圆柱面自动车削循环指令

②圆锥面切削循环。

指令格式：

G90 X(U)_Z(W)_R_F_;

增量尺寸

特 别提示

如图1.84（a）所示，R为锥体大小端的半径差。用增量值表示，其符号取决于刀具起于锥端面的位置。当刀具起于锥端大头时，R为正值；起于锥端小头时，R为负值。即起点坐标大于终点坐标时，R为正值，反之为负，图1.84（b）的程序如下。

```
G90 X40 Z20 R-5 F30;
X30;
X20;
```

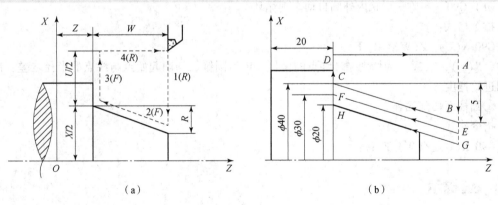

图1.84　圆锥面自动车削循环指令

（2）G94——端面自动车削循环指令。

指令格式：

G94 X(U)_ Z(W)_ R_ F_;

其中，X(U)、Z(W)为切削循环终点的坐标；R为端面切削起始点与终点的在Z轴方向的坐标增量；F为切削速度。

特 别提示

如图 1.85 所示，X(U)、Z(W)、F 的含义与圆柱面切削循环 G90 基本相同，当起点 Z 向坐标小于终点 Z 向坐标时 R 为负，反之为正，如果没有锥度，则 R 省略。

车削如图 1.86 所示的锥端面，程序如下：

```
G94 X20 Z29 R - 7 F30;        //刀具运动轨迹为：A→B→C→D→A
Z24;                          //刀具运动轨迹为：A→E→F→D→A
Z19;                          //刀具运动轨迹为：A→G→H→D→A
```

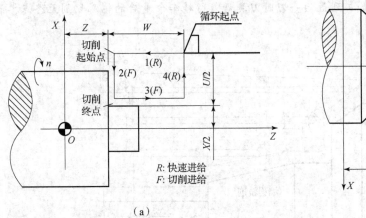

（a）

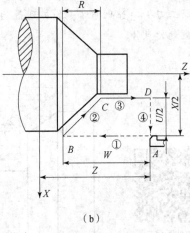

（b）

图 1.85　端面自动车削循环指令

2）复合循环指令

单一循环每一个指令命令刀具完成 4 个动作，虽然能够提高编程的效率，但对于切削量比较大或轮廓形状比较复杂的零件，还是不能显著地减轻编程人员的负担。为此，许多数控系统都提供了更为复杂的复合循环。不同数控系统，其复合循环的格式也不一样，但基本的加工思想是一样的，即根据一段程序来确定零件形状（称为精加工形状程序），然后由数控系统进行计算，从而进行粗加工。这里介绍 FANUC 数控系统用于车床的复合循环。

FANUC 数控系统的复合循环有两种编程格式，一种是用两个程序段完成粗加工，另一种是用一个程序段完成粗加工，具体用哪一种格式，取决于所采用的数控系统。

（1）G71——内外圆粗车循环指令。

指令格式：

G71 U(Δd)　R(e)；

G71 P(ns)　Q(nf)　U(Δu)　W(Δw)　F(f)　S(s)　T(t)；

N(ns)…

…

N(nf)…

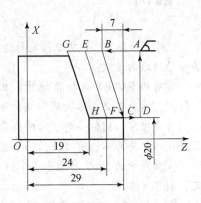

图 1.86　G94 锥端面自动车削循环

其中，Δd 为粗车时 X 轴方向的背吃刀量，以半径值表示，一定为正值；e 为粗车时每一刀切削完成后在 X 轴方向的退刀量，半径值；ns 为精加工形状程序的第一个程序段段号；nf 为精加工形状程序的最后一个程序段段号；Δu 为 X 轴方向的精车余量（直径值）；Δw 为 Z 轴方向的精车余量；f 为粗车时的进给率；s 为粗车时的主轴转速；t 为粗车时的刀具。

特 别提示

①G71 循环过程如图 1.87 所示，刀具起始点位于 A，循环开始时由 $A \to B$ 为留精车余量，然后，从点 B 开始，进刀 Δd 的深度至 C，然后切削，碰到给定零件轮廓后，沿 45°方向退出，当 X 轴方向的退刀量等于给定量 e 时，沿水平方向退出至 Z 轴方向坐标与 B 相等的位置，然后再进刀切削第二刀……如此循环，加工到最后一刀时刀具沿着留精车余量后的轮廓切削至终点，最后返回到起始点 A。

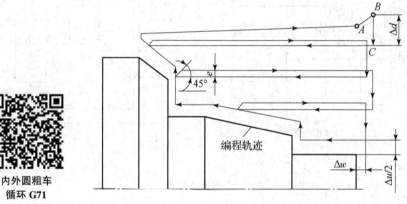

内外圆粗车循环 G71

图 1.87　G71 内外圆粗车循环

②G71 循环中，F 功能指定的速度是切削的速度，其他过程如进刀、退刀、返回等的速度均为快速进给的速度。

③有的 FANUC 数控系统中，由 ns 指定的程序段只能编写成"G00 X（U）；"或"G01 X（U）；"，不能有 Z 轴方向的移动，这样的循环称为Ⅰ类循环。而有的数控系统中没有这个限制，称为Ⅱ类循环。同样，对于零件轮廓，Ⅰ类循环要求零件轮廓形状只能逐渐递增（或递减），也就是说形状轮廓不能有凹坑，而Ⅱ类循环允许有一个坐标轴方向出现增减方向的改变。

④格式中的 S、T 功能如在 G71 指令所在的程序段中已经设定，则可省略。

⑤ns 与 nf 之间的程序段中设定的 F、S 功能在粗车时无效。

（2）G70——精车复合循环指令。

指令格式：

G70　P（ns）　Q（nf）；

功能：用 G71、G72、G73 指令粗加工完毕后，可用精加工复合循环指令，使外圆精车刀进行精加工，ns、nf 的含义与 G71 相同。

【应用实例 3】　加工的工件如图 1.88 所示，材料为 82 mm × 100 mm 的铁棒，要求用两把刀具分别进行粗、精车加工，试编

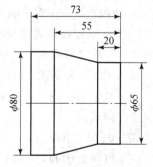

图 1.88　G71 内径/外径粗车复合循环实例

程。设定工件右端面中心为编程原点，粗车刀作为基准刀，粗车时吃刀深度 2 mm，留精加工余量 X 轴方向为 0.5 mm，Z 轴方向为 0.25 mm。

程序如下：

```
O0101;
N10 G54 G00 X150 Z150 T0100;          //设工件定坐标与换刀点,选用1号刀
N20 M03 S1000;                        //启动主轴正转,转速1 000 r/min
N30 T0101;                            //建立1号刀具补偿
N40 G00 X85Z5;                        //进刀至粗车起始点
N50 G71 U2 R1;                        //粗车,每刀2 mm,退刀1 mm
N60 G71 P70 Q160 U0.5 W0.25 F100;     //精车余量 X = 0.5 mm,Z = 0.25 mm
N70 G00 X65;                          //进刀至精加工起始点(ns)
N80 G01 Z -20 F50;                    //车削外圆柱65
N90 X80 Z -55 R5;                     //车削圆锥
N100 Z -73;                           //车削外圆柱80
N110 X85;                             //退刀至X85 处,精加工终点(nf)
N120 G70 P70 Q110;                    //精车外形
N130 G00 X150 Z150;                   //返回换刀点
N140 T0100;                           //换回1号刀,取消刀具补偿
N150 M05;                             //主轴停
N160 M30;                             //程序结束并返回程序开始
```

（3）G72——端面粗车复合循环指令。

指令格式：

G72 W(Δd) R(e)；

G72 P(ns) Q(nf) U(Δu) W(Δw) F(f) S(s) T(t)；

N(ns)

……

N(nf)

其中，Δd 为粗车时每一刀切削时的背吃刀量，即 Z 轴方向的进刀；e 为粗车时，每一刀切削完成后在 Z 轴方向的退刀量。

其他参数与 G71 相同。

特 别提示

①G72 与 G71 指令加工方式相同，只是车削循环是平行于 X 轴进行的，端面粗切循环适于 Z 向余量小，X 向余量大的棒料粗加工，加工过程如图 1.89 所示。不同的是，G72 指令的进刀是沿着 Z 轴方向进行的，刀具起始点位于 A，循环开始时，由 A→B 为留精车余量，然后，从点 B 开始，进刀 Δd 的深度至 C，然后切削，碰到给定零件轮廓后，沿 45°方向退出，当 Z 轴方向的退刀量等于给定量 e 时，沿竖直方向退出至 X 轴方向坐标与 B 相等的位置，然后再进刀切削第二刀……如此循环，加工到最后一刀时刀具沿着留精车余量后的轮廓切削至终点，最后返回起始点 A。

②与 G71 相同，G72 循环中，F 功能指定的速度是切削的速度，其他过程如进刀、退刀、返回等的速度均为快速进给的速度。

③在顺序号 ns 到 nf 的程序段中，可有 G02/G03 指令，但不能有子程序。

④ns 与 nf 之间的程序段中设定的 F、S 功能在粗车时无效。

【应用实例4】 如图 1.90 所示，试用 G72 复合循环车削该零件。

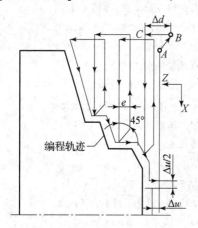

图 1.89　G72 端面粗车复合循环

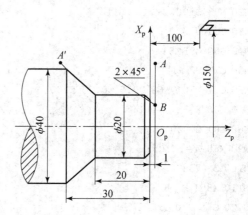

图 1.90　端面粗车循环

程序如下：

```
O0012;
N010 G99 M03 S1000 T0101;
N015 G00 X100 Z100
N020 G00 X42 Z1;
N030 G72 W1 R1;
N040 G72 P50 Q80 U0.2 W0.1 F100;
N050 G00 X42 Z-31;
N060 G01 X20 Z-20 F80;
N070 Z-2;
N080 X14 Z1;
N090 G70 P50 Q80;
N100 G00 X150 Z100;
N110 T0000;
N120 M05;
N130 M30;
```

1.2.3　任务实施

1. 工艺过程

（1）粗车外轮廓。

（2）精车外轮廓。

（3）切断。

**端面粗车
复合循环 G72**

2. 刀具与工艺参数

数控加工刀具卡和工序卡分别如表1.5、表1.6所示。

表1.5 数控加工刀具卡

项目任务			零件名称		零件图号	
序号	刀具号	刀具名称及规格	刀尖半径/mm	数量	加工表面	备注
1	T0101	粗精右偏外圆刀	0	1	外表面、端面	
2	T0202	切断刀（刀位点为左刀尖）		1	切槽、切断	$B=4$ mm

表1.6 数控加工工序卡

材料	45 钢	零件图号		系统	FANUC	工序号	
操作序号	工步内容（走刀路线）	G功能	T刀具	切削用量			
				转速 $S/$ $(\text{r} \cdot \text{min}^{-1})$	进给率 $F/$ $(\text{mm} \cdot \text{r}^{-1})$	背吃刀量 a_p/mm	
程序	夹住棒料一头，留出长度大约100 mm（手动操作），调用程序 O0001						
1	自右向左粗车端面、外圆表面	G71	T0101	600	0.3	2	
2	自右向左精车端面、外圆表面	G70	T0101	800	0.1	0.2	
3	切断左侧倒角，保证总长	G01	T0202	300	0.1		
4	检测、校核						

3. 装夹方案

用三爪自定心卡盘夹紧定位。

4. 程序编写

编写程序如下：

```
O0001;
N010  G99  T0101;                      //设定进给率单位mm/r,调用1号刀1号刀
                                         补,建立工件坐标系

N020  G00  X100  Z100;                 //设置换刀点
N030  M03  S600;                       //启动主轴正转600 r/min
N040  G00  X40  Z5;
N050  G71  U1  R1;                     //复合循环指令粗加工
N060  G71  P70  Q140  U0.4  W0.2  F0.3; //复合循环指令粗加工
N070  G00  X20;                        //精加工轮廓X轴起点
N080  G01  Z2  F0.1;                   //精加工轮廓Z轴起点
```

```
N090   X24   Z-2;
N100   Z-15;
N110   X28;
N120   X36   Z-33;
N130   Z-45;
N140   X39;                      //精加工轮廓终点
N150   M03 S800;                 //升速
N160   G70 P70 Q140;             //精加工循环
N170   G00   X100  Z100;
N180   T0100;                    //取消1号刀补
N190   T0202;                    //调用2号刀,建立刀补
N200   G00   X45  Z-44;          //定位
N210   M03 S300;                 //降速
N220   X32   F0.1;               //切至直径32 mm处
N230   X38   F0.3;               //退刀至直径38 mm处
N240   Z-41;                     //Z轴移至Z-41处
N250   X32   Z-44  F0.1;         //零件左侧倒角
N260   X1   F0.1;                //切至直径1 mm处,保证长度为40 mm
N270   X45   F0.3;               //退刀至直径45 mm处
N280   G00   X100  Z100;         //返回换刀点
N290   T0200;                    //取消2号刀补
N300   M05;                      //主轴停
N310   M30;                      //程序结束返回
```

习　　题

1. **任务描述**：用基本编程指令编写如图1.91所示简单轴零件的加工程序，材料为45钢。

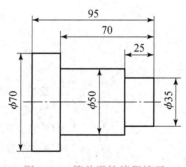

图1.91　简单零件编程练习

2. **任务描述**：用复合循环指令编写如图1.92所示零件的粗、精加工程序。

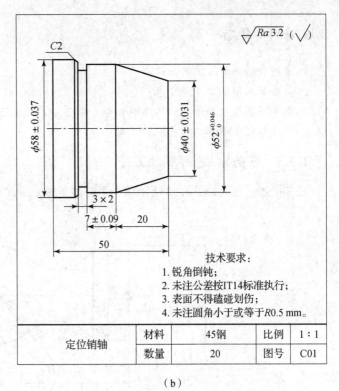

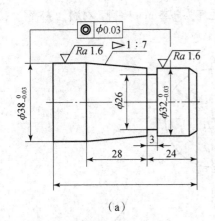

（a）

（b）

技术要求：

1. 锐角倒钝；
2. 未注公差按IT14标准执行；
3. 表面不得磕碰划伤；
4. 未注圆角小于或等于$R0.5\ mm$。

定位销轴	材料	45钢	比例	1：1
	数量	20	图号	C01

图1.92　锥度轴编程练习

任务1.3　车削加工外圆弧类零件

知识目标	技能目标	素养目标
1. 掌握成型面加工工艺知识； 2. 会分析车床加工质量要求； 3. 熟练掌握成型面加工常用编程指令（G02、G03、G73、子程序、G41、G42）； 4. 熟悉数控车削加工仿真操作步骤	1. 设计成型面加工工艺； 2. 评价和分析零件； 3. 能编制和调试外成型面加工程序； 4. 能在仿真软件模拟加工出外圆弧类零件	1. 培养学生踏实肯干、勇于创新的工作态度； 2. 培养学生具有一定的综合分析、解决问题的能力； 3. 培养学生勤于思考、创新开拓、勇于探索的良好作风

技能目标

1. 能设计成型面加工工艺；
2. 能评价和分析零件；
3. 能编写和调试外成型面加工程序；
4. 能用仿真软件模拟加工出外圆弧类零件。

圆弧类–G73
指令应用

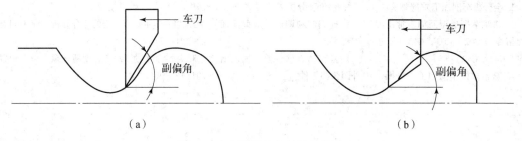

知识目标

1. 掌握成型面加工工艺知识；

2. 会分析车削加工质量要求；

3. 熟练掌握成型面加工常用编程指令（G02、G03、G73、子程序、G41、G42）；

4. 熟悉数控车削加工仿真操作步骤。

1.3.1　任务导入：手柄加工

任务描述：完成如图 1.93 所示球头手柄的车削加工，毛坯为 φ25 mm 棒料，材料为 45 钢。

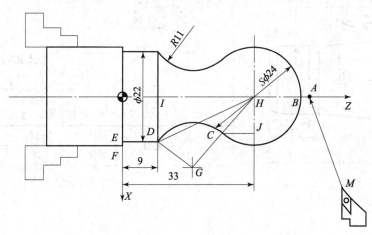

图 1.93　手柄加工

1.3.2　知识链接

1. 外圆弧加工的工艺知识

在加工球面时要选择副偏角大的刀具，以免刀具的后刀面与工件产生干涉，如图 1.94 所示。

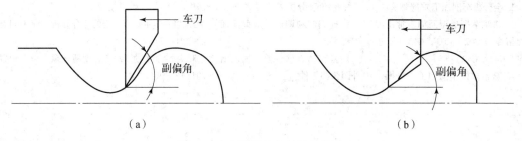

（a）　　　　　　　　　　　　　　　　　　　　（b）

图 1.94　车刀副偏角的干涉影响

（a）副偏角大，不干涉；（b）副偏角小，产生干涉

2. 编程指令

1）G02/G03——圆弧插补指令

半径指令格式：

G02/G03 X(U)_ Z(W)_ R_ F_;

圆心坐标指令格式：

圆弧插补应用

G02/G03 X(U)_Z(W)_I_K_ F_;

其中，X(U)、Z(W) 为圆弧终点的坐标值，增量值编程时，坐标为圆弧终点相对圆弧起点的坐标增量；I、K 为圆心相对于圆弧起点的坐标增量，I 为 X 轴方向的增量，K 为 Z 轴方向的增量；R 为圆弧半径；F 为进给速度或进给量。

特 别提示

①G02 为顺时针方向的圆弧插补，G03 为逆时针方向的圆弧插补。

一般数控车床的圆弧，都是 XOZ 坐标面内的圆弧。判断是顺时针方向的圆弧插补还是逆时针方向的圆弧插补，应从与该坐标平面构成笛卡尔坐标系的第三轴（Y 轴）的正方向沿负方向看，如果圆弧起点到终点为顺时针方向，这样的圆弧加工时用 G02 指令。反之，如果圆弧起点到终点为逆时针方向，则用 G03 指令。图 1.95（a）为前刀座数控车床中的圆弧插补，图 1.95（b）为后刀座数控车床的圆弧插补。

各平面内圆弧
情况 ZX 平面圆弧

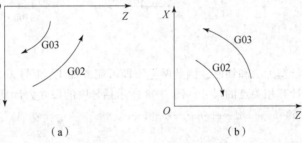

（a）　　　　　　　　（b）

图 1.95　圆弧方向的判别

②圆弧编程的两种方式。

a. 半径编程。用半径编程时，用 R 来表示圆弧半径，在编程过程中不需要计算太多，所以经常用这种方法。R 后面的数值有正负之分，以区别圆心位置。如图 1.96 所示，当圆弧所对的圆心角 $\alpha \leqslant 180°$ 时，圆弧半径取正值；反之，取负值。图中从点 A 到点 B 的圆弧有两段，半径相同，若需要表示的圆心位置在 O_1 时，半径取正值，若需要表示的圆心位置在 O_2 时，半径取负值。

b. 圆心坐标编程。用圆心坐标编程时，用 I 和 K 表示圆心位置，是指圆心相对于圆弧起点的坐标增量，这两个值始终这样计算，与绝对编程和增量编程无关，其中，I 值与 X 值方向一样，K 值与 Z 值方向一样，如图 1.97 所示。

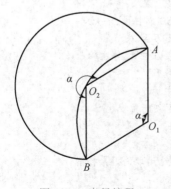

图 1.96　半径编程

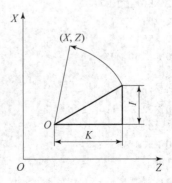

图 1.97　圆心坐标编程

整圆加工编程只能用圆心坐标编程方法。

③F 指的是沿圆弧加工的切线方向的速度或进给量。

【应用实例 1】 如图 1.98 所示，编制一个精车外圆、圆弧面、切断的程序，精加工余量 0.5 mm，假设工件足够夹紧，刀具换刀点在 a(100,150) 处。

各平面内圆弧 情况 **YZ** 平面圆弧

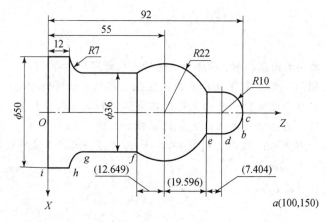

各平面内圆弧 情况 **XY** 平面圆弧

图 1.98 圆弧加工

该零件只需要进行精加工和切断，因此两把刀即可完成加工，1 号刀为精车刀，2 号刀为切断刀。车削之前必须计算相关点的尺寸，图 1.98 所示括号中的尺寸为计算所得，计算过程从略。精车时，走刀路线为 $a \rightarrow b \rightarrow c \rightarrow d \rightarrow e \rightarrow f \rightarrow g \rightarrow h \rightarrow i \rightarrow a$。

程序如下：

```
O1002;
N10 G54 G00 X100 Z150;              //设定坐标系,设置"换刀点"
N20 M03 S1500;                      //启动主轴
N30 T0101 M08;                      //建立刀具补偿,开冷却液
N40 G00 X20 Z92;                    //进刀至 b
N50 G01 X0 F50;                     //慢速进刀至圆弧起点,b→c
N60 G03 X20 Z82 R10 F30;            //加工圆弧 R10,c→d
N70 G01 W-7.404;                    //加工 20 圆柱段,d→e
N80 G03 X36 Z42.351 R22;            //加工 R22 圆弧,e→f
(或 I-20 K-19.596);
N90 G01 Z17;                        //加工 36 圆柱段,f→g
N100 G02 X50 Z10 R7;                //加工 R7 圆弧,g→h
N110 G01 Z0;                        //加工 50 圆柱段,h→i
N120 G00 X55;                       //横向退刀至 X55
N130 X100 Z150 M05;                 //返回换刀位置,停主轴
N140 T0202;                         //换 2 号刀
N150 M03 S100;                      //启动主轴
N160 G00 X52 Z-5;                   //进刀至切断位置
N170 G01 X0 F20;                    //切断
N180 G00 X100 Z150;                 //返回
N190 T0100;                         //换 1 号刀,取消刀具补偿
N200 M05;                           //主轴停
N210 M30;                           //程序结束返回
```

2）G73——平行轮廓粗车复合循环

封闭切削循环是一种复合固定循环，如图 1.99 所示。封闭切削循环适用于对铸、锻毛坯的切削，对零件轮廓的单调性则没有要求。

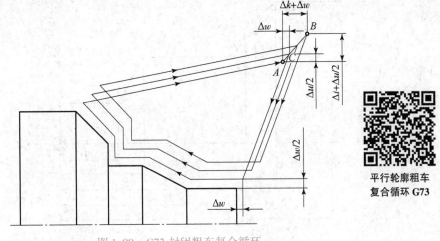

平行轮廓粗车
复合循环 G73

图 1.99　G73 封闭粗车复合循环

指令格式：

G73　U(Δi)W(Δk)R(d)；

G73 P(ns)Q(nf)U(Δu)W(Δw)F(f)S(s)T(t)；

其中，Δi 为 X 轴方向总切除量（半径值）；Δk 为 Z 轴方向总切除量；d 为粗车循环次数；ns、nf、Δu、Δw、f、s、t 的含义与 G71 相同。

特 别提示

①与 G71 和 G72 不同，G73 的循环过程如图 1.99 所示，它每次加工都是按照相同的形状轨迹进行走刀，只不过在 X、Z 轴方向进了一个量，这个量等于总切削量除以粗加工循环次数。循环起点在点 A，循环开始时，从点 A 向点 B 退一定距离，X 轴方向为 $\Delta i + \Delta u/2$，Z 轴方向为 $\Delta k + \Delta w$，然后从点 B 进刀切削，按图中箭头所示的过程进行循环加工，直到达到留余量后的轮廓轨迹为止。

②习惯上，为使 X 向、Z 向切除量一致，常取 $\Delta i = \Delta k$，由于粗车次数是预先设定的，因此每次的背吃刀量是相等的。

③由于加工的毛坯一般为圆柱体，因此 Δi 的取值一般以工件去除量最大的地方为基准来考虑，经验参数取值如下：

$$\Delta i = \frac{d_{毛坯} - d_{最小}}{2} - k$$

式中：$d_{毛坯}$——毛坯直径；

　　　$d_{最小}$——工件最小直径；

　　　k——第一刀切除量（半径值）。

另外，此式还要结合起刀点 Z 坐标的偏离情况，Δi 取值还可以大大减小。

④从 G73 的加工过程来看，它特别适合毛坯已经具备所要加工工件形状的零件的加工，如铸造件、锻造件等。

⑤两个程序段都有地址 U、W，在使用时要注意区别它们各自代表的含义。

【应用实例2】 任务描述：车削如图1.100所示铸造件，已知 X 轴方向的余量为 6 mm（半径值），Z 轴方向的余量为 4 mm，刀尖半径为 0.4 mm，试编程加工。

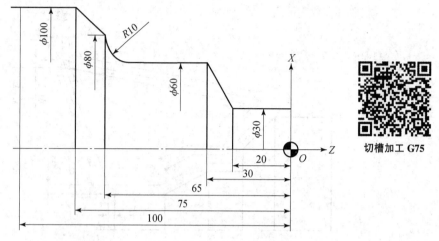

切槽加工 G75

图 1.100　G73 封闭粗车复合循环应用

铸造件适合用 G73 指令加工，余量为 6 mm，分 3 次加工。在车削时要使用半径补偿，留精车余量 $X = 0.2$ mm，$Z = 0.1$ mm。用两把刀，1 号刀粗车，2 号刀精车。

程序如下：

```
O0102;
N10 G54 G00 X150 Z250 T0100;          //建立工件坐标系,设置"换刀点",选用1号刀
N20 M03 S1500;                         //启动主轴正转
N30 G00 X110 Z10;                      //进刀至循环起始点
N40 G73 U6 W6 R3;                      //粗车循环
N50 G73 P60 Q120 U0.2 W0.1 F100;       //粗车循环,余量 X = 0.2 mm,Z = 0.1 mm
N60 G00 X30 Z2;                        //精加工轮廓起点
N70 G01 G42 Z-20 F30;                  //车削30,建立刀尖半径补偿
N80 X60 Z-30;                          //车削锥度
N90 Z-55;                              //车削60
N100 G02 X80 Z-65 R10;                 //车圆弧 R10
N110 G01 X100 Z-75;                    //车锥度
N120 G40 X105;                         //取消刀尖半径补偿/精加工轮廓终点
N130 G00 X150 Z250 M05;                //返回,停主轴
N140 T0202;                            //换2号刀
N150 G50 S2000;                        //主轴最高转速限制
N160 G96 M03 S800;                     //恒线速度切削,主轴启动
N170 G00 X112 Z6;                      //定位到精车起点
N180 G70 P60 Q120;                     //精车循环
N190 G00 G97 X150 Z250;                //退刀,取消恒线速度切削方式
N200 T0100;                            //换回1号刀,取消刀尖半径补偿
N210 M05                               //主轴停
N220 M30;                              //程序结束并返回
```

3) G75——沟槽切削循环指令

指令格式：

G75 R(e)；

G75 X(U)　　Z(W)　　P(Δu)　　Q(Δw)　　F(f)

S(s)；

其中，e 为 X 轴方向切削每次的退刀间隙；X(U) 为最终凹槽直径；Z(W) 为最后一个凹槽的 Z 轴方向位置；Δu 为 X 轴方向每次切深（无符号），μm；Δw 为各槽之间的距离（无符号），μm。

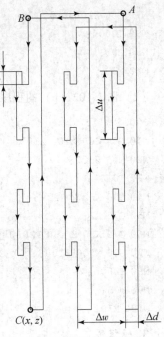

图1.101　G75 沟槽切削循环

特 别提示

①G75 沿着 X 轴方向切削，循环过程如图 1.101 所示，刀具定位在点 A，沿 Z 轴方向进行加工，每次加工 Δu 后，退 e 的距离，然后再加工 Δu，依次循环至 Z 轴方向坐标给定的值，返回点 A，再向 X 轴方向进 Δu，重复以上动作至 Z 轴方向坐标给定的值……最后加工至给定坐标位置（图中点 C），再分别沿 Z 轴方向和 X 轴方向返回点 A。

②使用 G75 指令既可加工单个槽（通过设置 Δw 参数加工大于刀宽的槽），也可加工多个槽（槽宽与刀宽等值，槽间距及槽底尺寸相等），只需要在编程时注意设置相关参数。

【应用实例3】　任务描述：分别编程加工如图 1.102（a）、（b）所示的槽。

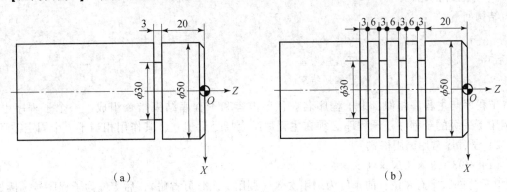

图1.102　G75 沟槽切削循环应用

设切槽刀宽 3 mm。

（1）图 1.102（a）的程序如下：

```
O0012;
N10 G54 G00 X100 Z100;          //建立坐标系,选用1号刀
N20 M03 S1000;                  //启动主轴
N30 T0101;                      //建立刀具补偿
N40 G00 X55 Z-23;               //进刀至槽加工的起始点
N50 G75 R2;                     //槽循环参数设置
N60 G75 X30 Z-23 P2000  F50;    //槽循环参数设置(X向切深单位为μm)
```

```
N70 G00 X100 Z100;                      //返回
N80 T0000;                              //取消刀具补偿
N90 M05;                                //主轴停
N80 M30;                                //程序结束并返回
```

（2）图1.102（b）的程序如下：

```
O0012;
N10 G54 G00 X100 Z100 T0100;           //建立坐标系,选用1号刀
N20 M03 S500;                          //启动主轴
N30 T0101;                             //建立刀具补偿
N40 G00 X52 Z-23;                      //进刀至槽加工的起始点
N50 G75 R2;                            //槽循环参数设置
N60 G75 X30 Z-50 P2000 Q9000 F50;      //槽循环参数设置
N70 G00 X100 Z100;                     //返回
N80 T0000;                             //取消刀具补偿
N90 M05;                               //主轴停
N100 M30;                              //程序结束并返回
```

3. 子程序

在数控编程过程中，通常会遇到零件的结构有相同部分，这样程序中也有重复程序段。如果能把相同部分单独编写一个程序，在需要用的时候进行调用，就会使整个程序变得简洁。这种单独编写的程序称为子程序，调用子程序的程序称为主程序。

1）子程序的结构

结构如下：

```
O0010;                  //子程序名
……                     //子程序内容
M99;                    //子程序结束
```

子程序与主程序相似，由子程序名、程序内容和子程序结束指令组成。一个子程序也可以调用下一级的子程序。子程序必须在主程序结束指令后建立，其作用相当于一个固定循环。

2）子程序常用调用格式

（1）M98 P×××××××。

P后边的数字有8位，前4位为调用次数（调用1次时可省略），后4位为子程序号。例如，调用O1002子程序7次可用M98 P71002表示。

（2）M98 P×××× L×。

P后边的数字为子程序编号，L为调用次数（L1可省略，最多为9999次）。例如，M98 P1002 L7表示调用O1002子程序7次。

特 别提示

①当子程序最后的程序段只用M99时，子程序结束，返回到调用程序段后面的一个程序段；当一个程序段号在M99后由P指定时，系统运行完子程序后，将返回到由P指定的那个程序段号上；如果在主程序中执行到M99指令，则系统返回到主程序起点重新运行程序。

②子程序调用指令（M98 P）可以与运动指令在同一个程序段中使用，如，G00　X100

M98　P1200。

3）子程序嵌套

当主程序调用子程序时，它被认为是一级子程序。子程序调用下一级子程序称为嵌套，上一级子程序与下一级子程序的关系，与主程序与第一层子程序的关系相同。子程序调用可以镶嵌4级，调用指令可以重复地调用子程序，最多999次。

在图1.102（b）中，零件共有4个相同的槽，可以用子程序来加工。当然，用G75指令完成4个槽的加工也很容易，但G75加工槽每个沟槽的间距要相等，如果不相等用G75就困难了，如图1.103所示。

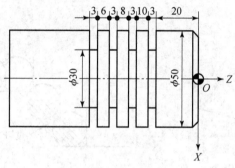

图1.103　子程序的应用

【应用实例4】　任务描述：加工如图1.103所示的沟槽，用子程序完成编写。

沟槽相间的情况：10 – 8 – 6，每个沟槽深度是一样的，因此把沟槽加工用子程序G75完成即可，设刀宽为3 mm。

（1）主程序如下：

```
O0018;
N10 G54 G00 X100 Z50;              //设定坐标系,设置"换刀点"
N20 M03 S500;                       //启动主轴
N30 T0101;                          //选1号刀及刀具补偿
N40 G00 X55 Z –23;                  //定位到第1槽加工的起始点
N50 M98 P0008;                      //调用子程序加工
N60 G00 X55 Z –36;                  //定位到第2槽加工的起始点
N70 M98 P0008;                      //调用子程序加工
N80 G00 X55 Z –47;                  //定位到第3槽加工的起始点
N90 M98 P0008;                      //调用子程序加工
N100 G00 X55 Z –56;                 //定位到第4槽加工的起始点
N110 M98 P0008;                     //调用子程序加工1次
N120 G00 X100 Z50 T0000;            //返回,取消刀具补偿
N130 M05;                           //主轴停
N140 M30;                           //程序结束并返回
```

（2）子程序如下：

```
O0008;
N10 G75 R2;                         //槽循环参数设置
N20 G75 X30 W0 P2000 Q1000 F50;     //槽循环参数设置
N30 M99;                            //子程序结束
```

4. 刀尖半径补偿

1）刀尖半径补偿原因

编程时，通常都将车刀刀尖作为一点来考虑，但实际上刀尖处存在圆角，如图 1.104 所示。当用按理论刀尖点编出的程序进行端面、外径、内径等与轴线平行或垂直的表面加工时，是不会产生误差的。但在进行倒角、锥面及圆弧切削时，则会产生少切或过切现象，如图 1.105 所示。具有刀尖圆弧自动补偿功能的数控系统能根据刀尖圆弧半径计算出补偿量，避免少切或过切现象的产生。

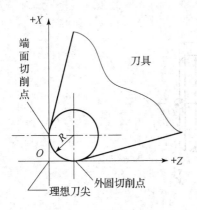

图 1.104　实际的刀尖　　　　　　图 1.105　刀尖圆弧造成少切或过切

为了避免少切或过切，在数控车床的数控系统中引入半径补偿。所谓半径补偿是指事先将刀尖半径值输入到数控系统，在编程时指明所需要的半径补偿方式。数控系统在刀具运动过程中，根据操作人员输入的半径值及加工过程中所需要的补偿，进行刀具运动轨迹的修正，使之加工出所需要的轮廓。

这样，数控编程人员在编程时，按轮廓形状进行编程，不需要计算刀尖圆弧对加工的影响，提高了编程效率，减少了编程出错的概率。

2）G41、G42、G40——刀尖半径补偿指令

G41、G42、G40 为刀尖半径补偿指令。G41 为刀尖半径左补偿，G42 为刀尖半径右补偿，G40 为取消刀尖半径补偿。判断是用刀尖半径左补偿还是用刀尖半径右补偿的方法如下：将工件与刀尖置于数控机床坐标系平面内，观察者站在与坐标平面垂直的第 3 个坐标的正方向位置，顺着刀尖运动方向看，如果刀具处于工件左侧，则用刀尖半径左补偿，即 G41；如果刀具位于工件的右侧，则用刀尖半径右补偿，即 G42，如图 1.106 所示。

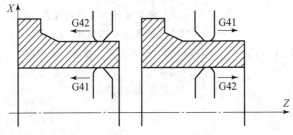

图 1.106　刀尖半径补偿

3）刀尖半径补偿的建立与取消

刀尖半径补偿的过程分为 3 步：（1）建立刀尖半径补偿，在加工开始的第一个程序段之前，一般用 G00、G01 指令配合使用进行补偿，如图 1.107 所示；（2）刀尖补偿的进行，运行 G41 或

G42 指令后的程序，按照刀具中心轨迹与编程轨迹相距一个偏置量进行运动；（3）本刀具加工结束后，用 G40 指令取消刀尖半径补偿，如图 1.108 所示。

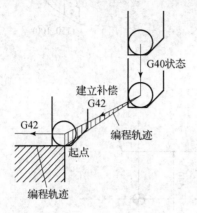

图 1.107　建立刀尖半径补偿

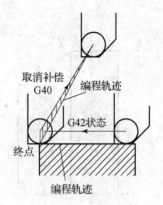

图 1.108　取消刀尖半径补偿

特 别提示

①G41、G42 为模态指令。

②G41/G42 必须与 G40 成对使用。

③建立或取消补偿的程序段，用 G01/G00 指令及对应坐标参数进行编程。

④G41/G42 与 G40 之间的程序段不得出现任何转移加工，如镜像、子程序加工等。

4）刀尖半径的输入

数控车床刀尖半径与刀具位置补偿放在同一个补偿号中，由数控车床的操作人员输入到数控系统中，这些补偿统称为刀具参数偏置量。同一把刀具的位置补偿和半径补偿应该存放在同一补偿号中，如表 1.7 所示。

表 1.7　数控车床刀具偏置量参数设置

OFFSET			O0004	N0050
NO.	XAXIS	ZAXIS	RADIUS	TIP
1	____	____	____	____
2	____	____	____	____
3	0.524	4.387	0.4	3
4	____	____	____	____
5	____	____	____	____
6	____	____	____	____
7	____	____	____	____

表 1.7 中，NO. 对应的即为刀具补偿号，XAXIS、ZAXIS 即为刀具位置补偿值，RADIUS 为刀尖半径值，TIP 为刀具位置号。

【应用实例 5】　任务描述：刀具按如图 1.109 所示的 $a \rightarrow b \rightarrow c \rightarrow d \rightarrow e \rightarrow f \rightarrow g$ 走刀路线进行精加工，要求切削速度为 180 m/min，进给量为 0.1 mm/r，试建立刀尖半径补偿编程。

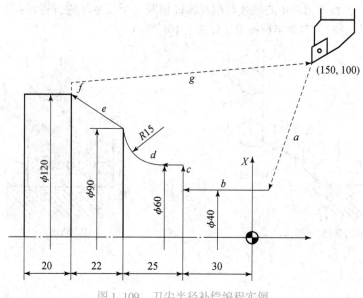

图 1.109　刀尖半径补偿编程实例

程序如下：

```
O0016；
N010 G54 G00 X150 Z100；          //建立工件坐标系,设置换刀点
N020 T0303 G99；                   //选3号刀及刀补,设定每转进给量
N030 G50 S2000；                   //主轴最高转速限制
N040 G96 S180；                    //采用恒线速度切削
N050 G00 G42 X40 Z2 M08；          //建立刀尖半径补偿,打开切削液
N060 G01 Z-30 F0.1；
N070 X60；
N080 Z-40；
N090 G02 X90 Z-55 R15；
N100 G01 X120 W-22；
N110 X122；
N120 G97 S1000；                   //恒线速度取消,设定新转速
N130 G40G00X150Z100M09；           //取消刀尖半径补偿,返回换刀点,关闭切削液
N140 M05；                         //主轴停
N150 M30；                         //程序结束并返回
```

1.3.3　任务实施

1. 工艺过程
(1) 车端面。
(2) 自右向左粗车外表面。
(3) 自右向左精车外表面。
(4) 切断。

2. 刀具与工艺参数
数控加工刀具卡和工序卡分别如表1.8、表1.9所示。

表 1.8　数控加工刀具卡

项目任务		外圆柱/圆锥面车削技能训练	零件名称		零件图号	
序号	刀具号	刀具名称及规格	刀尖半径/mm	数量	加工表面	备注
1	T0101	93°粗精右偏外圆刀	0.4	1	外表面、端面	刀尖角35°
2	T0202	切断刀（刀位点为左刀尖）		1	切槽、切断	$B = 4$ mm

表 1.9　数控加工工序卡

材料	45 钢	零件图号		系统	FANUC	工序号
操作序号	工步内容（走刀路线）	G 功能	T 刀具	切削用量		
				转速 S/$(\text{r} \cdot \text{min}^{-1})$	进给速度 F/$(\text{mm} \cdot \text{r}^{-1})$	背吃刀量 α_p/mm
程序	夹住棒料一头，留出长度大约 60 mm（手动操作），调用程序					
1	自右向左粗车端面、外圆表面		T0101	600	80	2
2	自右向左精车端面、外圆表面		T0101	800	40	0.2
3	切断	G01	T0202	300	20	
4	检测、校核					

3. 装夹方案

用三爪自定心卡盘夹紧定位。

4. 程序编写

编写程序如下：

```
O0001;
N010  T0101  M03  S600;        //调用1号刀及刀补建立工件坐标系/主轴正转 600 r/min
N020  G00  X100  Z150;         //设置换刀点
N030  X26  Z50;                //快速定位至循环加工起点 X26 Z50
N040  G73  U10  W5  R5;        //G73 复合循环指令粗加工
N050  G73  P60  Q110  U0.4  W0.2  F80;
N060  G00  X0;                 //循环开始
N070  G01  Z45  F40;
N080  G03  X18.14  Z25.14  R12;
N090  G02  X22  Z9  R11;
N100  G01  Z0;
```

```
N110   X26;                    //循环结束
N120   M03S800;                //升速
N120   G70 P60 Q110;           //精车循环
N120   G00  X100  Z150;
N130   T0100;                  //取消刀补
N140   T0202  S300;            //调用2号刀及刀补,建立2号刀工件坐标系/降速
N150   G00  X30  Z-4;          //快速定位至切断位置
N170   G01  X2  F20;           //切断保证长度45 mm
N180   X30 F100;
N190   G00  X100  Z150;
N200   T0200;                  //取消刀补
N210   M05;                    //主轴停
N220   M30;                    //程序结束并返回
```

习　题

1. 任务描述：毛坯为 φ162 mm 棒料，材料为 45 钢，试车削成如图 1.110 所示外圆弧加工零件。

2. 任务描述：根据如图 1.111 所示圆弧手柄零件，建立坐标系，计算各基点的坐标，并编写该零件圆弧部分的精加工程序。

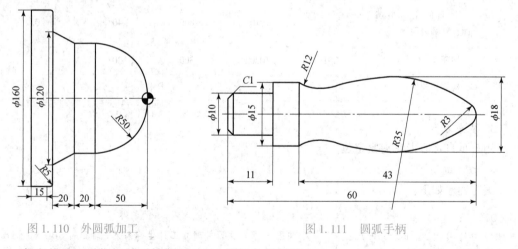

图 1.110　外圆弧加工　　　　　　　　　　图 1.111　圆弧手柄

3. 任务描述：需加工的工件如图 1.112 所示，材料为 φ22 mm × 100 mm 的铁棒，图中未知的参数如表 1.10 所示，要求采用两把右偏刀分别进行粗、精车加工，用循环指令编写加工程序。

表 1.10　题 3 中相关参数

	1	2	3	4
φA	20	20.5	20.05	19.97
φB	18	16.75	16	15.6

4. 任务描述：需加工的工件如图 1.113 所示，材料为 ϕ12 mm × 100 mm 的铁棒，图中未知的参数如表 1.11 所示，要求采用两把刀分别进行粗、精车加工，用循环指令编写加工程序。

表 1.11　题 4 中相关参数

	1	2	3	4
RA	2.5	2.35	2.47	2.25
RB	2.71	2.80	2.32	2.65
RC	5	5.3	5.1	4.9

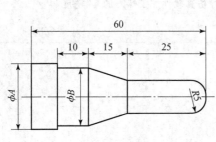

图 1.112　锥面圆弧小轴 1

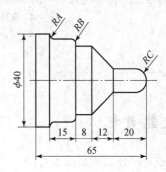

图 1.113　锥面圆弧小轴 2

5. 任务描述：编写如图 1.114 所示零件的加工程序。

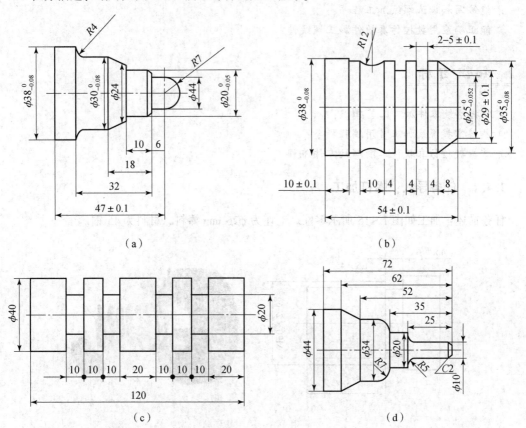

图 1.114　编程练习

任务1.4　车削加工螺纹类零件

知识目标	技能目标	素养目标
1. 掌握螺纹零件加工工艺知识； 2. 熟练掌握螺纹加工常用编程指令； 3. 掌握数控真软件车削螺纹零件流程	1. 能设计螺纹零件加工工艺； 2. 会计算和测量螺纹各部尺寸； 3. 控制外圆尺寸、螺纹的尺寸精度及表面粗糙度； 4. 编制和调试螺纹加工程序； 5. 能正确应用数控仿真软件加工螺纹件	1. 培养学生严谨、细心、全面、追求高效、精益求精的职业素质； 2. 培养学生良好的道德品质、沟通协调能力和团队合作及敬业精神； 3. 培养学生踏实肯干、勇于创新的工作态度

◢ 技能目标

1. 能设计螺纹零件加工工艺；
2. 会计算和测量螺纹各部尺寸；
3. 能控制外圆尺寸、螺纹的尺寸精度及表面粗糙度；
4. 能编写和调试螺纹加工程序；
5. 能正确应用数控仿真软件加工螺纹件。

◢ 知识目标

1. 掌握螺纹零件加工工艺知识；
2. 熟练掌握螺纹加工常用编程指令；
3. 掌握数控仿真软件车削螺纹零件流程。

1.4.1　任务导入：螺钉加工

任务描述：加工如图1.115所示零件。毛坯为ϕ26 mm棒料，材料为45钢。

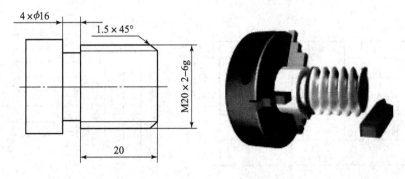

图1.115　加工螺钉

1.4.2 知识链接

1. 螺纹加工的工艺知识

1) 加工螺纹方法

加工螺纹是数控车床的基本功能之一,加工类型包括:内(外)圆柱螺纹和圆锥螺纹、单线螺纹和多线螺纹、恒螺距螺纹和变螺距螺纹。数控车床加工螺纹的指令主要有3种:单步螺纹加工指令、单循环螺纹加工指令、复合循环螺纹加工指令。因为螺纹加工时,刀具的走刀速度与主轴的转速要保持一定的比例关系,所以数控车床要实现螺纹加工,必须在主轴上安装测量系统。不同的数控系统,螺纹加工指令也不尽相同,在实际使用时应按机床的要求进行编程。

在数控车床上加工螺纹,有两种进刀方法:直进法和斜进法。以普通螺纹为例,如图1.116所示。直进法是从螺纹牙沟槽的中间部位进刀,每次切削时,螺纹车刀两侧的切削刃都受切削力;一般螺距小于3 mm时,可用直进法加工。用斜进法加工时,从螺纹牙沟槽的一侧进刀,除第一刀外,每次切削只有一侧的切削刃受切削力,有助于减轻负载;当螺距大于3 mm时,可用斜进法进行加工。

（a） （b）

图1.116 螺纹加工方法
（a）直进法；（b）斜进法

对螺纹加工时,应遵循"后一刀的切削深度不应超过前一刀的切削深度"的原则。也就是说,切削深度逐次减小,目的是使每次切削面积接近相等。多线螺纹加工时,先加工好一条螺纹,然后在轴向进给移动一个螺距,加工第二条螺纹,直到全部加工完为止。

2) 确定车螺纹前直径尺寸

（1）普通螺纹各基本尺寸。

螺纹大径:$d = D$(螺纹大径的基本尺寸与公称直径相同);

中径:$d_2 = D_2 = d - 0.649\,5P$($P$为螺纹的螺距);

螺纹小径:$d_1 = D_1 = d - 1.082\,5P$。

对螺纹加工之前,需要对一些相关尺寸进行计算,以确保车削螺纹的程序段中的有关参考量。

（2）车削螺纹时,车刀总的切削深度是螺纹的牙型高度,即螺纹牙顶到螺纹牙底间沿径向的距离。对普通螺纹,设单线螺距为P,实际加工时,由于螺纹车刀刀尖半径的影响,并考虑到螺纹配合使用,加工外螺纹时实际尺寸可按下面经验公式计算。

牙型高度:$h = 0.649\,5P$;

实际大径:$d = d_{公称} - 0.20$;

实际小径:$d_1 = d - 2h$。

3) 确定螺纹行程

在数控车床上加工螺纹时,沿着螺距方向(Z方向)的进给速度与主轴转速必须保持一定

车三角
外螺纹过程

的比例关系，但是螺纹加工时，刀具起始时的速度为零，不能和主轴转速保持一定的比例关系。在这种情况下，当刚开始切入时，必须留一段切入距离，如图1.117所示的δ_1，称为引入距离。同样的道理，当螺纹加工结束时，必须留一段切出距离，如图1.117所示的δ_2，称为超越距离。

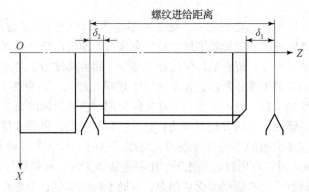

图1.117　螺纹切削时的引入距离和超越距离

引入距离δ_1与超越距离δ_2的数值与所加工螺纹的导程、数控机床主轴转速和伺服系统的特性有关。具体取值由实际的数控系统及数控机床来决定。

在数控车床上加工螺纹时，由于机床伺服系统本身具有滞后特性，会在螺纹起始段和停止段发生螺距不规则现象，因此实际加工螺纹的长度W应包括引入距离和超越距离，即

$$W = L + \delta_1 + \delta_2$$

式中：δ_1——引入距离，一般取$2 \sim 3$ mm；

δ_2——超越距离，一般取$2 \sim 3$ mm。

4）吃刀量的确定

吃刀量的确定如表1.12所示。

表1.12　普通螺纹切削深度及切削次数　　　　　　　　　　　　　　　　　mm

公制螺纹							
螺距	1	1.5	2	2.5	3	3.5	4
牙深（半径量）	0.649	0.974	1.299	1.624	1.949	2.273	2.598
切削次数及吃刀量（直径量）	1次	0.7	0.8	0.9	1.0	1.2	1.5	1.5
	2次	0.4	0.6	0.6	0.7	0.7	0.7	0.8
	3次	0.2	0.4	0.6	0.6	0.6	0.6	0.6
	4次		0.16	0.4	0.4	0.4	0.6	0.6
	5次			0.1	0.4	0.4	0.4	0.4
	6次				0.15	0.4	0.4	0.4
切削次数及吃刀量（直径量）	7次					0.2	0.2	0.4
	8次						0.15	0.3
	9次							0.2

续表

英制螺纹							
牙/in	24	18	16	14	12	10	8
牙深（半径量）	0.678	0.904	1.016	1.162	1.355	1.626	2.033
切削次数及吃刀量（直径量） 1次	0.8	0.8	0.8	0.8	10.9	1.0	1.2
2次	0.4	0.6	0.6	0.6	0.6	0.7	0.7
3次	0.16	0.3	0.5	0.5	0.6	0.6	0.6
4次		0.11	0.14	0.3	0.4	0.4	0.5
5次				0.13	0.21	0.4	0.5
6次						0.16	0.4
7次							0.17

2. 加工螺纹指令

1）G32——单行程螺纹切削指令

指令格式：

G32 X(U)_ Z(W)_ Q _F_；

其中，X(U)、Z(W) 为螺纹切削终点的坐标值；Q 为螺纹起始角（0°～360°），Q 增量不能指定小数点，如180°，则指定为180 000；F 为螺纹导程，mm/r。

内螺纹车刀安装

特 别提示

①G32 指令为单行程螺纹切削指令，即每使用一次，切削一刀。

②在加工过程中，要将引入距离 δ_1 和超越距离 δ_2 编入到螺纹切削中，如图 1.118 所示。

③X 坐标省略或与前一程序段相同时为圆柱螺纹，否则为锥螺纹。

④图 1.118 中，锥螺纹斜角 $\alpha < 45°$ 时，螺纹导程以 Z 轴方向指定，$\alpha = 45°～90°$ 时，以 X 轴方向指定。一般很少使用这种方式。

⑤螺纹切削时，为保证螺纹加工质量，一般采用多次切削方式，其走刀次数及每一刀的切削次数可参考表 1.12。

⑥螺纹起始角 = 360°/螺纹线数，起始角不是模态值，每次均需要指定，否则默认为0°。

【应用实例1】 加工普通圆柱螺纹

任务描述：加工如图 1.119 所示的 M30×2-6g 普通圆柱螺纹，外径已经车削完成，设螺纹牙底半径 $R = 0.2$ mm，车螺纹时的主轴转速 $n = 1500$ r/min，用 G32 指令编程。

螺纹计算：考虑到实际情况，尺寸计算如下。

牙型高度：$h = 0.6495P = 0.6495 \times 2$ mm ≈ 1.3 mm；

实际大径：$d = d_{公称} - 0.20 = (30 - 0.2)$ mm $= 29.8$ mm；

实际小径：$d_1 = d - 2h = (29.8 - 2 \times 1.3)$ mm $= 27.2$ mm；

取引入距离 $\delta_1 = 4$ mm，超越距离 $\delta_2 = 3$ mm。

设起刀点位置为（100，150），螺纹刀为 1 号刀。

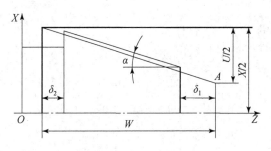

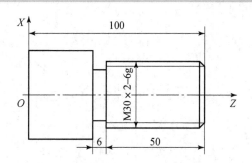

图 1.118 螺纹切削 G32   图 1.119 G32 螺纹加工举例

编写程序如下：

```
O0080;
N10  G54  G00  X100  Z150  T0100;        //建立工件坐标系,选用1号刀
N20  M03  S1500;                         //启动主轴,转速1 500 r/min
N30  T0101;                              //建立刀具补偿
N40  G00  X28.9  Z104;                   //进刀
N50  G32  Z47  F2;                       //切削螺纹第一刀
N60  G00  X32;                           //退刀
N70  Z104;                               //返回
N80  X28.3;                              //进刀
N90  G32  Z47;                           //切削螺纹第二刀
N100  G00  X32;                          //退刀
N110  Z104;                              //返回
N120  X27.7;                             //进刀
N130  G32  Z47;                          //切削螺纹第三刀
N140  G00  X32;                          //退刀
N150  Z104;                              //返回
N160  X27.3;                             //进刀
N170  G32  Z47;                          //切削螺纹第四刀
N180  G00  X32;                          //退刀
N190  Z104;                              //返回
N200  X27.2;                             //进刀
N210  G32  Z47;                          //切削螺纹第五刀
N220  G00  X32;                          //退刀
N230  X100  Z150  T0000;                 //返回起始位置,取消刀具补偿
N240  M05;                               //主轴停
N250  M30;                               //程序结束并返回程序头
```

2）G92——单循环车削螺纹指令

指令格式：

G92 X(U)_ Z(W)_ R_ Q _ F_;

其中，X(U)、Z(W)为螺纹切削终点的坐标值；R为螺纹起始点与终点的半径差，如果为圆柱螺纹则省略此值，有的系统也用 I；Q 为螺纹起始角；F 为螺纹的导程，即加工时的每转进给量。

特 别提示

①G92 指令加工螺纹时，循环过程如图 1.120 所示，一个指令完成四步动作：1 进刀→2 加工→3 退刀→4 返回。除加工外，其他三步的速度为快速进给的速度。

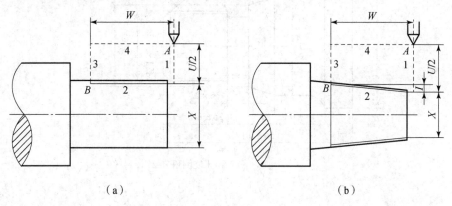

（a）　　　　　　　　　　　　　　　　　（b）

图 1.120　加工螺纹循环指令 G92

②用 G92 指令加工螺纹时的计算方法同 G32 指令。

③格式中的 X(U)、Z(W) 为图中点 B 的坐标。

④多线螺纹算法与 G32 一样，部分程序举例如下：

```
G00   X30   Z20;
G92   X24.5   W-38   F4Q0;
X23.8;
X23.4;
X23.1;
X22.9;
G92   X24.5   W-38   F4   Q180000;
X23.8   Q180000;//Q 值不可省
X23.4   Q180000;//Q 值不可省
X23.1   Q180000;//Q 值不可省
X22.9   Q180000;//Q 值不可省
```

3）G76——复合循环车削螺纹指令

指令格式：

G76　P$(m)(r)(\alpha)$Q(Δd_{min})R(d);

G76　X(U)_Z(W)_R(i)P(k)Q(Δd)F(l);

其中，m 为精加工次数（01~99）；r 为螺纹倒角量（00~99），不使用小数点，一般为 1~2 mm；α 为刀尖角（0°，29°，30°，55°，60°，80°共 6 种）；Δd_{min} 为最小切深（用半径值指定），始终取正值，μm；d 为螺纹加工时精加工余量；X(U)、Z(W) 为螺纹终点坐标值，X 轴坐标一般为螺纹小径值；

i 为螺纹加工起始点与终点的半径差，圆柱螺纹可省略；k 为螺纹牙高（用半径值指定），始终取正值，μm；Δd 为螺纹加工第一刀切深（用半径值指定），始终取正值，μm；l 为螺纹导程。

螺纹车削之前，刀具起始位置须大于或等于螺纹直径，锥螺纹按大头直径计算，否则会出现扎刀现象。

【应用实例3】 应用复合循环编写螺纹轴加工程序。

任务描述：如图1.121所示，试应用复合循环编写螺纹轴加工程序。

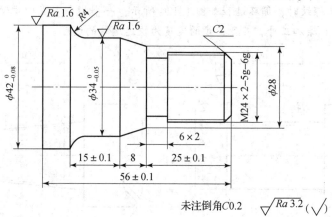

图1.121 螺纹轴

未注倒角C0.2

工艺分析：

（1）夹持零件毛坯，伸出卡盘长度70 mm；

（2）粗、精加工零件外轮廓至尺寸要求；

（3）切槽6×2至尺寸要求，刀宽4 mm；

（4）粗、精加工螺纹至尺寸要求；

（5）切断零件，保证总长。

编写程序如下：

复合循环车削
螺纹 **G76**

```
O0041;
N010   G54   M03   S1500;
N020   G00   X100   Z100;
N030   T0101;
N040   G00   X45   Z5;
N050   G71   U1   R1;                          //外圆粗车循环
N060   G71   P70   Q170   U0.6   W0.3   F100;  //外圆粗车循环
N070   G01   X0   F40;                         //精加工轮廓起点
N080   Z0;
N090   X20;
N100   X24   Z-2;
N110   Z-25;
N120   X28;
N130   X34   Z-33;
N140   Z-44;
N150   G02   X42   Z-48   R4;
N160   G01   Z-61;
N170   X46;                                     //精加工轮廓终点
N180   M03   S2000;
```

```
N190  G70  P70  Q170;                        //精车循环
N200  G00  X100  Z100;
N210  G55  T0202;
N220  G00  X40  Z-23;
N230  S500;
N240  G75  R2;                               //切槽循环
N250  G75  X20  Z-25  P2000  Q1000  F30;     //切槽循环
N260  G00  X100  Z100;
N270  G56  T0303;
N280  G00  X30  Z5;
N290  G76  P010260  Q0.1  R0.1;              //螺纹复合循环
N300  G76  X21.4  Z-22  P1300  Q300  F2;     //螺纹复合循环
N310  G00  X100  Z100;
N320  G55  T0202;
N330  G00  X50  Z-60;
N340  G01  X2  F20;                          //切断工件(直径保留2 mm)
N350  X50  F80;
N360  X22;
N370  G00  X100  Z100;
N380  M05;
N390  M30;
```

1.4.3　任务实施

1. 工艺过程

(1) 车端面。

(2) 自右向左粗车外表面。

(3) 自右向左精车外表面。

(4) 切外沟槽。

(5) 车螺纹。

(6) 切断。

2. 刀具与工艺参数

数控加工刀具卡和工序卡分别如表1.13、表1.14所示。

表1.13　数控加工刀具卡

项目任务		外圆柱/圆锥面车削技能训练	零件名称		零件图号	
序号	刀具号	刀具名称及规格	刀尖半径 /mm	数量	加工表面	备注
1	T0101	刀尖角35°粗、精车外圆刀	0.4	1	外表面、端面	
2	T0202	60°外螺纹车刀		1	外螺纹	
3	T0303	切断刀		1	切槽、切断	$B=4$ mm

表 1.14　数控加工工序卡

材料	45 钢	零件图号		系统	FANUC	工序号	
操作序号	工步内容（走刀路线）	G 功能	T 刀具	切削用量			
				转速 $S/$ $(r \cdot min^{-1})$	进给速度 $F/$ $(mm \cdot r^{-1})$	切削深度 α_p/mm	
夹住棒料一头，留出长度大约 65 mm（手动操作）							
1	切端面	G01	T0101	600	0.3		
2	自右向左粗车外表面	G71	T0101	600	0.3	1	
3	自右向左精车外表面	G71	T0101	900	0.1	0.3	
4	切外沟槽	G01	T0202	300	0.08		
5	车螺纹	G82	T0303	500			
6	切断	G01	T0202	300	0.1		
7	检测、校核						

3. 装夹方案

用三爪自定心卡盘夹紧定位。

4. 程序编写

编写程序如下：

```
O0052;
N010 T0101;                              //调 1 号刀,建立工件坐标系
N020 G00 X100 Z100;                      //设置换刀点
N030 G99 M08 M03 S1500;                  //设置每转进给量/打开切削液/启动主轴
N040 G00 X35 Z5;                         //快速到起刀点
N050 G71 U1 R1;                          //外圆粗车循环
N060 G71 P70 Q140 U0.4 W0.2 F0.2;        //外圆粗车循环
N070 G01 X0 F0.05;                       //切削到工件中心
N080 Z0;                                 //
N090 X17;                                //切端面
N100 X20 Z-1.5;                          //倒角 C1.5
N110 Z-24;                               //切削螺纹大径
N120 X25;                                //切台阶
N130 Z-39;                               //切左端外圆
N140 X31;                                //退刀
N150 M03 S2000;                          //变速准备精加工
N160 G70 P70 Q140;                       //精车外圆
N170 G00 X100 Z100;                      //快速返回换刀点
N180 T0202;                              //更换 2 号刀,建立工件坐标系
```

```
N190 M03 S500;                          //变速
N200 G00 X30 Z-24;                      //快速到切槽位置
N210 G01 X16 F0.05;                     //切槽
N205 G04 X2;                            //暂停2 s
N220 G01 X30 F0.3;                      //退刀
N230 G00 X100 Z100;                     //快速返回到换刀点
N240 T0303;                             //更换3号刀,建立工件坐标系
N250 G00 X25 Z5;                        //快速到螺纹切削起始点
N260 M03 S800;                          //变速
N270 G76 P020160 Q0.05 R0.05;           //螺纹循环
N280 G76 X17.4 Z-22 P1.3 Q0.3 F2;       //螺纹循环
N290 G00 X100 Z100;                     //快速到换刀点
N300 T0202;                             //更换2号刀,建立工件坐标系
N310 G00 X35 Z-38;                      //快速到切断位置
N320 M03 S500;                          //变速
N330 G01 X2F0.05;                       //切断保留2 mm,手工扳断
N340 X35 F0.3;                          //退刀
N350 G00 X100 Z100 M09;                 //快速返回到换刀点/关闭切削液
N360 M05;                               //主轴停
N370 M30;                               //程序结束并返回
```

习　　题

1. 任务描述：如图 1.122 所示的零件，毛坯为 ϕ30 mm 棒料，材料为 45 钢，试用不同螺纹指令编写该零件的加工程序。

2. 任务描述：如图 1.123 所示的零件，毛坯为 ϕ50 mm 棒料，材料为 45 钢，试用不同螺纹指令编写该零件的加工程序。导程 $L = 2$ mm，牙深为 1.299 mm，选取主轴转速 $N = 500$ r/min。

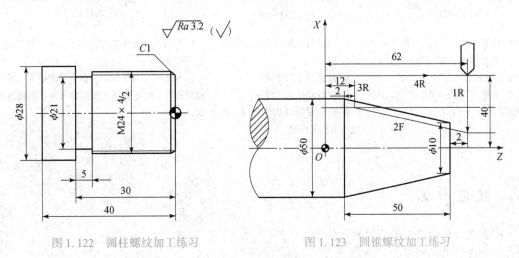

图 1.122　圆柱螺纹加工练习　　　　　图 1.123　圆锥螺纹加工练习

3. 任务描述：试编写如图 1.124 所示的零件的加工程序。

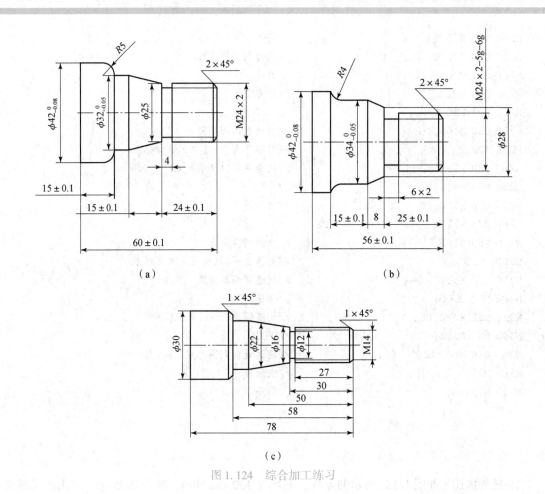

图 1.124　综合加工练习

任务 1.5　车削加工孔类零件

知识目标	技能目标	素养目标
1. 掌握孔加工工艺及检测知识； 2. 熟练掌握孔加工指令及孔加工程序编制； 3. 熟练应用数控真软件车削内孔零件	1. 会进行孔加工工艺分析和设计； 2. 会进行孔的测量； 3. 能编制孔加工程序； 4. 能应用仿真加工软件、内孔刀具加工内孔	1. 培养学生勤于思考、踏实肯干、勇于创新的工作态度； 2. 培养学生自学能力，在分析和解决问题时查阅资料、处理信息、独立思考及可持续发展能力

技能目标

1. 会进行孔加工工艺分析和设计；
2. 会进行孔的测量；
3. 能编写孔加工程序；
4. 能应用仿真加工软件、内孔刀具加工内孔。

知识目标

1. 掌握孔加工工艺及检测知识；
2. 熟练掌握孔加工指令及孔加工程序编制；
3. 熟练应用数控仿真软件车削内孔零件。

1.5.1　任务导入：套管的加工

任务描述：加工如图 1.125 所示零件。毛坯尺寸为 $\phi50$ mm 棒料，材料为 45 钢。

1.5.2　知识链接

1. 孔加工的工艺知识

1）孔加工的方法

孔加工在金属切削中占有很大的比重，应用广泛。孔加工的方法比较多，在数控车床上常用的方法有点孔、钻孔、扩孔、铰孔、镗孔等。

2）钻孔

（1）刀具。图 1.126 为常见孔加工刀具。

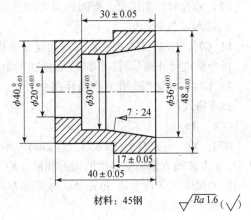

材料：45钢 $\sqrt{Ra\,1.6}\,(\sqrt{\ })$

图 1.125　套管的加工

（a）　　　　（b）　　　　（c）

图 1.126　常见孔加工刀具
（a）中心钻；（b）麻花钻；（c）扩孔钻

（2）钻孔时切削用量。高速钢钻头加工钢件时的切削用量如表 1.15 所示。

表 1.15　高速钢钻头加工钢件时的切削用量

钻头直径 /mm	$R_m = 520 \sim 700$ MPa（35 钢、45 钢）		$R_m = 700 \sim 900$ MPa（15Cr 钢、20Cr 钢）		$R_m = 1\,000 \sim 1\,100$ MPa（合金钢）	
	$v_c/(\text{m} \cdot \text{min}^{-1})$	$f/(\text{mm} \cdot \text{r}^{-1})$	$v_c/(\text{m} \cdot \text{min}^{-1})$	$f/(\text{mm} \cdot \text{r}^{-1})$	$v_c/(\text{m} \cdot \text{min}^{-1})$	$f/(\text{mm} \cdot \text{r}^{-1})$
≤6	8~25	0.05~0.1	12~30	0.05~0.1	8~15	0.03~0.08
>6~12	8~25	0.1~0.2	12~30	0.1~0.2	8~15	0.08~0.15
>12~22	8~25	0.2~0.3	12~30	0.2~0.3	8~15	0.15~0.25
>22~30	8~25	0.3~0.45	12~30	0.3~0.4	8~15	0.25~0.35

3）镗孔

（1）刀具。图 1.127 为常见镗孔刀具。

图 1.127 常见镗孔刀具

（2）镗孔时切削用量。查阅相关切削手册。

2. 孔加工指令

1）G71、G72、G73——加工内孔复合循环指令

指令格式同外圆车削，但应注意精加工余量 U 地址后的数值为负值。

2）G74——钻削深孔复合循环指令

指令格式：

G74 R(e)；

G74 X(U)_Z(W)_ P(Δu) Q(Δw) R(Δd)F(f)S(s)；

其中，e 为 Z 轴方向切削每次的退刀间隙；X(U)、Z(W) 为切削终点坐标值；Δu 为 X 轴方向每次切削的深度（无符号），μm；Δw 为 Z 轴方向每次切削的深度（无符号），μm；Δd 为每次切削完成后的 X 轴方向退刀量。

特 别提示

①G74 的名称虽然是深孔钻削复合循环，但是从真正意义上来讲，它既能进行 Z 轴方向的孔加工，又能进行端面切槽。在上述格式中省略 X(U)、I（或 P）及 D（或格式一中第二个程序段的 R）值，则程序变成只沿 Z 轴方向进行加工，即钻孔加工，G74 最常见的也是这种加工方式。

②G74 循环过程如图 1.128 所示，刀具定位在点 A，沿 Z 轴方向进行加工，每次加工 Δw 后，退 e 的距离，然后再加工 Δw，依次循环至 Z 轴方向坐标给定的值，返回点 A，再向 X 轴方向进 Δu，重复以上动作至 Z 轴方向坐标给定的值……最后加工至给定坐标位（图中点 C），再分别沿 Z 轴方向和 X 轴方向返回点 A。

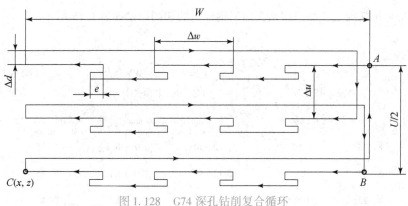

图 1.128 G74 深孔钻削复合循环

【应用实例】 任务描述：用 G72 循环程序编写如图 1.129 所示的阶梯孔零件的加工程序，要求循环起始点在 $A(6, 3)$，切削深度为 1.2 mm，退刀量为 1 mm，X 轴方向精加工余量为 0.3 mm，Z 轴方向精加工余量为 0.15 mm。

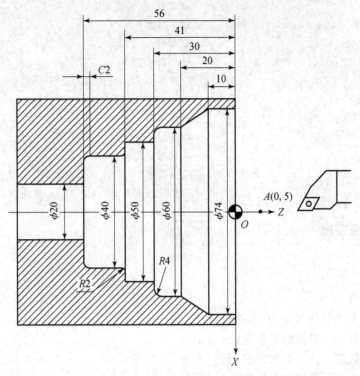

图 1.129　加工阶梯孔

用 T1 号内孔车刀进行粗、精加工，程序如下：

```
O0018;
N010 G54 G00 X150 Z100;
N020 M03 S600;
N030 T0101;
N040 G00 X0 Z5;
N050 G74 R2;                              //钻孔循环
N060 G74 Z -80 Q5000 F20;                 //钻孔循环
N070 G00 X150 Z100;
N080 G55 T0202;                           //换2号刀
N090 M03 S1000;                           //启动主轴
N100 G00 X15 Z5;                          //进刀至粗车循环起点
N110 G72 W1.2 R1;                         //粗车循环
N120 G72 P130 Q240 U -0.3 W0.15 F80;      //粗车循环,余量 X = 0.3 mm,Z = 0.15 mm
N130 G00 Z -56;                           //精加工轮廓起点
N140 G01 X36 F30;                         //车削40内孔端面
N150 X40 W2;                              //倒角
N160 Z -43;                               //车削40内孔
N170 G03 X44 Z -41 R2;                    //倒圆角 R2
N180 G01 X50;                             //车削50内孔端面
N190 Z -30;                               //车削50内孔
```

```
N200 X52;                        //车削 60 内孔端面
N210 G02 X60 Z -26 R4;           //车削圆角 R4
N220 G01 Z -20;                  //车削 60 内孔
N230 X74 Z -10;                  //车削锥孔
N240 Z2;                         //车削 74 内孔,精加工轮廓终点
N250 S1500;
N260 G70 P130 Q240;              //精车
N270 G00 X150 Z100;              //返回
N280 T0000;                      //取消刀具补偿
N290 M05;                        //主轴停
N300 M30;                        //程序结束返回
```

1.5.3 任务实施

1. 工艺过程

(1) 车端面。

(2) 钻中心孔。

(3) 用 ϕ18 钻头钻出长度为 41 mm 的内孔。

(4) 粗车外轮廓,留精加工余量 0.6 mm。

(5) 精车外轮廓,达到图纸要求。

(6) 粗镗内表面,留精加工余量 0.4 mm。

(7) 精镗内表面,达到图纸要求。

(8) 切断,保证总长 40.2 mm。

2. 刀具与工艺参数

数控加工刀具卡和工序卡分别如表 1.16、表 1.17 所示。

3. 装夹方案

用三爪自定心卡盘夹紧定位。

表 1.16 数控加工刀具卡

项目任务		孔加工技能训练	零件名称		零件图号	
序号	刀具号	刀具名称及规格	刀尖半径/mm	数量	加工表面	备注
1	T0101	95°粗、精车 右偏外圆刀	0.8	1	外表面、端面	80°菱形刀片
2	T0202	粗镗孔车刀	0.4	1	内孔	
		精镗孔车刀	0.4	1	内孔	
3	T0303	切断刀 （刀位点为左刀尖）	0.4	1	切槽、切断	$B = 4$ mm
4	T0505	中心钻	●	1	中心孔	
5	T0606	ϕ23 钻头		1	内孔	

表 1.17 数控加工工序卡

材料	45 钢	零件图号		系统	FANUC	工序号	
操作序号	工步内容（走刀路线）	G 功能	T 刀具	切削用量			
				转速 S/ ($r \cdot min^{-1}$)	进给速度 F/ ($mm \cdot r^{-1}$)	背吃刀量 α_p/mm	
程序	夹住棒料一头，留出长度大约 65 mm（手动操作），车端面，对刀，调用程序						
1	手工操作钻中心孔		T0505	1 000			
2	手工操作钻 $\phi18$ 孔		T0606	300			
3	粗车外轮廓	G80	T0101	300	0.2	0.7	
4	精车外轮廓	G01	T0101	650	0.1	0.3	
5	粗镗内表面	G71	T0202	350	0.2	1	
6	精镗内表面	G01	T0202	1 000	0.08	0.2	
7	切断	G01	T0303	200	0.1	4	
8	掉头，平端面、倒角，达到图纸要求						

4. 程序编写

内孔加工程序如下：

```
O0066;
N010 G54 M03S300;              //建立工件坐标系,启动主轴
N020 G00X100Z100;              //设置换刀点
N030 G99 T0606;                //设置每转进给量、调6号刀及刀补
N040G00X0Z5;                   //钻孔定位
N050G74R2;                     //钻孔循环
N060G74Z－50Q5000F0.1;         //钻孔循环
N070G00X100Z100;               //返回换刀点
N080G55T0202;                  //换2号镗孔车刀及刀补
N090G00X15Z5;                  //内孔循环起点
N100G72W1R1;                   //内孔粗车循环
N110G72P120Q150U－0.3W0.15F0.2; //内孔粗车循环
N120G01Z－30F0.1;              //内孔精加工轮廓起点
N130X30;
N140Z－24;
N150X38Z4;                     //内孔精加工轮廓终点
N160M03S1000;
N170G70P120Q150;               //内孔精加工循环
N180G00X100Z100;               //返回换刀点
N190M05;                       //主轴停止
N200M30;                       //程序结束并返回
```

习　题

任务描述：材料为 45 钢，试编写程序车削如图 1.130 所示内孔零件。

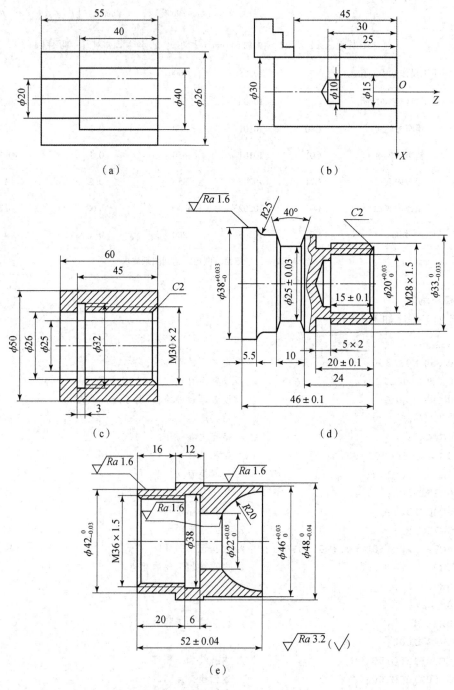

图 1.130　内孔加工

任务 1.6　车削加工综合类零件

知识目标	技能目标	素养目标
1. 掌握制订加工工艺的方法； 2. 熟悉加工准备的步骤与方法； 3. 熟悉编制程序的步骤与方法； 4. 熟练应用数控仿真软件	1. 会分析中等复杂程度的零件的加工工艺； 2. 会程序编写中等复杂程度的零件程序，编制与调试，数控仿真加工	1. 培养学生严谨、细心、一丝不苟学习态度； 2. 培养学生自主学习能力； 3. 培养学生团结友爱、团队合作精神； 4. 培养学生善于思考、踏实肯干、勇于创新的工作态度

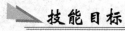

技能目标

1. 会分析中等复杂程度的零件的加工工艺；
2. 会编写与调试中等复杂程度的零件程序。

知识目标

1. 掌握制定加工工艺的方法；
2. 熟悉加工准备的步骤与方法；
3. 熟悉编写程序的步骤与方法；
4. 熟练应用数控仿真软件。

1.6.1　任务导入：长轴加工

任务描述：加工如图 1.131 所示长轴零件。毛坯为 $\phi50$ mm×100 mm 棒料，材料为 45 钢。

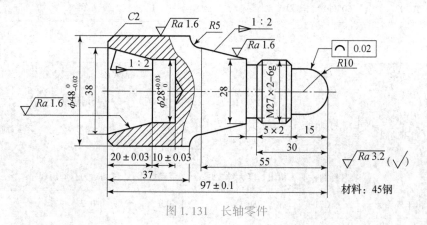

图 1.131　长轴零件

1.6.2　任务实施

1. 分析工艺

工件右端有圆弧、锥度和螺纹，难以装夹，所以先加工好左端内孔和外圆再加工右端。加工左端时，先完成内孔各项尺寸的加工，再精加工外圆尺寸。调头装夹时要找正左、右端同轴度。

右端加工时，先完成圆弧和锥度的加工，再进行螺纹加工。弧度和锥度都有相应的要求，在加工锥度和圆弧时，一定要进行刀尖半径补偿才能保证其要求。

工艺过程如下。

（1）车右端。

①粗、精车右端外圆达图纸要求。

②切槽 5×2。

③粗、精车螺纹。

④左端倒角、切断，保证总长。

（2）车左端。

①钻中心孔（手工）。

②钻孔，深度为 35 mm。

③粗、精车内孔达要求。

④去毛刺，检测工件各项尺寸要求。

2. 刀具与工艺参数

（1）加工右端。

右端加工工具和工序卡分别如表 1.18、表 1.19 所示。

表 1.18　右端加工刀具卡

单位			零件名称		零件图号	
序号	刀具号	刀具名称及规格	刀尖半径/mm	数量	加工表面	备注
1	T0101	95°粗、精车右偏外圆刀	0.8	1	外表面、端面	80°菱形刀片
2	T0202	切断刀（刀位点为左刀尖）	0.4	1	切槽、切断	$B=3$ mm
3	T0303	60°外螺纹车刀		1	外螺纹	

表 1.19　右端加工工序卡

材料	45 钢	零件图号		系统	FANUC	工序号	
操作序号	工步内容（走刀路线）	G 功能	T 刀具	切削用量			
				转速 S/$(r \cdot min^{-1})$	进给速度 F/$(mm \cdot r^{-1})$	背吃刀量 α_p/mm	
程序	夹住棒料一头，留出长度大约 120 mm（手动操作），试切对刀，调用程序						
1	粗车外轮廓	G71	T0101	1 500	0.2	1	
2	精车外轮廓	G70	T0101	2 000	0.05	0.2	
3	切退刀槽	G01	T0202	500	0.05	3	
4	车螺纹	G76	T0303	800	螺距：2		
5	检测、校核						

（2）加工左端。

左端加工刀具卡和工序卡分别如表1.20、表1.21所示。

表1.20　左端加工刀具卡

单位			零件名称		零件图号	
序号	刀具号	刀具名称及规格	刀尖半径/mm	数量	加工表面	备注
1	T0101	ϕ24 mm 钻头		1	内孔	
2	T0202	镗孔车刀	0.4	1	内孔	

表1.21　左端加工工序卡

材料	45 钢	零件图号		系统	FANUC	工序号	
操作序号	工步内容（走刀路线）	G 功能	T 刀具	切削用量			
				转速 $S/$ $(r \cdot min^{-1})$	进给速度 $F/$ $(mm \cdot r^{-1})$	背吃刀量 α_p/mm	
程序	掉头，留出长度大约45 mm（手动操作），对刀，调用程序						
1	钻 ϕ24 mm 底孔		T0303				
2	粗镗内表面	G71	T0202	800	0.2	1	
3	精镗内表面	G70	T0202	1 000	0.05	1	
4	检测、校核						

3. 装夹方案

用三爪自定心卡盘夹紧定位。

4. 程序编写

左端加工程序如下：

```
O0051;
N010  T0101;                          //调1号刀及刀补/建立工件坐标系
N020  G99  M03  S1500;                //每转进给/启动主轴
N030  M08  G00  X100  Z100;           //打开切削液/设置换刀点
N040  G00  X55  Z5;                   //快速至外圆循环起点
N050  G71  U1  R1;                    //外圆粗车循环
N060  G71  P70  Q120  U0.4  W0.2  F0.2;  //外圆粗车循环
N070  G00  X0;
N080  G01  Z0  F0.02;
N090  X44;
N100  X48  Z-2;
N110  Z-101;
N120  X51;
N130  M03  S2000;
```

```
N140   G70  P170  Q120;                    //外圆精车循环
N150   G00  X100  Z100 ;                   //返回换刀点
N160   T0202  S400;                        //调2号刀及刀补/建立工件坐标系/降速
N170   G00  X0  Z5;                        //快速至钻孔循环起点
N180   G74  R2;                            //钻孔循环
N190   G74  Z-40  Q2000  F0.05;            //钻孔循环
N200   G00  X100  Z100;
N210   T0303  S1000;                       //调3号刀及刀补/建立工件坐标系/设定
                                             粗车内孔转速
N220   G00  X15  Z5;                       //设置内孔粗车循环起点
N230   G72  W1  R1;                         //内孔粗车循环
N240   G72  P250  Q280  U-0.3  W0.15  F0.2;  //内孔粗车循环
N250   G00  Z-30;                          //内孔轮廓开始点
N260   G01  X28  F0.02;
N270   Z-20;
N280   X39  Z2;                            //内孔轮廓结束点
N290   M03  S1200;
N300   G70  P250  Q280;                    //内孔精车循环
N310   G00  X100  Z100;
N320   T0404;                              //调4号刀及刀补/建立工件坐标系
N330   G00  X55  Z-100;                    //快速定位至切断位置
N310   M03  S400;                          //降速
N320   G01  X2  F0.02;
N330   X55  F0.3;
N340   G00  X100  Z100  M09;               //返回换刀点/关闭切削液
N350   M05;
N360   M30;
```

右端加工程序如下：

```
O0052;
N010   T0101;                              //调1号刀及刀补/建立工件坐标系
N020   M03  S1500;
N030   G99  G00  X100  Z100;
N040   G00  X55  Z5;                       //设置外圆循环起点
N050   G71  U1  R1;                        //外圆粗车循环
N060   G71  P70  Q170  U0.4  W0.2  F0.2;   //外圆粗车循环
N070   G00  X0 ;                           //外圆轮廓开始点
N080   G01  Z0  F0.02;
N090   G03  X20  Z-10  R10;
N100   G01  Z-15;
N110   X23;
N120   X27  Z-17;
N130   Z-35;
N140   X28;
N150   X38  Z-55;
```

```
N160  G02  X48  Z-60  R5;
N170  X49;                                    //外圆轮廓结束点
N180  M03  S2000;
N190  G70  P70  Q170;                         //外圆精车循环
N200  G00  X100  Z100;
N210  T0404;                                  //调2号刀及刀补/建立工件坐标系
N220  G00  X50  Z-33;                         //设置切槽循环起点
N230  M03  S400;
N240  G75  R1;                                //切槽循环
N250  G75  X23  Z-35  P1000  Q1000  F0.02;    //切槽循环
N260  G01  X27  Z-31  F0.3;
N270  X23  Z-33  F0.02;                       //螺纹左侧倒角
N280  X50  F0.3;
N290  G00  X100  Z100;
N300  T0505;                                  //调3号刀及刀补/建立工件坐标系
N310  G00  X35  Z-10;                         //设置螺纹循环起点
N320  M03  S400;
N330  G76  P020160  Q0.05  R0.05;             //粗精车螺纹复合循环
N340  G76  X24.4  Z-32  P1300  Q300  F2;      //粗精车螺纹复合循环
N350  G00  X100  Z100;
N360  M05;
N370  M30;
```

习   题

任务描述：编写如图1.132所示工件的粗、精加工程序，毛坯为棒料，材料为45钢，试着车削此零件。

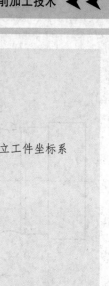

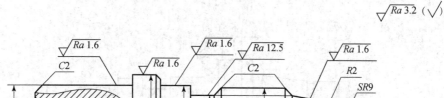

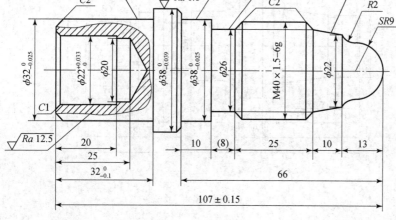

（a）

图1.132 综合件加工练习

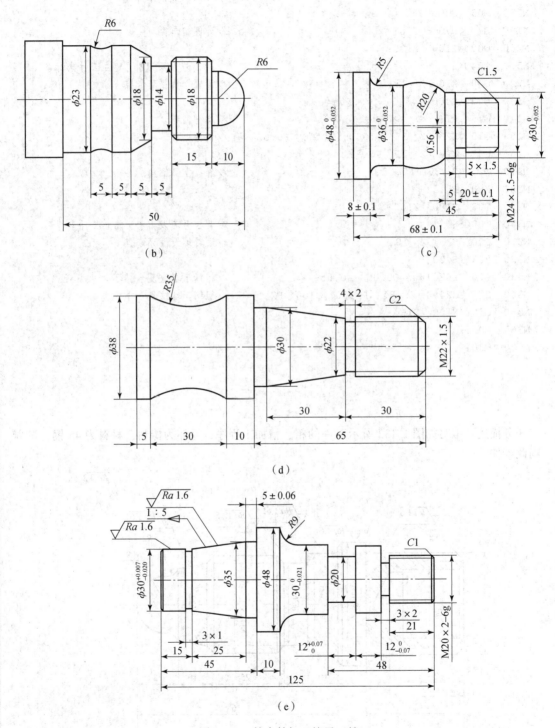

图 1.132 综合件加工练习（续）

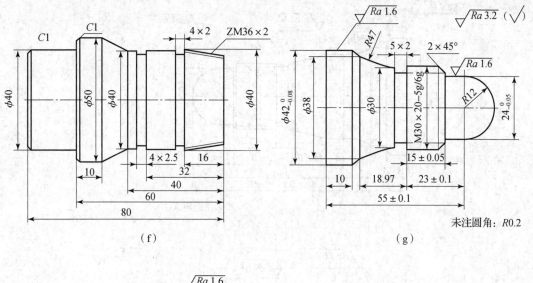

（f）

（g）

未注圆角：R0.2

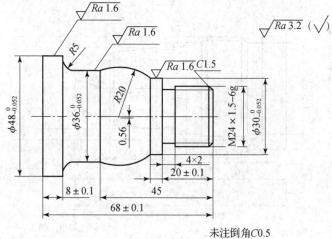

（h）

未注倒角C0.5

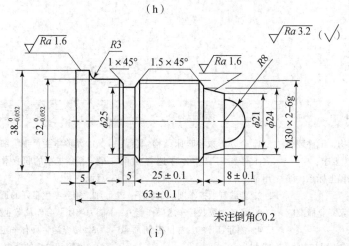

（i）

未注倒角C0.2

图1.132 综合件加工练习（续）

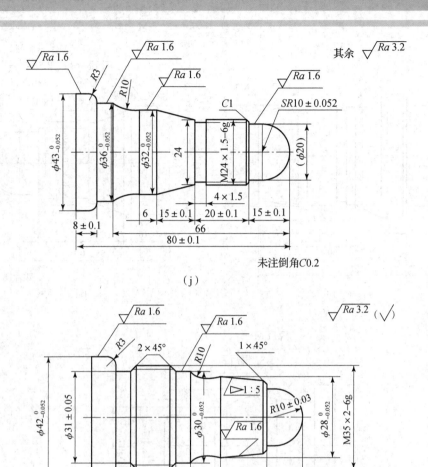

（j）

（k）

图 1.132　综合件加工练习（续）

任务 1.7　操作数控车床

知识目标	技能目标	素养目标
1. 掌握数控车床结构、工件装夹要求、刀具种类与装夹要求； 2. 掌握数控车床编程坐标系、编程指令及其编程方法； 3. 掌握数控车床国家职业标准应知理论知识； 4. 掌握数控车床操作流程与方法； 5. 数控车床安全文明操作与数控车床维护保养知识	1. 会分析数控车床结构、会装夹工件与刀具、合理选择切削用量； 2. 能编制数控车削加工程序； 3. 具备中级数控车床操作能力； 4. 测量工件方法和控制质量能力； 5. 能安全操作数控车床与正确保养数控车床	1. 培养学生严谨、细心、全面、追求高效、精益求精的职业素质，强化产品质量意识； 2. 培养学生良好的道德品质、沟通协调能力和团队合作及敬业精神； 3. 培养学生具有一定的计划、决策、组织、实施和总结的能力； 4. 培养学生大国工匠精神，练好本领，建设祖国，奉献社会的爱国主义情操

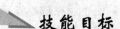

技能目标

1. 会分析数控车床结构、装夹工件与刀具、合理选择切削用量；
2. 能编写数控车削加工程序；
3. 具备中级数控车床操作的能力；
4. 具备测量工件方法和控制质量的能力；
5. 能安全操作数控车床与正确保养数控车床。

知识目标

1. 掌握数控车床结构、工件装夹要求、刀具种类与装夹要求；
2. 掌握数控车床编程坐标系、编程指令及其编程方法；
3. 掌握数控车床国家职业标准中的理论知识；
4. 掌握数控车床操作流程与方法；
5. 掌握数控车床安全文明操作与数控车床维护保养知识。

1.7.1 任务导入：加工球形螺纹轴

任务描述：加工如图 1.133 所示球形螺纹轴零件。试编写其轮廓加工程序并进行加工。毛坯为 $\phi 30$ mm × 100 mm 棒料，材料为 45 钢。

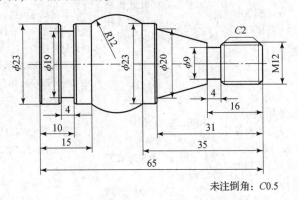

未注倒角：C0.5

图 1.133 球形螺纹轴

1.7.2 知识链接

1. 安全文明操作

1）实训要求及安全教育

（1）数控系统的编程、操作和维修人员必须经过专门的技术培训，熟悉所用数控车床的使用环境、条件和工作参数，严格按机床和系统使用说明书的要求正确、合理地操作机床。

（2）上机单独操作，发现问题应立即停止生产，严格按照操作规程安全操作。

（3）强调学生爱惜公共财产，节约资源，避免浪费，培养良好的作风习惯。

2）实训过程参照企业 8S 标准进行管理和实施

8S 管理内容就是整理（SEIRI）、整顿（SEITON）、清扫（SEISO）、清洁（SEIKETSU）、素养

（SHITSUKE）、安全（SAFETY）、节约（SAVE）、学习（STUDY）8 个项目，因其古罗马发音均以 "S" 开头，所以简称为 8S，其管理要领见表 1.22。8S 管理法的目的，是使企业在现场管理的基础上，通过创建学习型组织不断提升企业员工的文化素养，消除安全隐患、节约成本和时间。使企业在激烈的竞争中，永远立于不败之地。

表 1.22　8S 管理要领

8S	意义	目的	实施要领
整理 （SEIRI）	将混乱的状态收拾成井然有序的状态	①腾出空间，空间活用，增加作业面积； ②物流畅通、防止误用、误送等； ③塑造清爽的工作场所	①自己的工作场所（范围）全面检查，包括看得到和看不到的； ②明确 "要" 和 "不要" 的判别基准； ③将不要物品清除出工作场所，要有决心； ④对需要的物品调查使用频度，决定日常用量及放置位置； ⑤制订废弃物处理方法； ⑥每日自我检查
整顿 （SEITON）	通过前一步整理后，对生产现场需要留下的物品进行科学合理的布置和摆放，以便用最快的速度取得所需之物，在最有效的规章、制度和最简捷的流程下完成作业	①使工作场所一目了然，创造整整齐齐的工作环境； ②不用浪费时间找东西，能在 30 s 内找到要找的东西，并能立即使用	①前一步骤整理的工作要落实； ②流程布置，确定放置场所、明确数量：物品的放置场所原则上要 100% 设定；物品的保管要定点（放在哪里合适）、定容（用什么容器、颜色）、定量（规定合适数量）；生产线附近只能放真正需要的物品。 ③规定放置方法：易取，提高效率；不超出所规定的范围；在放置方法上多下功夫。 ④划线定位； ⑤场所、物品标识：放置场所和物品标识原则上一一对应；标识方法全公司要统一
清扫 （SEISO）	清除工作场所内的脏污，并防止污染发生，将岗位保持在无垃圾、无灰尘、干净整洁的状态。清扫的对象：地板、墙壁、工作台、工具架、工具柜等，机器、工具、测量用具等	①消除脏污，保持工作场所干净、亮丽的环境，使员工保持一个良好的工作情绪； ②稳定品质，最终达到企业生产零故障和零损耗	①建立清扫责任区（工作区内外）； ②执行例行扫除，清理脏污，形成责任与制度； ③调查污染源，予以杜绝或隔离； ④建立清扫基准，作为规范
清洁 （SEIKETSU）	将前面的 3S（整理、整顿、清扫）实施的做法进行到底，形成制度，并贯彻执行及维持结果	维持上面 3S 的成果，并显现 "异常" 之所在	①将前面的 3S 工作实施彻底； ②定期检查，实行奖惩制度，加强执行力度； ③管理人员经常带头巡查，以表重视
素养 （SHITSUKE）	人人依规定行事，从心态上养成能随时进行 8S 管理的好习惯并坚持下去	①提高员工素质，培养员工成为一个遵守规章制度，并具有良好工作素养的人； ②营造团体精神	①培训共同遵守的有关规则、规定； ②新进人员强化教育、实践

8S	意义	目的	实施要领
安全（SAFETY）	清除安全隐患，保证工作现场员工人身安全及产品安全，预防意外事故的发生	①规范操作、确保产品质量、杜绝安全事故；②保障员工的人身安全，保证生产连续安全正常地进行；③减少因安全事故而带来的经济损失	①制定正确作业流程，适时监督指导；②对不合安全规定的因素及时发现消除，所有设备都进行清洁、检修，能预先发现存在的问题，从而消除安全隐患；③在作业现场彻底推行安全任务，使员工对于安全用电、确保通道畅通、遵守搬用物品的要点养成习惯，建立有规律的作业现场；④员工正确使用保护器具，不违规作业
节约（SAVE）	对时间、空间、资源等合理利用，减少浪费，降低成本，以发挥它们的最大效能，从而创造一个高效率的、物尽其用的工作场所	养成降低成本的习惯，培养作业人员减少浪费的意识	①以自己就是主人的心态对待企业的资源；②能用的东西尽可能利用；③切勿随意丢弃，丢弃前要思考其剩余之使用价值；④减少动作浪费，提高作业效率；⑤加强时间管理意识
学习（STUDY）	深入学习各项专业技术知识，从实践和书本中获取知识，同时不断地向同事及上级主管学习	①学习长处，完善自我，提升自己的综合素质；②让员工能更好地发展，从而带动企业产生新的动力去应对未来可能存在的竞争与变化	①学习各种新的技能技巧，才能不断去满足个人及公司发展的需求；②与人共享，能达到互补、互利、制造共赢，互补知识面与技术面的薄弱，互补能力的缺陷，提升整体的竞争力与应变能力；③要有对内部、外部客户服务的意识，为集体（或个人）的利益或为事业工作，服务与你有关的同事、客户（如，注意内部客户（后道工序）的服务）

3）数控车床安全操作规程

（1）安全操作注意事项。

①工作时请穿好工作服、安全鞋，戴好工作帽及防护镜，严禁戴手套操作机床。

②不要移动或损坏安装在机床上的警告标牌。

③不要在机床周围放置障碍物，工作空间应足够大。

④某一项工作如需要俩人或多人共同完成时，应注意相互间的协调一致。

⑤不允许采用压缩空气清洗机床、电气柜及 NC 单元。

⑥任何人员违反上述规定或学院的规章制度，实习指导人员或设备管理员有权停止其使用、操作，并根据情节轻重，报学院相关部门处理。

（2）工作前的准备工作。

①机床开始工作前要有预热，认真检查润滑系统工作是否正常，如机床长时间未开动，可先采用手动方式向各部分供油润滑。

②使用的刀具应与机床允许的规格相符，有严重破损的刀具要及时更换。

③调整刀具所用工具不要遗忘在机床内。

④检查大尺寸轴类零件的中心孔是否合适，以免发生危险。

⑤刀具安装好后应进行 1~2 次试切削。

⑥认真检查卡盘夹紧的工作状态。

⑦机床开动前，必须关好机床防护门。

（3）工作过程中的安全事项。

①禁止用手接触刀尖和铁屑，铁屑必须要用铁钩子或毛刷来清理。

②禁止用手或其他任何方式接触正在旋转的主轴、工件或其他运动部位。

③禁止加工过程中量活、变速，更不能用棉丝擦拭工件，也不能清扫机床。

④在车床运转过程中，操作者不得离开岗位，发现异常现象应立即停车。

⑤经常检查轴承温度，过高时应找有关人员进行检查。

⑥在加工过程中，不允许打开机床防护门。

⑦严格遵守岗位责任制，机床由专人使用，未经同意不得擅自使用。

⑧工件伸出车床 100 mm 以外时，须在伸出位置设防护物。

⑨禁止进行尝试性操作。

⑩手动原点回归时，注意机床各轴位置要距离原点 −100 mm 以上，机床原点回归顺序为：首先 +X 轴，其次 +Z 轴。

⑪使用手轮或快速移动方式移动各轴位置时，一定要看清机床 X、Z 轴各方向 " + " " − " 号标牌后再移动。移动时先慢转手轮观察机床移动方向无误后，方可加快移动速度。

⑫编完程序或将程序输入机床后，须先进行图形模拟，准确无误后再进行机床试运行，并且刀具应离开工件端面 200 mm 以上。

⑬程序运行注意事项：

a. 对刀应准确无误，刀具补偿号应与程序调用刀具号符合。

b. 检查机床各功能按键的位置是否正确。

c. 光标要放在主程序头。

d. 加注适量冷却液。

e. 站立位置应合适，启动程序时，右手应做好准备按停止按钮，程序在运行当中手不能离开停止按钮，如有紧急情况立即按下停止按钮。

⑭加工过程中认真观察切削及冷却状况，确保机床、刀具的正常运行及工件的质量，并关闭防护门以免铁屑、润滑油飞出。

⑮在程序运行中须暂停去测量工件尺寸时，待机床完全停止、主轴停转后方可进行测量，以免发生人身安全事故。

⑯关机时，要等主轴停转 3 min 后方可关机。

⑰未经许可禁止打开电气箱。

⑱各手动润滑点必须按说明书要求润滑。

⑲修改程序的钥匙在程序调整完后要立即拿掉，不得插在机床上，以免无意改动程序。

⑳使用机床时，每日必须使用切削液循环 0.5 h，冬天时间可稍短一些，切削液要定期更换，一般在 1~2 个月之间，机床若数天不使用，则每隔一天应对 NC 及 CRT 部分通电 2~3 h。

（4）工作完成后的注意事项。

①清除切屑、擦拭机床，使机床与环境保持清洁状态。

②注意检查或更换磨损坏了的机床导轨上的油擦板。

③检查润滑油、冷却液的状态，及时添加或更换。

④依次关掉机床操作面板上的电源和总电源。

4）维护与保养数控车床

数控车床集机、电、液于一身，具有技术密集和知识密集的特点，是一种自动化程度高、结构复杂且又昂贵的先进加工设备。为了充分发挥其效益，减少故障的发生，必须做好日常维护工作，所以要求数控车床维护人员不仅要有机械、加工工艺以及液压气动方面的知识，也要具备电子计算机、自动控制、驱动及测量技术等知识，这样才能全面了解、掌握数控车床，及时做好维护工作。

（1）数控机床主要的日常维护与保养工作的内容。

①选择合适的使用环境：数控车床的使用环境（如温度、湿度、振动、电源电压、频率及干扰等）会影响机床的正常运转，所以在安装机床时应符合机床说明书规定的安装条件和要求。在经济许可的条件下，应将数控车床与普通机械加工设备隔离安装，以便于维修与保养。

②为数控车床配备数控系统编程、操作和维修的专门人员：这些人员应熟悉所用机床的机械、数控系统、强电设备、液压、气压等部分及使用环境、加工条件等，并能按机床和系统使用说明书的要求正确使用数控车床。

③长期不用数控车床的维护与保养：在数控车床闲置不用时，应经常给数控系统通电，在机床锁住情况下，使其空运行；在空气湿度较大的梅雨季节应该天天通电，利用电气元件本身发热驱走数控柜内的潮气，以保证电子部件的性能稳定可靠。

④数控系统中硬件控制部分的维护与保养：每年让有经验的维修电工检查一次。检测有关的参考电压是否在规定范围内，如电源模块的各路输出电压、数控单元参考电压等是否正常，并清除灰尘；检查系统内各电气元件连接是否松动；检查各功能模块的风扇运转是否正常并清除灰尘；检查伺服放大器和主轴放大器使用的外接式再生放电单元的连接是否可靠，清除灰尘；检测各功能模块使用的存储器后备电池的电压是否正常，一般应根据厂家的要求定期更换。对于长期停用的机床，应每月开机运行4 h，这样可以延长数控机床的使用寿命。

⑤机床机械部分的维护与保养：操作者在每班加工结束后，应清扫干净散落于拖板、导轨等处的切屑；在工作时注意检查排屑器是否正常以免造成切屑堆积，损坏导轨精度，危及滚珠丝杠与导轨的寿命；在工作结束前，应将各伺服轴回归原点后停机。

⑥机床主轴电动机的维护与保养：维修电工应每年检查一次伺服电动机和主轴电动机。着重检查其运行噪声、温升，若噪声过大，应查明是轴承等机械问题还是与其相配的放大器的参数设置问题，采取相应措施加以解决。对于直流电动机，应对其电刷、换向器等进行检查、调整、维修或更换，使其工作状态良好。检查电动机端部的冷却风扇运转是否正常并清扫灰尘；检查电动机各连接插头是否松动。

课程思政案例三

⑦机床进给伺服电动机的维护与保养：对于数控车床的伺服电动机，要每10～12个月进行一次维护保养，加速或者减速变化频繁的机床要每2个月进行一次维护保养。维护保养的主要内容有：用干燥的压缩空气吹除电刷的粉尘，检查电刷的磨损情况，如需要更换，则须选用规格相同的电刷，更换后要空载运行一定时间使其与换向器表面吻合；检查清扫电枢整流子以防止短路；如装有测速电动机和脉冲编码器时，也要进行检查和清扫。数控车床中的直流伺服电动机应至少每年检查一次，一般应在数控系统断电的情况下，并且电动机已完全冷却的情况下进行检查。取下橡胶刷帽，用螺钉旋具刀拧下刷盖取出电刷；测量电刷长度，如FANUC直流伺服电动机的电刷由10 mm磨损到小于5 mm时，必须更换同一型号的电刷；仔细检查电刷的弧形接触面是否有深沟和裂痕，以及电刷弹簧上有无打火痕迹。如有上述现象，则要考虑电动机的工作条件是否过分恶劣或电动机本身是否有问题。用不含金属粉末及水分的压缩空气导入装电刷的刷孔，吹净粘在刷孔壁上的电刷粉末。如果难以吹净，可用螺钉旋具刀尖轻轻清理，直至孔壁全部干净

为止，但注意不要碰到换向器表面。重新装上电刷，拧紧刷盖。如果更换了新电刷，应使电动机空运行跑合一段时间，以使电刷表面和换向器表面相吻合。

⑧机床测量反馈元件的维护与保养：检测反馈元件采用编码器、光栅尺的较多，也有使用感应同步器、磁尺、旋转变压器等。维修电工每周应检查一次反馈元件连接是否松动，是否被油液或灰尘污染。

⑨机床电气部分的维护与保养：检查三相电源的电压值是否正常，有无偏相，如果输入的电压超出允许范围则进行相应调整；检查所有电气连接是否良好；检查各类开关是否有效，可借助于数控系统 CRT 显示的自诊断画面及可编程机床控制器（PMC）、输入输出模块上的 LED 指示灯检查确认，若不良应更换；检查各继电器、接触器是否工作正常，触点是否完好，可利用数控编程语言编辑一个功能试验程序，通过运行该程序确认各元器件是否完好有效；检验热继电器、电弧抑制器等保护器件是否有效；等等。以上电气保养应由车间电工实施，每年检查调整一次。电气控制柜及操作面板显示器的箱门应密封，不能用打开柜门使用外部风扇冷却的方式降温。操作者应每月清扫一次电气柜防尘滤网，每天检查一次电气柜冷却风扇或空调运行是否正常。

⑩机床液压系统的维护与保养：检查各液压阀、液压缸及管子接头是否外漏；检查液压泵或液压电动机运转时是否有异常噪声等现象；检查液压缸移动时工作是否正常平稳；检查液压系统的各测压点压力是否在规定的范围内，压力是否稳定；检查油液的温度是否在允许的范围内；检查液压系统工作时有无高频振动；检查电气控制或撞块（凸轮）控制的换向阀工作是否灵敏可靠；检查油箱内油量是否在油标刻线范围内；检查行位开关或限位挡块的位置是否有变动；检查液压系统手动或自动工作循环时是否有异常现象；定期对油箱内的油液进行取样化验，检查油液质量，定期过滤或更换油液；定期检查蓄能器的工作性能；定期检查冷却器和加热器的工作性能；定期检查和旋紧重要部位的螺钉、螺母、接头和法兰螺钉；定期检查更换密封元件；定期检查清洗或更换液压元件；定期检查清洗或更换滤芯；定期检查或清洗液压油箱和管道。操作者每周应检查液压系统压力有无变化，如有变化，应查明原因，并调整至机床制造厂要求的范围内。操作者在使用过程中，应注意观察刀具自动换刀系统、自动拖板移动系统工作是否正常；液压油箱内油位是否在允许的范围内，油温是否正常，冷却风扇是否正常运转；每月应定期清扫液压油冷却器及冷却风扇上的灰尘；每年应清洗液压油过滤装置；检查液压油的油质，如果失效、变质应及时更换，所用油品应是机床制造厂要求品牌或已经确认可代用的品牌；每年检查调整一次主轴箱平衡缸的压力，使其符合出厂要求。

⑪机床气动系统的维护与保养：保证供给洁净的压缩空气，压缩空气中通常都含有水分、油分和粉尘等杂质。水分会使管道、阀和气缸腐蚀；油液会使橡胶、塑料和密封材料变质；粉尘会造成阀体动作失灵。选用合适的过滤器可以清除压缩空气中的杂质，使用过滤器时应及时排除和清理积存的液体，否则，当积存液体接近挡水板时，气流仍可将积存物卷起。保证空气中含有适量的润滑油，大多数气动执行元件和控制元件都要求有适度的润滑。润滑的方法一般采用油雾器进行喷雾润滑，油雾器一般安装在过滤器和减压阀之后。油雾器的供油量一般不宜过多，通常每 10 mL 的自由空气供 1 mL 的油量（即 40~50 滴油）。检查润滑是否良好的一个方法是找一张清洁的白纸放在换向阀的排气口附近，如果阀在工作 3~4 个循环后，白纸上只有很轻的斑点时，表明润滑是良好的。保持气动系统的密封性，漏气不仅会增加能量的消耗，而且会导致供气压力下降，甚至造成气动元件工作失常。严重的漏气在气动系统停止运行时，由漏气引起的噪声很容易发现；轻微的漏气则利用仪表，或用涂抹肥皂水的办法进行检查。保证气动元件中运动零件的灵敏性，从空气压缩机排出的压缩空气，包含有粒度为 0.01~0.08 μm 的压缩机油微粒，在 120~220 ℃ 的排气温度下，这些油粒会迅速氧化，氧化后油粒颜色变深，黏性增大，并逐步由液态固化成油泥。这种微米级以下的颗粒，一般过滤器无法滤除。当它们进入到换向阀后便附着

在阀芯上，使阀的灵敏度逐步降低，甚至出现动作失灵。为了清除油泥，保证灵敏度，可在气动系统的过滤器之后，安装油雾分离器，将油泥分离出。此外，定期清洗液压阀也可以保证阀的灵敏度。保证气动装置具有合适的工作压力和运动速度，调节工作压力时，工作压力表应当可靠，读数准确。减压阀与节流阀调节好后，必须紧固调压阀盖或锁紧螺母，防止松动。操作者应每天检查压缩空气的压力是否正常；过滤器需要手动排水的，夏季应两天排一次，冬季一周排一次；每月检查润滑器内的润滑油是否用完，及时添加规定品牌的润滑油。

⑫机床润滑部分的维护与保养：各润滑部位必须按润滑图定期加油，注入的润滑油必须清洁。润滑处应每周定期加油一次，找出耗油量的规律，发现供油减少时应及时通知维修工检修。操作者应随时注意 CRT 显示器上的运动轴监控画面，发现电流增大等异常现象时，及时通知维修工维修。维修工每年应进行一次润滑油分配装置的检查，发现油路堵塞或漏油后应及时疏通或修复。底座里的润滑油必须加到油标的最高线，以保证润滑工作的正常进行。因此，必须经常检查油位是否正确，润滑油应每 5~6 个月更换一次。由于新机床各部件的初磨损较大，所以，第一次和第二次换油的时间应提前到每月换一次，以便及时清除污物。废油排出后，箱内应用煤油冲洗干净（包括床头箱及底座内油箱），同时清洗或更换滤油器。

⑬可编程机床控制器（PMC）的维护与保养：对 PMC 与 NC 完全集成在一起的系统，不必单独对 PMC 进行检查调整；对其他两种组态方式，应对 PMC 进行检查。主要检查 PMC 的电源模块的电压输出是否正常；输入/输出模块的接线是否松动；输出模块内各路熔断器是否完好；后备电池的电压是否正常，必要时进行更换。对 PMC 输入/输出点的检查可利用 CRT 显示器上的诊断画面的置位复位的方式检查，也可用运行功能试验程序的方法检查。

⑭有些数控系统的参数存储器是采用 CMOS 元件，其存储内容在断电时靠电池带电保持。一般应每年更换一次电池，并且一定要在数控系统通电的状态下进行，否则会使存储参数丢失，导致数控系统不能工作。

⑮及时清扫，如空气过滤气的清扫、电气柜的清扫、印刷线路板的清扫。

⑯X、Z 轴进给部分的轴承润滑脂，应每年更换一次，更换时，一定要把轴承清洗干净。

⑰自动润滑泵里的过滤器，每月清洗一次；各个刮屑板，应每月用煤油清洗一次，发现损坏后应及时更换。

（2）数控车床维护与保养一览表如表 1.23 所示。

表 1.23　数控车床维护与保养一览表

序号	检查周期	检查部位	保养内容
1	每天	导轨润滑机构	检查油标、润滑泵，每天使用前手动打油润滑导轨
2	每天	导轨	清理切屑及脏物，检查滑动导轨有无划痕、滚动导轨的润滑情况
3	每天	液压系统	检查油箱泵有无异常噪声，工作油面高度是否合适，压力表指示是否正常，有无泄漏
4	每天	主轴润滑油箱	检查油量、油质、温度、有无泄漏
5	每天	液压平衡系统	检查其工作是否正常
6	每天	气源自动分水过滤器自动干燥器	及时清理分水器中过滤出的水分，检查压力

续表

序号	检查周期	检查部位	保养内容
7	每天	电器箱散热、通风装置	检查冷却风扇工作是否正常，过滤器有无堵塞，及时清洗过滤器
8	每天	各种防护罩	检查有无松动、漏水，特别是导轨防护装置
9	每天	机床液压系统	检查液压泵有无噪声，压力表的接头有无松动，油面是否正常
10	每周	空气过滤器	坚持每周清洗一次，保持无尘、通畅，发现损坏及时更换
11	每周	各电气柜过滤网	清洗黏附的尘土
12	半年	滚珠丝杠	清洗丝杠上的旧润滑脂，换新润滑脂
13	半年	液压油路	清洗各类阀、过滤器，清洗油箱底，换油
14	半年	主轴润滑箱	清洗过滤器，油箱，更换润滑油
15	半年	各轴导轨上镶条，压紧滚轮	按说明书要求调整松紧状态
16	一年	检查和更换电动机碳刷	检查换向器表面，去除毛刺，吹净碳粉，磨损过多的碳刷及时更换
17	一年	冷却油泵过滤器	清洗冷却油池，更换过滤器
18	不定期	主轴电动机冷却风扇	除尘，清理异物
19	不定期	运屑器	清理切屑，检查是否卡住
20	不定期	电源	供电网络大修，停电后检查电源的相序、电压
21	不定期	电动机传动带	调整传动带松紧
22	不定期	刀库	检查刀库定位情况，机械手相对主轴的位置
23	不定期	冷却液箱	随时检查液面高度，及时添加冷却液，若太脏应及时更换

2. 数控车床的基本操作

1）数控车床开机、关机

图 1.134 为 CK6143 型数控系统操作面板。

机床开机步骤：打开强电开关→检查机床风扇、机床导轨油及气压是否正常→开启机床系统电源→（待机床登录系统后）旋开机床面板"急停"按钮→机床回参考点操作。

机床关机步骤：关闭机床连接外围设备（计算机）→按下机床面板"急停"按钮→关闭机床系统电源→关闭机床强电开关。

注意：在机床开机系统登录过程中，不允许操作机床界面任何按键，防止意外清除机床系统参数；在机床关机时，应注意将机床各坐标轴停止在量程中间位置，减少因受力不平衡引起的机床硬件变形。

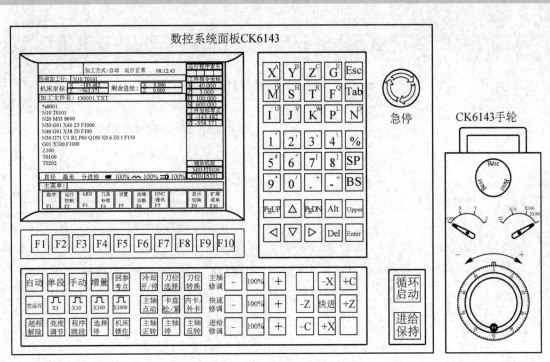

图 1.134 CK6143 型数控系统操作面板

2）数控车床操作界面功能键介绍

（1）显示屏。

（2）主要功能键，如表 1.24 所示。

表 1.24 数控车床操作界面的主要功能键

主菜单	二级菜单	功能
F1 程序	F1 程序选择	用于自动加工时当前加工程序的选用
	F2 程序编辑	编辑程序
	F3 新建文件	用于新建一个程序文件
	F4 保存文件	用于保存已经编辑好的程序
	F5 程序校验	用于校验程序
	F6 停止运行	停止运行程序
	F7 重新运行	重新运行当前程序

主菜单	二级菜单	功能
F2 运行控制	—	运行控制
F3 MDI	—	编辑状态下显示,可手动输入程序
F4 刀具补偿	F2 刀偏表	对刀时刀具偏置量及磨损量的输入
	F3 刀补表	用于刀尖圆弧补偿值的输入
F6 故障诊断	—	故障诊断,可以查看当前诊断信息等
F7 DNC 通讯	—	程序传输
F9 显示切换	—	切换显示画面
F10 返回	—	返回上一级菜单

(3)"MDI"键盘介绍。在华中世纪星数控仿真系统里,它控制面板上的"MDI"键盘的数据输入和菜单栏的功能选择可以通过单击控制面板上的按键,或者通过按电脑键盘上的按键来实现。

①常用的编辑键。

〈Esc〉退出键:用于取消当前操作。

〈Tab〉换挡键:用于对话框的按钮换挡。

〈Sp〉空格键:用于空格的输入。

〈BS〉删除键:用于删除光标所在位置前面的内容。

〈Del〉删除键:用于删除光标所在位置后面的内容。

〈PgUp〉、〈PgDn〉翻页键:翻页和图形显示的缩放功能。

〈Alt〉功能键:是一个组合键,用它与其他的键组合成一些快捷功能。

〈Up〉上挡键:用于每个键上方的字符输入。

〈Enter〉回车键:用于确认当前的操作。

地址/数字键:用于字母、数字等的输入。

◀ ▶ ▲ ▼:用于光标的移动。

②机床操作面板键。

a. 机床工作方式选择键。

"自动"——用于程序的自动加工。

"单段"——用于程序的单段运行。

"手动"——用于工作台的手动进给。由"+X""-X""+Z""-Z"来控制进给轴和进给方向。

"增量"——当手轮的挡位打到 OFF 挡时用于工作台的增量进,当手轮的挡位打到移动轴时是手轮进给。

"回参考点"——用于机床返回参考点。

b. 其他的操作键。

"急停"——紧急停止,按下后其他的操作将无效。

"循环启动"——在自动方式或"MDI"下,自动运行程序。

"进给保持"——在自动方式下,暂停执行程序。

"主轴正转"/"主轴反转"/"主轴停"——用于主轴的控制,只有在手动方式下有效。

"刀位转换"——手动换刀,只有在手动方式下有效。

"主轴修调"——用于对主轴转速的修调,修调范围为 0~150%。

"快速修调"——修调 G00 快速进给速度,修调范围为 0~150%。

"进给修调"——修调 F 指令和手动方式下快进的进给速度,修调范围为 0~150%。

手轮倍率——X1:0.001 mm/每格,X10:0.01 mm/每格,X100:0.1 mm/每格。

注意:手轮的 X 方向的每格移动乘以 2,其移动轴的选择,倍率的选择及手摇方向用鼠标的左右键控制。

3)传输程序

在实际加工过程中,机床与计算机加工程序之间的传输可通过特定的加工或传输软件来实现。

(1)打开系统传输软件,设置好传输参数,传送。

注意:传输软件传输参数必须与机床上对应的传输参数一一对应。

(2)机床准备接收:编辑 EDIT→程序 PROG→输入程序号→连接通信数据线(RS 232 接口)→电脑端发送,输入程序名称,确定即可。

4)对刀

(1)零件对刀目的:通过对刀建立工件坐标系,找出工件原点的机械坐标值,建立起机床坐标系和工件坐标系之间的联系。

(2)对刀的常用方法。

①试切法对刀。

②对刀仪对刀,如图 1.135 所示。

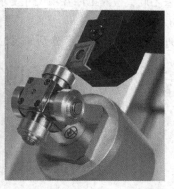

(a)

图 1.135 对刀仪对刀

(a)机械对刀仪

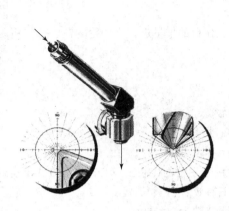

（b）

图 1.135　对刀仪对刀（续）

（b）光学对刀仪

（3）对刀步骤。

①选择合理的加工刀具，设定合理的切削参数。

②装刀：注意装刀原则，即在满足切削条件下刀具伸出刀套长度尽可能小，刀具必须夹紧。

③安装工件：安装工件时必须夹紧，工件定位基准必须贴紧夹具。

④对刀操作（实际演示试切法对刀操作完整过程）。

1.7.3　任务实施

1. 工艺分析

（1）粗车右端端面和外圆，留精加工余量 0.2 mm。

（2）精车右端各表面，达到图样要求，重点保证外圆尺寸。

（3）车螺纹退刀槽并完成槽口倒角。

（4）螺纹粗、精加工达到图样要求。

（5）切槽、倒角、切断保证零件长度。

（6）去毛刺，检测工件各项尺寸要求。

2. 刀具与工艺参数

数控加工刀具卡和工序卡分别如表 1.25、表 1.26 所示。

表 1.25　数控加工刀具卡

项目任务			零件名称			零件图号	
序号	刀具号	刀具名称及规格	刀尖半径/mm	数量	加工表面		备注
1	T0101	90°粗、精车右偏外圆刀	0.3	1	外轮廓、端面		55°菱形刀片
2	T0202	切槽刀	0.2	1	切槽、切断		刀宽 3 mm
3	T0303	螺纹车刀		1	螺纹		

表1.26 数控加工工序卡

材料	45 钢	零件图号		系统	FANUC	工序号	
操作序号	工步内容（走刀路线）	G 功能	T 刀具	切削用量			
				转速 S/$(r \cdot min^{-1})$	进给速度 F/$(mm \cdot r^{-1})$	背吃刀量 α_p/mm	
程序	夹住棒料一头，留出长度大约90 mm（手动操作），车端面，对刀，调用程序						
1	粗车外轮廓	G73	T0101	1 500	0.2	1	
2	精车外轮廓	G70	T0101	2 500	0.02	0.2	
3	切螺纹退刀槽、倒角	G01	T0202	300	0.01	3	
4	螺纹加工	G76	T0303	500			
5	切槽、倒角、切断	G01	T0202	300	0.01	3	
6	检测、校核						

3. 装夹工件

用三爪自定心卡盘夹紧定位。

4. 程序编写

编写程序如下：

```
O0019；
N010G99T0101；                //设置每转进给率/用1号外圆车刀并建立工件坐标系
N020M03S1500；                //启动主轴
N030G00X100Z100；             //设置换刀点
N040X35Z5；                   //进入循环起点
N050G73U8W8R8；               //平行轮廓粗车复合循环
N060G73P70Q180U0.2W0.1F0.2； //平行轮廓粗车复合循环
N070G01X0F0.02；              //循环开始/设置精车进给率
N080Z0；
N090X9.8；
N100X11.8Z-1；               //倒角,实际螺纹大径尺寸11.8 mm,小于公称尺寸12 mm
N110Z-16；
N120X20Z-31；
N130X22；
N140X23Z-31.5；
N150Z-35；
N160G03Z-50R13；
N170G01Z-70；
N180X30；                     //循环结束
N190M03S2000；                //设置精车转速
N200P70Q180；                 //外圆精车循环
N210G00X100Z100；
```

```
N220T0202;                          //更换2号割刀
N230M03S300;                        //设置割槽转速
N240G00X30Z-16;
N250G01X9F0.01;
N260G04X2;                          //槽底停留2 s
N270G01X14F0.2;
N280Z-13;
N290X10Z-15F0.01;                   //螺纹左侧倒角
N300X9;
N310G04X2;
N320G01X35F0.2;
N330G00X100Z100;
N340T0303;                          //更换3号螺纹刀并建立工件坐标系
N350M03S500;                        //设置螺纹加工转速
N360G00X18Z5;
N370G76P020160Q20R0.02;             //螺纹加工复合循环
N380G76X9.526Z-14P1137Q300F1.75;    //螺纹加工符合循环
N390G00X100Z100;
N400T0202;                          //更换2号割刀并建立工件坐标系
N410G00X35Z-59;
N420M03S300;
N430G01X20F0.01;
N440G01X24F0.2;
N440Z-60;
N450X22Z-59F0.01;                   //槽左侧倒角
N460X19;
N440G04X2;
N450G01X24F0.2;
N460Z-57;
N470X22Z-58F0.01;                   //槽右侧倒角
N480X19;
N490G04X2;
N500G01X35F0.2;
N510Z-68;
N410G01X20F0.01;
N520X24F0.2;
N520Z-67;
N530X22Z-68F0.01;                   //螺纹轴左端倒角
N540X1;                             //切断,保留直径1 mm
N550X35F0.2;
N560G00X100Z100;
N570M05;
N580M30;
```

5. 机床加工

球形螺纹轴数控车削加工结果如图 1.136 所示。

图 1.136 球形螺纹轴数控车削加工结果

习 题

1. 简单零件的对刀操作练习。
2. 简单零件的不同数控系统的操作编程加工与测量。
3. 数控车床编程加工操作练习。

任务描述：如图 1.137 所示，试在数控机床上编写程序与加工操作，工件材料为 ϕ25 mm 铝棒或塑料棒，并完成表 1.27、表 1.28 的填写。

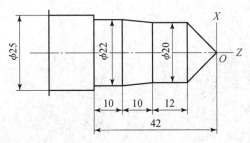

图 1.137 简单小轴加工

表 1.27 数控加工刀具卡

项目任务		孔加工技能训练	零件名称		零件图号	
序号	刀具号	刀具名称及规格	刀尖半径	数量	加工表面	备注

表 1.28　数控加工工序卡

材料		零件图号		系统	FANUC	工序号	
操作序号	工步内容（走刀路线）	G 功能	T 刀具	切削用量			
				转速 $S/$（$r \cdot min^{-1}$）	进给速度 $F/$（$mm \cdot r^{-1}$）	背吃刀量 α_p/mm	
程序							

本章 小结
BENZHANGXIAOJIE

　　本项目以 FANUC 系统为例，主要介绍了数控车床的结构、特点、基本操作，并结合案例分析了数控车床的坐标系、编程指令等内容。本项目还介绍了宏程序编程与应用、SIEMENS 系统编程与应用。项目任务以车削典型零件为切入点，加工时应先分析车削工艺，然后编写合理的程序并输入，最后运行检查程序、加工检测等。加工时结合仿真软件，最后进行实际机床操作，实训过程参照企业 8S 标准进行管理和实施，融合国家职业资格标准。

项目2 数控铣削加工技术

知识目标	技能目标	素质目标
1. 了解数控铣床/加工中心结构、种类及数控加工原理； 2. 掌握数控铣床/加工中心加工工艺规程制订； 3. 掌握数控铣床/加工中心编程坐标系、编程指令及其编程方法； 4. 了解并掌握宏程序编程； 5. 掌握数控铣床/加工中心编程仿真软件操作及数控铣削/加工中心操作流程	1. 分析数控铣床/加工中心加工工艺能力； 2. 编制数控铣床/加工中心加工程序能力； 3. 具备中级数控铣床/加工中心操作能力； 4. 具备中级数控铣床/加工中心加工工艺分析、程序编制和调试能力； 5. 测量工件和控制质量能力	1. 培养学生大国工匠精神，爱国主义情操； 2. 培养学生良好的道德品质、沟通协调能力和团队合作及敬业精神； 3. 培养学生具有一定的计划、决策、组织、实施和总结的能力； 4. 培养学生勤于思考、刻苦钻研、勇于探索的良好作风

技能目标

1. 具备分析数控铣床/加工中心加工工艺的能力；
2. 具备编写数控铣床/加工中心加工程序的能力；
3. 具备操作中级数控铣床/加工中心的能力；
4. 具备中级数控铣床/加工中心加工工艺分析、程序编写和调试的能力；
5. 具备测量工件和控制质量的能力。

铣加工

知识目标

1. 了解数控铣床/加工中心的结构、种类及数控加工原理；
2. 掌握数控铣床/加工中心加工工艺规程制定；
3. 掌握数控铣床/加工中心的编程坐标系、编程指令及其编程方法；
4. 了解并掌握宏程序编程方法；
5. 掌握数控铣床/加工中心编程仿真软件的操作方法及数控铣床/加工中心的操作流程。

项目导读

　　本项目从认识数控铣床/加工中心开始，分别介绍加工平面类、轮廓类、型腔类、孔类、综合类零件，分析加工工艺、拟定加工路线，同时利用数控仿真软件同步体验，由浅入深地分类介绍数控铣床/加工中心编程技术与仿真编程加工，最后介绍实际数控铣床/加工中心的操作，使学生直接体验加工的真实过程。

加工中心编程加工类似于数控铣床，主要增加了刀库，具有自动换刀功能。本项目精选加工案例，借助数控仿真软件同步教学，强化实践性，遵循"做中学，学中做"，融理实为一体。学习过程：分析加工工艺→拟定加工路线→编写数控加工程序→仿真加工验证→检测工件。

任务 2.1　认识数控铣床/加工中心

知识目标	技能目标	素质目标
1. 掌握机床原点与参考点及机床坐标系确定原则； 2. 熟悉工作坐标系及其设定； 3. 熟悉数控铣床/加工中心仿真软件操作步骤	1. 会应用数控仿真软件对刀设立刀补并确定相关加工坐标系； 2. 数控铣床/加工中心仿真软件操作	1. 培养学生刻苦好学、吃苦耐劳、勤于思考、刻苦钻研、勇于探索的良好作风； 2. 培养学生良好的道德品质、沟通协调能力和团队合作及敬业精神； 3. 培养学生具有解决综合实际问题的能力； 4. 培养学生爱党、爱国、甘于吃苦奉献、奉献建设社会的崇高品质

◤ 技能目标

1. 会应用数控仿真软件对刀、设立刀补并确定相关坐标系；
2. 会操作数控铣床/加工中心仿真软件。

◤ 知识目标

1. 掌握机床原点与参考点及机床坐标系确定原则；
2. 熟悉工件坐标系及其设定；
3. 熟悉数控铣床/加工中心仿真软件的操作步骤。

2.1.1　任务导入：数控仿真加工四方圆角凸台

任务描述：完成如图 2.1 所示四方圆角凸台零件的数控仿真加工，毛坯尺寸为 90 mm×90 mm×25 mm。

2.1.2　知识链接

1. 数控铣床简介

数控铣床是世界上最早研制出来的数控机床，是一种功能很强的机床。它加工范围广，工艺复杂，涉及的技术问题多，是数控加工领域中具有代表性的一种机床。目前，加工中心和柔性制造单元等都是在数控铣床的基础上发展起来的。人们在研究和开发新的数控系统

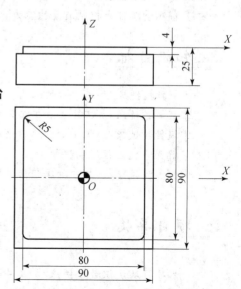

图 2.1　四方圆角凸台

和自动编程软件时，也把数控铣削加工作为重点。

与普通铣床相比，数控铣床的加工精度高，精度稳定性好，适应性强，操作劳动强度低，特别适于对板类、盘类、壳具类、模具类等复杂形状的零件或对精度保持性要求较高的中、小批量零件的加工。

1）数控铣床的组成

数控铣床一般由铣床本体、数控装置、伺服驱动装置、辅助装置等几部分组成。

（1）铣床本体：数控铣床的机械部件，包括床身、立柱、主轴箱、工作台和进给机构等。

（2）数控装置（CNC 装置）：数控铣床的核心部分，具有数控铣床几乎所有的控制功能。

（3）伺服驱动装置：数控铣床执行机构的驱动部件，主要包括主轴电动机和进给伺服电动机，经济型数控机床常采用步进电动机。它把来自数控装置的运动指令进行放大，驱动铣床的运动部件，使工作台按规定轨迹移动或准确定位。

（4）辅助装置：主要指数控铣床的一些辅助配套部件，如手动换刀时用的气动装置、加工冷却时用的冷却装置、冲屑时用的排屑装置等。

2）数控铣床工作原理

数控铣床工作原理如图 2.2 所示。

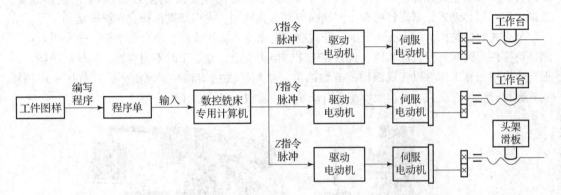

图 2.2 数控铣床工作原理

根据被加工零件的图样、尺寸、材料及技术要求等内容进行工艺分析，如加工顺序、走刀路线、切削用量等。通过面板键盘输入或磁盘读入等方法把加工程序输入到数控铣床的专用计算机（数控装置）中，数控装置经过驱动电路控制和放大，使伺服电动机转动；通过齿轮副（或直接）经滚珠丝杠，驱动铣床工作台（X、Y 轴）和 Z 方向（头架滑板）；再与选定的主轴转速相配合。半闭环和闭环的数控机床检测反馈装置可把测得的信息反馈给数控装置进行比较后再处理，最终完成整个加工。加工结束机床自动停止。

3）数控铣床的分类

数控铣床按不同的分类方式有不同的种类。

（1）按数控铣床主轴的布置形式分类。

①立式数控铣床。如图 2.3 所示，立式数控铣床的主轴轴线与工作台面垂直，是数控铣床中最常见的一种布局形式，工件安装方便，结构简单，加工时便于观察，但不便于排屑。立式数控铣床一般为三坐标（X、Y、Z）联动，其各坐标的控制方式主要有以下两种：一种是工作台纵、横向移动并升降，主轴只完成主运动，目前小型数控铣床一般采用这种方式；另一种是工作台纵、横向移动，主轴升降，这种方式一般运用在中型数控铣床中。

立式数控铣床又可分为小、中、大 3 种类型。小型立式数控铣床采用工作台移动和升降而主

图 2.3　立式数控铣床

轴不移动的方式；中型立式数控铣床采用工作台纵向和横向移动，而主轴可沿垂直方向上下移动的方式；大型立式数控铣床考虑到扩大行程、缩小占地面积及保持刚性等技术上的诸多因素，普遍采用龙门移动式，其主轴可在龙门架横向和垂直移动，龙门架则沿床身作纵向运动。

　　②卧式数控铣床。如图 2.4 所示，卧式数控铣床的主轴轴线与工作台面平行，主要用来加工箱体类零件。卧式数控铣床相比立式数控铣床，结构复杂，在加工时不便观察，但排屑顺畅。一般配有数控回转工作台以实现四轴或五轴加工，从而扩大功能和加工范围。卧式数控铣床相比立式数控铣床尺寸要大，目前大都配备自动换刀装置成为卧式加工中心。

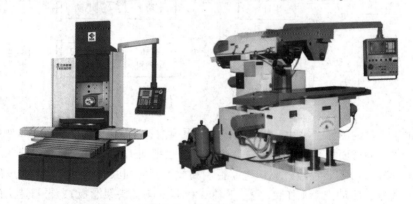

图 2.4　卧式数控铣床

　　③立卧两用数控铣床。立卧两用数控铣床的主轴可变换角度，特别是采用数控万能主轴头的立卧两用数控铣床，其主轴头可任意转换方向，加工出与水平面呈各种不同角度的工件表面。若增加数控回转台，即可实现对工件的五面加工。这类机床适应性更强，应用范围更广，尤其适用于多品种、小批量又需立卧两种方式加工的情况，但其主轴部分结构较为复杂。

　　④龙门式数控铣床。大型立式数控铣床多采用龙门式布局，在结构上采用对称的双立柱结构，以保证机床整体刚性、强度。主轴可在龙门架的横梁与溜板上运动，而纵向运动则由龙门架沿床身移动或由工作台移动实现，其中工作台床身特大时多采用前者。

　　如图 2.5 所示，龙门式数控铣床适合加工大型零件，主要在汽车、航空航天、机床等行业使用。

图 2.5　龙门式数控铣床

（2）按主轴运动方式分类。

①三轴数控铣床。如图 2.3 所示的立式数控铣床，图 2.4 所示的卧式数控铣床，其刀具相对工件能在 X、Y、Z 3 个坐标轴方向上作进给运动，这样的数控铣床又称为三轴数控铣床。

②四轴数控铣床。如图 2.6（a）所示的数控铣床，工作台除了 X、Z 轴方向产生移动外还能绕 Y 轴回转，加上刀具在立柱上沿 Y 轴的上下移动，即为四轴数控铣床；如图 2.6（b）所示的数控铣床，工作台除了 X、Y 轴方向产生移动外还能绕 X 轴回转，加上刀具在立柱上沿 Z 轴的上下移动，即为四轴数控铣床。

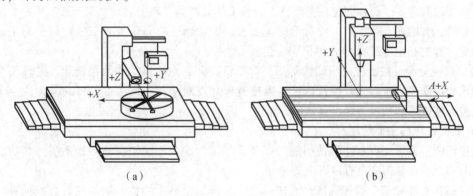

（a）　　　　　　　　　　　　　　　　（b）

图 2.6　四轴数控铣床

③五轴数控铣床。如果在四轴基础上使如图 2.7 所示的主轴也作回转运动，就称为五轴数控铣床。轴数越多，铣床加工能力越强，加工范围越广。

数控铣床能实现多坐标轴联动，从而容易完成许多普通机床难以完成或无法加工的空间曲线或曲面的加工，大大增加了机床的工艺范围。

（3）按数控系统的功能分类。

①经济型数控铣床。经济型数控铣床一般是在普通立式数控铣床或卧式数控铣床的基础上改造而来的，其成本低、机床功能较少、主轴转速和进给速度不高，主要用于精度要求不高的简单平面或曲面零件加工。

②全功能数控铣床。全功能数控铣床一般采用半闭环或闭环控制，控制系统功能较强，数控系统功能丰富，一般可实现四坐标轴或以上的联动，加工适应性强，应用最为广泛。

③高速数控铣床。一般把主轴转速在 8 000 r/min 以上，进给速度可达 10～30 m/min 的数控铣床称为高速数控铣床，如图 2.8 所示。这种数控铣床采用全新的机床结构（主体结构及材料变化）、功能部件（电主轴、直线电动机驱动进给）和功能强大的数控系统，并配以加工性能优越的刀具系统，可对大面积的曲面进行高效率、高质量的加工。高速铣削是数控加工的一个发展方

向，其技术正日趋成熟，并逐渐得到广泛应用，但机床价格昂贵，使用成本较高。

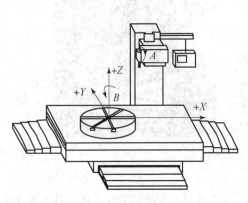

图 2.7 五轴数控铣床

图 2.8 高速数控铣床

④数控铣削中心。数控铣削中心包括计算机数控系统、主传动系统、进给传动系统、实现某些动作和辅助功能的系统和装置，如液压、气动、润滑、冷却等系统，排屑、防护等装置，刀架和自动换刀装置，自动托盘交换装置；特殊功能装置，如刀具破损监控、精度检测和监控装置。

机床基础件通常是指床身、底座、立柱、横梁、滑座、工作台等，它们是整台机床的基础和框架。机床的其他零、部件固定在基础件上，或工作时在其导轨上运动。对于加工中心，除上述组成部分外，有的还有双工位工件自动交换装置。柔性制造单元还带有工位数较多的工件自动交换装置，有的甚至还配有用于上下料的工业机器人。

（4）其他分类。按数控铣床结构不同，可以将其分为立柱移动式数控铣床、主轴头可倾式数控铣床和可交换工作台式数控铣床；按数控铣床加工对象的不同，可以将其分为数控仿形铣床、数控摇臂铣床和数控万能工具铣床等。

4）数控铣床的主要功能

数控铣床主要可完成零件的铣削加工以及孔加工，配合不同档次的数控系统，其功能会有较大的差别，但一般都应具有以下主要功能。

（1）铣削加工功能。数控铣床一般应具有三坐标以上联动功能，能够进行直线插补、圆弧插补和螺旋插补，自动控制主轴旋转带动刀具对工件进行铣削加工。图 2.9 为三坐标联动曲面铣削加工。联动轴数越多，对工件的装夹要求就越低，加工工艺范围越大。如图 2.10 所示的叶片模型，利用五轴联动数控铣床可很方便地加工。

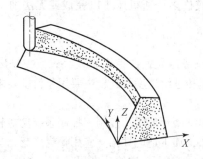

图 2.9 三坐标联动曲面铣削加工

图 2.10 叶片模型

（2）孔及螺纹加工。加工孔可采用定尺寸的孔加工刀具，如麻花钻、铰刀等进行钻、扩、铰、镗等加工，也可采用铣刀铣削加工孔。

　　螺纹孔可用丝锥进行攻螺纹，也可采用如图 2.11 所示的螺纹铣刀，铣削内螺纹和外螺纹。螺纹铣削主要利用数控铣床的螺旋插补功能，比传统丝锥加工效率高得多。

　　（3）刀具补偿功能。刀具补偿功能包括半径补偿功能和刀具长度补偿功能。半径补偿功能可在平面轮廓加工时解决刀具中心轨迹和零件轮廓之间的位置尺寸关系，同时可改变刀具半径补偿值实现零件的粗、精加工。不同长度刀具可利用长度补偿程序实现设定位置与实际长度的协调。

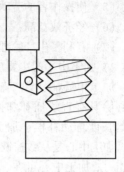

图 2.11　螺纹铣削

　　（4）SI、英制单位转换功能。此项功能可根据图纸的标注选择 SI 单位编程和英制单位编程，不必单位换算，使程序编程更加方便。

　　（5）绝对坐标和增量坐标编程功能。在程序编制中，坐标数据可以用绝对坐标或者增量坐标，使数据的计算或程序的编写变得灵活。

　　（6）进给速度、主轴转速调节功能。此项功能用来在程序运行中根据加工状态和编程设定值来随时调整实际的进给速度和主轴转速，以达到最佳的切削效果。

　　（7）固定循环功能。此项功能可实现一些具有典型性的需要多次重复加工的内容，如孔的相关加工、挖槽加工等。只要改变参数就可以适应不同尺寸的需要。

　　（8）工件坐标系设定功能。此项功能用来确定工件在工作台上的装夹位置，对于单工作台上一次加工多个零件非常方便，且可对工件坐标系进行平移和旋转，以适应不同特征的工件。

　　（9）子程序功能。对于需要多次重复加工的内容，可将其编成子程序在主程序中调用。子程序可以嵌套，嵌套层数视不同的数控系统而定。

　　（10）通信及在线加工（DNC）功能。数控铣床一般通过 RS232 接口与外部 PC 实现数据的输入/输出，如把加工程序传入数控铣床，或者把机床数据输出到 PC 备份。有些复杂零件的加工程序很长，超过了数控铣床的内存容量，可以利用传输软件采用边传输边加工的方式。

　　2．加工中心简介

　　加工中心是高效、高精度数控机床，工件在一次装夹中便可完成多道工序的加工，同时还备有刀具库，并且有自动换刀功能。加工中心所具有的这些丰富的功能，决定了加工中心程序编写的复杂性。

　　1）加工中心概述

　　加工中心是带有刀库和自动换刀装置的数控机床，又称为自动换刀数控机床或多工序数控机床。加工中心是目前世界上产量最高、应用最广泛的数控机床之一。它主要用于箱体类零件和复杂曲面零件的加工，能把铣削、镗销、钻削、攻螺纹和车螺纹等功能集中在一台设备上。因为它具有多种换刀或选刀功能及自动工作台交换装置（APC），故工件经一次装夹后，可自动地完成或接近完成工件各面的所有加工工序，从而使生产效率和自动化程度大大提高。

　　加工中心适用于加工凸轮、箱体、支架、盖板、模具等各种复杂型面的零件。除换刀程序外，加工中心的编程方法与数控铣床的编程方法基本相同。

　　加工中心作为一种高效多功能的数控机床，在现代生产中扮演着重要角色。它除了具有数控机床的共同特点，还具有其独特的优点：

　　（1）工序集中；

　　（2）对加工对象的适应性强；

　　（3）加工精度高；

　　（4）加工生产率高；

（5）使操作者的劳动强度减轻；

（6）经济效益高；

（7）有利于生产管理的现代化。

2）加工中心的主要功能

加工中心能实现三轴或三轴以上的联动控制，以保证刀具进行复杂表面的加工。加工中心除具有直线插补和圆弧插补功能外，还具有各种加工固定循环、刀具半径自动补偿、刀具长度自动补偿、加工过程图形显示、人机对话、故障自动诊断、离线编程等功能。

加工中心是从数控铣床发展而来的，与数控铣床的最大区别在于其具有自动交换加工刀具的能力。加工中心可在一次装夹中通过自动换刀装置改变主轴上的加工刀具，实现多种加工功能。

加工中心从外观上可分为立式、卧式和复合加工中心等。立式加工中心的主轴垂直于工作台，主要适用于加工板材类、壳体类工件，也可用于模具加工。卧式加工中心的主轴轴线与工作台台面平行，它的工作台大多为由伺服电动机控制的数控回转台，在工件一次装夹中，通过工作台旋转可实现多个加工面的加工，适用于箱体类工件加工。复合加工中心主要是指在一台加工中心上有立、卧两个主轴或主轴可90°改变角度，因而可使工件在一次装夹中实现五个面的加工。

3）加工中心的工艺范围

加工中心是一种工艺范围较广的数控机床，能进行铣削、镗削、钻削和螺纹加工等多项工作。加工中心特别适合于箱体类零件和孔系的加工。

4）加工中心的分类

（1）按主轴在加工时的空间位置分类（这是加工中心通常的分类方法）。

①立式加工中心：指主轴垂直布置的加工中心，如图2.12所示。它具有操作方便、工件装夹和找正容易、占地面积小等优点，故应用较广。但由于受立柱的高度和自动换刀装置的限制，不能加工太高的零件。因此，立式加工中心主要适用于加工高度尺寸小、加工面与主轴轴线垂直的板材类、壳体类零件（见图2.13），也可用于模具加工。

图2.12　立式加工中心

图2.13　壳体类零件

②卧式加工中心：指主轴水平布置的加工中心，如图2.14所示。它的工作台大多为可分度的回转台或由伺服电动机控制的数控回转台，在零件的一次装夹中通过旋转工作台可实现多加工面加工。如果为数控回转工作台，还可参与机床各坐标轴的联动，实现螺旋线的加工。因此，卧式加工中心适用于加工内容较多、精度较高的箱体类零件（见图2.15），也可用于小型模具型腔的加工。它是加工中心中种类最多、规格最全、应用范围最广的一种。

图 2.14　卧式加工中心

图 2.15　箱体类零件

③万能加工中心。五轴加工中心是典型的万能加工中心，如图 2.16 所示。五轴加工中心与一般机床的最大区别在于它除了具有通常机床的 3 个直线坐标轴外，还有至少 2 个旋转坐标轴，而且可以五轴联动加工。五轴加工中心编程复杂、难度大，对数控及伺服控制系统要求高，五轴机床的机械结构设计和制造也比三轴机床更复杂和困难，因此五轴加工中心的价格比较昂贵。

图 2.16　五轴加工中心与应用（加工叶轮）

近年来，由于科技的进步，特别是微电子技术的快速发展，使得五轴数控系统的性能/价格比大为提高（即相对便宜了）；大力矩电动机的成功开发并应用于摆动、回转工作台和主轴头部件，代替了这些部件原来采用的齿轮、蜗轮/蜗杆传动，从而使得这些部件的结构更紧凑、性能质量更高，五轴加工中心的设计、制造也更方便容易了，价格也有较大下降。五轴加工中心正在快速发展。

（2）按功能特征分类。

①镗铣加工中心。镗铣加工中心和龙门式加工中心以镗铣为主，适用于箱体类、壳体类零件的加工以及各种复杂零件的特殊曲线和曲面轮廓的多工序加工，适用于多品种、小批量的生产方式。

②钻削加工中心。钻削加工中心以钻削为主，刀库形式以转塔头形式为主，适用于中、小批量零件的钻孔、扩孔、铰孔、攻螺纹及连续轮廓铣削等多工序加工。

③复合加工中心。

复合加工中心主要指五面复合加工，可自动回转主轴头，进行立、卧式加工。主轴自动回转后，在水平和垂直面实现刀具自动交换。

（3）按工作台种类分类。加工中心工作台有各种结构，可分成单、双和多工作台。设置工作台的目的是缩短零件的辅助准备时间，提高生产效率和机床自动化程度。最常见的是单工作台和双工作台两种形式。

（4）按主轴种类分类。根据主轴结构特征分类，加工中心可分为单轴、双轴、三轴及可换主轴箱的加工中心。

（5）按自动换刀装置分类。

①转塔头加工中心。

②刀库＋主轴换刀加工中心。

③刀库＋机械手＋主轴换刀加工中心。

④刀库＋机械手＋双主轴转塔头加工中心。

5）加工中心的组成

加工中心主要由床身、立柱、滑座、工作台、主轴箱、自动换刀装置、数控装置、伺服驱动装置、检测装置、液压系统和气压系统等组成。图 2.17 为立式加工中心的组成。

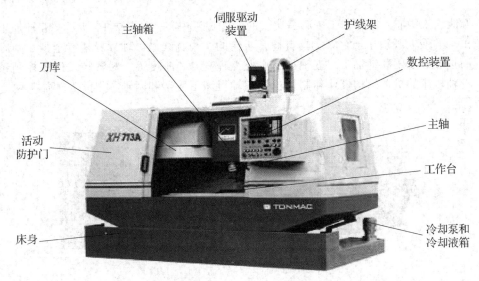

图 2.17　立式加工中心的组成

6）自动换刀装置

自动换刀装置的用途是按照加工需要，自动地更换装在主轴上的刀具。自动换刀装置是一套独立、完整的部件。

（1）刀库的形式。

①鼓轮式：如图 2.18 所示，其结构简单，刀库容量相对较小，一般为 1~24 把刀具，主要适用于小型加工中心。

②链式：如图 2.19 所示，其刀库容量大，一般为 1~100 把刀具，主要适用于大中型加工中心。

（2）自动换刀装置。

①自动换刀装置的形式。回转刀架换刀装置：结构简单、装刀数量少，用于数控车床；带刀库的自动换刀装置：结构较复杂、装刀数量多，广泛应用。

②选刀方式。选刀方式分为顺序选刀方式和任选方式。其中，任选方式又分刀具编码方式；刀座编码方式，如图 2.20 所示；编码附件方式，如图 2.21 所示。

③换刀方式。换刀方式分为机械手换刀和刀库—主轴运动换刀。

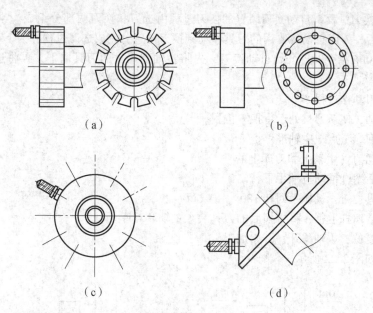

图 2.18　鼓轮式刀库

（a）径向取刀；（b）轴向取刀；（c）刀具径向布置；（d）刀具角度布置

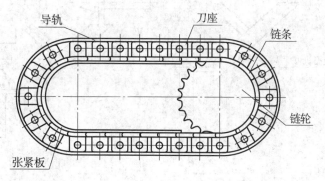

图 2.19　链式刀库

图 2.20　刀座编码方式

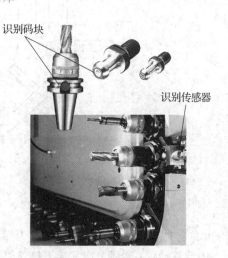

图 2.21　编码附件方式

（3）自动换刀过程。自动换刀装置的换刀过程由选刀和换刀两部分组成。当执行到T×× 指令即选刀指令后，刀库自动将要用的刀具移动到换刀位置，完成选刀过程，为下面的换刀做好准备；当执行到 M06 指令时即开始自动换刀，先将主轴上用过的刀具取下，再将选好的刀具安装在主轴上。

机械手换刀动作过程如下。

①刀库运动，使新刀具处于待换刀位置。

②主轴箱回参考点，主轴准停。

③机械手抓刀（主轴上和刀库上的）。

④取刀：活塞杆推动机械手下行。

⑤交换刀具位置：机械手回转 180°。

⑥装刀：活塞杆上行，将更换后的刀具装入主轴和刀库。

⑦机械手复位，主轴移开，开始加工。

动作过程如图 2.22 所示。

机械手自动换刀

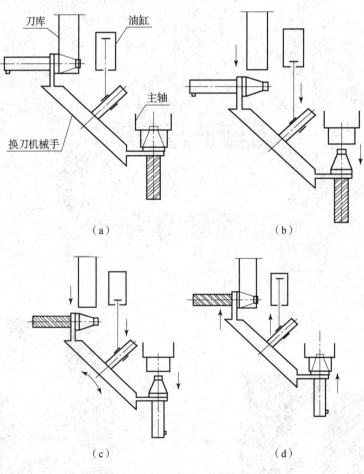

图 2.22　机械手换刀动作过程

（4）刀库移动——主轴升降式换刀过程。

刀库移动——主轴升降式换刀过程如图 2.23 所示。

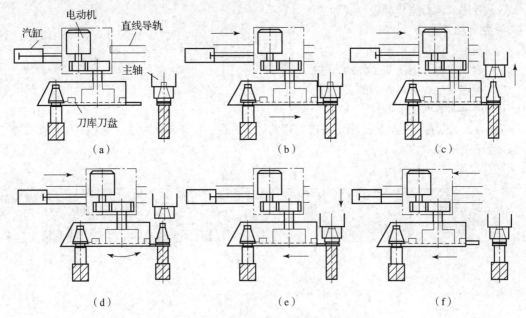

图 2.23　刀库移动——主轴升降式换刀过程

图 2.23（a）为分度：将刀盘上接收刀具的空刀座转到换刀所需的预定位置。

图 2.23（b）为接刀：活塞杆推出，将空刀座送至主轴下方，并卡住刀柄定位槽。

图 2.23（c）为卸刀：主轴松刀，铣头上移至参考点。

图 2.23（d）为再分度：再次分度回转，将预选刀具转到主轴正下方。

图 2.23（e）、（f）为装刀：铣头下移，主轴抓刀，活塞杆缩回，刀盘复位。

（5）加工中心的刀具系统。加工中心上使用的刀具由刃具部分和连接刀柄两部分组成。刃具部分包括钻头、铣刀、镗刀、铰刀等。连接刀柄部分基本已规范化，制定了一系列标准。刀具系统分为整体式数控刀具系统（应用广泛）和模块式数控刀具系统，如图 2.24 所示。

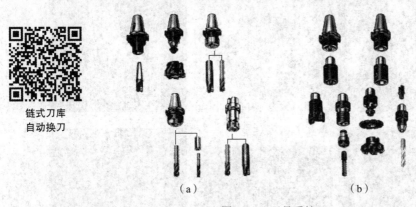

链式刀库
自动换刀

图 2.24　刀具系统
（a）整体式；（b）模块式

3. 数控铣床/加工中心的操作流程

1）操作步骤

（1）首先，根据工件图编写数控铣床/加工中心使用的程序。

（2）程序被读进数控系统中后，在机床上安装工件和刀具，并且按照程序试运行刀具。

（3）程序试运行完毕，进行实际加工。

2）制订加工计划

（1）确定工件加工的范围。

（2）确定在机床上安装工件的方法。

（3）确定每个加工过程的加工顺序。

（4）确定刀具和切削参数。

可按表2.1制订加工计划，确定每道工序的加工方法，对于每次加工，应根据工件图来准备刀具路径程序和加工参数。

表2.1　加工计划

加工方法和加工参数		工序		
		进给切削	侧面加工	孔加工
加工方法	粗加工			
	半精加工			
	精加工			
	加工刀具			
加工参数	进给速度			
	切削深度			
	刀具路径			

4. 数控铣床/加工中心的加工特点

图2.25为数控铣床/加工中心的加工出产品零件，可见这类加工主要具有如下特点。

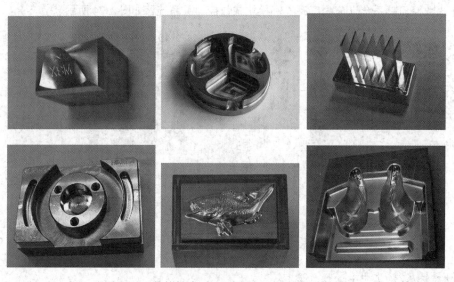

图2.25　数控铣床/加工中心加工出的产品零件

（1）加工精度高，加工质量稳定可靠。目前，一般数控铣床/加工中心轴向定位精度可达到±0.005 0 mm，轴向重复定位精度可达到±0.002 5 mm，加工精度完全由机床保证，在加工过程中产生的尺寸误差能及时得到补偿，能获得较高的尺寸精度；数控铣床/加工中心采用插补原理确定加工轨迹，加工的零件形状精度高；在数控加工中，工序高度集中，一次装夹即可加工出零件的大部分表面，人为影响因素非常小。

数控铣床/加工中心的加工速度、电动机功率、结构设计的刚度均高于普通机床。一般，数控铣床/加工中心主轴转速可达到 6 000 ~ 20 000 r/min。目前，欧美模具企业在生产中广泛应用高速数控铣床，三轴联动的比较多，也有一些是五轴联动的，转速一般为15 000 ~ 30 000 r/min。采用高速铣削技术，转速可达每分钟几万转以上，可大大缩短制模时间。经高速铣削精加工后的零件型面，仅需略加抛光便可使用。同时，数控铣床/加工中心能够实现多刀具连续切削，表面不会产生明显的接刀痕迹，因此表面加工质量远高于普通铣床。

（2）加工形状复杂。数控铣床/加工中心通过计算机编程，能够实现自动立体切削，加工各种复杂的曲面和型腔，尤其是多轴加工，加工对象的形状受限制更小。

（3）自动化程度高，生产效率高。数控铣床刚度大、功率大，主轴转速和进给速度范围大且为无级变速，所以每道工序都可选择较大而合理的切削用量，减少了机动时间。数控铣床自动化程度高，可以一次定位装夹，把粗加工、半精加工、精加工一次完成，还可以进行钻、镗加工，减少辅助时间，所以生产效率高。对复杂型面工件的加工，其生产效率可提高十几倍甚至几十倍。此外，数控铣床加工出的零件也为后续工序（如装配等）带来了许多方便，其综合效率更高。

（4）有利于现代化管理。数控铣床/加工中心使用数字信息与标准代码输入，与计算机联网，成为计算机辅助设计与制造及管理一体化的基础。

（5）便于实现计算机辅助设计与制造。计算机辅助设计与制造（CAD/CAM）已成为航空航天、汽车、船舶及各种机械工业实现现代化的必由之路。将计算机辅助设计出来的产品图纸及数据变为实际产品的最有效途径，就是采取计算机辅助制造技术直接制造出零、部件。加工中心等数控设备及其加工技术正是计算机辅助设计与制造系统的基础。图 2.26 为 UG CAM 软件应用实例，其加工过程为：零件建模、生成刀轨、模拟加工、生成数控加工程序、传输到实际数控机床进行生产加工。

5. 数控铣床/加工中心坐标系

1）数控铣床/加工中心坐标系和坐标轴及其正方向的确定原则

（1）数控铣床/加工中心采用右手直角笛卡尔坐标系。图 2.27（a）为立式数控铣床坐标系，图 2.27（b）为卧式数控铣床坐标系。如图 2.28 所示，X、Y、Z 直线进给坐标系由右手定则规定，而围绕 X、Y、Z 轴旋转的圆周进给坐标轴 A、B、C 则按右手螺旋定则判定。

（2）机床各坐标轴及其正方向的确定原则。

①先确定 Z 轴。以平行于机床主轴的刀具运动轨道为 Z 轴，若有多根主轴，则可选垂直于工件装夹面的主轴为主要主轴，Z 轴则平行于该主轴轴线。若没有主轴，则规定垂直于工件装夹表面的坐标轴为 Z 轴。Z 轴正方向是使刀具远离工件的方向，如立式铣床，主轴箱的上、下或主轴本身的上、下即可定为 Z 轴，且是向上为正；若主轴不能上下动作，则工作台的上、下便为 Z 轴，此时工作台向下运动的方向定为 Z 轴正方向。

②再确定 X 轴。X 轴为水平方向且垂直于 Z 轴、平行于工件的装夹面。在工件旋转的机床（如车床、外圆磨床）上，X 轴的运动方向是径向的，与横向导轨平行，刀具离开工件旋转中心的方向是正方向。对于刀具旋转的机床，若 Z 轴为水平的（如卧式铣床、镗床），则沿刀具主轴后端向工件方向看，右手平伸出方向为 X 轴正方向；若 Z 轴为竖直的（如立式铣、镗床、钻床），则从刀具主轴向床身立柱方向看，右手平伸出方向为 X 轴正方向。

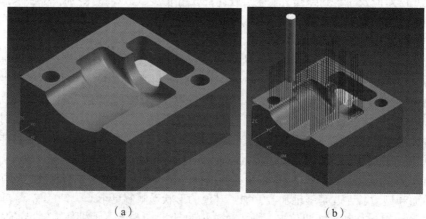

（a）   （b）

```
%
O0000
(PROGRAM NAME - 3D003_3)
(DATE=DD-MM-YY - 04-04-03 TIME=HH:MM - 20:02)
N100G21
N102G0G17G40G49G80G90
( 10. FLAT ENDMILL TOOL - 1 DIA. OFF. - 1 LEN. - 1 DIA. - 10.)
N104T1M6
N106G0G90X94.867Y0.A0.S1527M3
N108G43H1Z50.
N110Z-12.16
N112G1Z-17.16F3.6
N114X95.323Z-17.438F305.4
N116X98.224Z-19.313
N118X101.075Z-21.267
N120X103.868Z-23.296
N122X106.596Z-25.395
N124Z-25.363
N126Y1.191
N128X105.49Z-24.512
N130X103.857Z-23.264
N132X102.684Z-22.412
N134X101.056Z-21.236
N136X99.817Z-20.387
N138X98.196Z-19.283
N140X96.893Z-18.441
N142X95.281Z-17.405
N144X93.915Z-16.574
N146X92.315Z-15.606
N148X90.886Z-14.788
```

（c）

图 2.26   UG CAM 软件应用

（a）零件建模；（b）生成刀轨与模拟加工；（c）生成数控加工程序

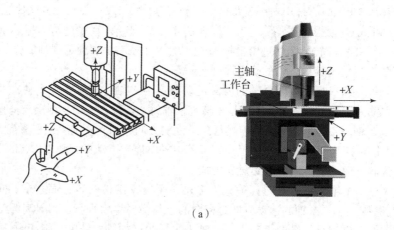

（a）

图 2.27   数控铣床坐标系

（a）立式数控铣床坐标系

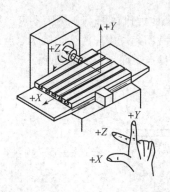
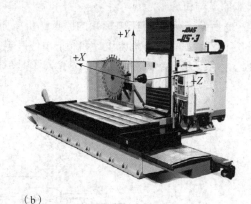

（b）

图2.27 数控铣床坐标系（续）

（b）卧式数控铣床坐标系

立式数控铣床
坐标轴方向确定

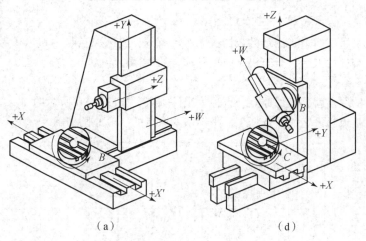

（a）   （d）

图2.28 多轴数控机床坐标系

（a）卧式镗铣床；（b）六轴加工中心

课程思政案例四

③最后确定 Y 轴。在确定了 X、Z 轴的正方向后，即可按右手定则定出 Y 轴正方向。

上述坐标轴正方向，均是假定工件不动，刀具相对于工件作进给运动而确定的方向，即刀具运动坐标系。但在实际机床加工时，有很多都是刀具相对不动，而工件相对于刀具移动实现进给运动的情况。此时，应在各轴字母后加上"'"表示工件运动坐标系。按相对运动关系，工件运动的正方向恰好与刀具运动的正方向相反，即有：

$+X = -X'$；

$+Y = -Y'$；

$+Z = -Z'$；

$+A = -A'$；

$+B = -B'$；

$+C = -C'$。

此外，如果在基本的直角坐标轴 X、Y、Z 之外，还有其他轴线平行于 X、Y、Z，则附加的直角坐标系指定为 U、V、W 和 P、Q、R。

2）机床原点与机床参考点

如图 2.29 所示，O_1 是机床坐标系的原点，机床原点又称为机械原点、机床零点。该点是机床上一个固定的点，其位置由机床设计和制造单位确定，通常不允许用户改变。机床原点是工件坐标系、编程坐标系、机床参考的基准点，这个点不是一个硬件点，而是一个定义点。

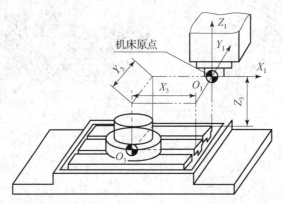

图 2.29　机床原点与机床参考点

机床参考点是采用增量式测量的数控机床所特有的，机床原点是由机床参考点体现出来的。机床参考点是一个硬件点，一般与机床原点是重合的。

3）工件坐标系

工件坐标系的原点就是工件原点，也称为工件零点，如图 2.30 所示的 O_2。与机床坐标系不同，工件坐标系是人为设定的，选择工件坐标系的原点的一般原则如下。

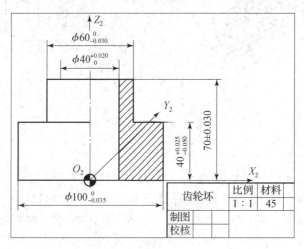

图 2.30　工件坐标系

（1）尽量选在工件图样的基准上，以便于计算，减少错误，利于编程。

（2）尽量选在尺寸精度高、表面粗糙度值低的工件表面上，以提高被加工件的加工精度。

（3）要便于测量和检验。

（4）对于对称的工件，最好选在工件的对称中心上。

（5）对于一般零件，选在工件外轮廓的某一角上。

（6）Z 轴方向的原点一般设在工件表面。

6. 数控铣床/加工中心仿真软件操作步骤

（1）进入数控仿真系统。

（2）选择机床类型（仿真软件立式数控铣床与加工中心相同）。

（3）开启机床。

（4）设定毛坯。

（5）选择刀具。

（6）机床对刀操作。

（7）数控加工程序的编辑输入。

（8）自动加工。

7. 数控铣床/加工中心对刀

1）FANUC 0 – MD 系统数控铣床设置工件原点的方法

（1）直接用刀具试切对刀。如图 2.31 所示，把当前坐标输入 G54～G59 或通过右击直接存入 G54～G59。

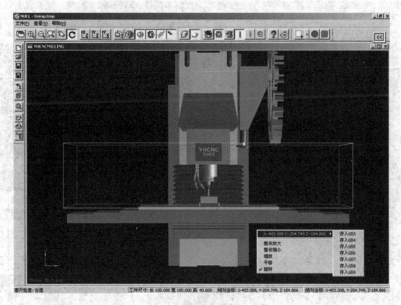

图 2.31 直接用刀具试切对刀

（2）用芯棒对工件原点。

①在左边工具框，单击"毛坯功能"按钮；

②选择"基准芯棒"选项，如图 2.32 所示。

③选择基准芯棒规格和塞尺厚度如下。

a. 基准芯棒（100×20）。

b. 塞尺厚度 1 mm。

④直接对工件零点，根据左下角提示确定是否对好，如图 2.33 所示。

⑤Z 坐标工件原点 = 当前 Z 坐标 – 基准芯棒长度 – 塞尺厚度；

Y 坐标工件原点 = 当前 Y 坐标 ± 基准芯棒半径 ± 塞尺厚度；

X 坐标工件原点 = 当前 X 坐标 ± 基准芯棒半径 ± 塞尺厚度。

⑥把计算结果，即 Z、Y、X 坐标工件原点输入 G54～G59。

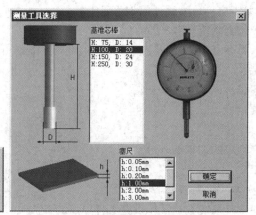

图 2.32 选择芯棒

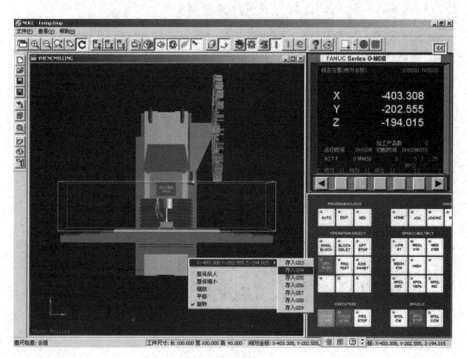

图 2.33 芯棒对刀

2）FANUC 0i – M 系统数控铣床设置工件原点的方法

（1）直接用刀具试切对刀，如图 2.34 所示。

①用刀具试切工件；

②单击 _{SETTING}OFFSET → 坐标系 → 测量 ，把当前坐标位置作为工件零点 G54，输入 "X0" "Y0" "Z0"，单击 "测量" 按钮，则当前坐标被存入，如图 2.35 所示。

（2）用芯棒对工件零点，同 FANUC 0 – MD。

【应用实例】 如图 2.36 所示，在一块用 45 钢制作的正方形钢板上钻削 15 个直径为 12 mm 的孔，试编写 FANUC 0i – M 系统数控铣床程序，并在仿真软件上加工，T01：φ12 mm 钻头。

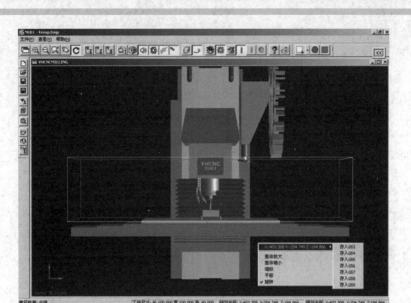

图 2.34 直接用刀具试切对刀

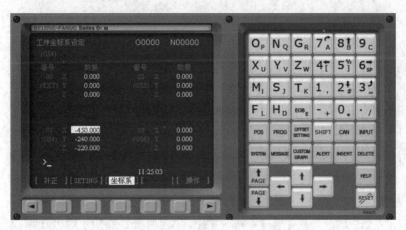

图 2.35 工件零点参数输入

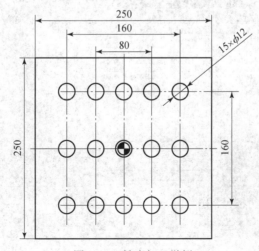

图 2.36 铣床加工举例

1）编写程序

程序如下：

```
O0023;
N010 G40 G49 G80 G17 T01;          //调用φ12 mm钻头,固定循环取消
N020 G54 G90 G0 X-80 Y-80;          //调用G54工件坐标系,移动到孔位
N030 G43 H1 Z50;                    //刀具长度补长
N040 M03 S800;
N050 M08;
N060 G99 G83 Z-30 R1 Q2 F200;       //深孔钻削循环
N070 G91 X40 K4;                    //重复钻削
N080 Y80;
N090 G91 X-40 K4;
N100 Y80;
N110 X40 K4;
N120 G80 G90 G0 Z50;                //固定循环取消
N130 M05 M09;
N140 G91 G28 Z0 Y0;                 //回换刀点
N150 M05;
N160 M30;
```

2）操作步骤

（1）分析工件，编制工艺，并选择刀具，在草稿上编写好程序。

（2）打开数控铣床仿真软件FANUC 0i-M铣床系统。

①回零（回参考点）。

单击 ⊕ 按钮进入参考点模式：单击 **Z** （Z轴回零）→ **X** （X轴回零）→ **Y**（Y轴回零），回参考点完毕。

②选择刀具。

单击左侧工具条中的"刀具库管理"按钮 📋 ，出现如图2.37所示的"刀具库管理"对话框。

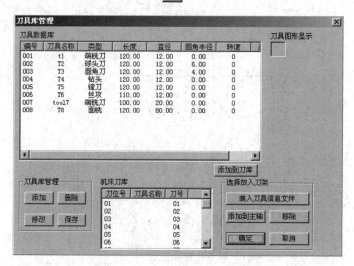

图2.37 "刀具库管理"对话框

选择需要的刀具（球头刀）添加到刀盘的刀位号 01 处，单击"确定"按钮即完成选刀。

③设定毛坯大小。

单击左侧工具条中"设置工件大小、原点"按钮 ，出现如图 2.38 所示的"设置工件大小、原点"对话框。根据零件图把工件的大小设置为 250 mm × 250 mm × 40 mm，同时勾选"更换工件"复选框，单击"确定"按钮即完成工件的大小设置。

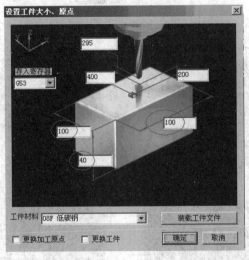

图 2.38 "设置工件大小、原点"对话框

④对刀。

a. 单击 按钮进入手动模式，使刀具沿 Z 轴方向与工件上表面接触，单击 （进入参数输入界面，如图 2.39 所示）→ 坐标系 （进入坐标系界面，如图 2.40 所示），移动光标至 G54 坐标系处，输入"Z0"，单击 测量 ，此时，Z 轴即对刀完毕。

图 2.39 参数输入界面

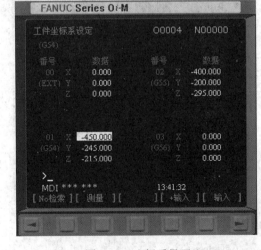

图 2.40 坐标系界面

b. 移动刀具，使刀具在 X 轴的正方向与工件相切，单击 → 坐标系 ，移动光标至 G54 坐标系处，输入主轴中心到所要设定的工件坐标系原点之间的距离值（此处为 X131），单击 测量 ，此时，X 轴即对刀完毕。

c. 用同样的方法给 Y 轴对刀：移动刀具，使刀具在 Y 轴的正方向与工件相切，单击 [OFFSET SETTING] → [坐标系]，移动光标至 G54 坐标系处，输入主轴中心到所要设定的工件坐标系原点之间的距离值（此处 Y131），单击 [测量]，此时，Y 轴即对刀完毕。对完刀后，如图 2.41 所示。

⑤程序输入。

单击 [⟡]（进入程序编辑模式）→ [PROG] → [DIR]（如图 2.42 所示），输入新建程序名"O0004"，再单击 [INSERT] 按钮，新程序名就创建好了，如图 2.43 所示。

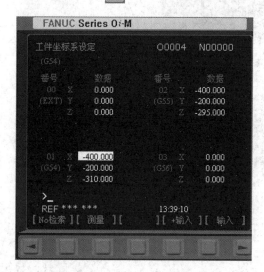

图 2.41　X、Y 轴对刀

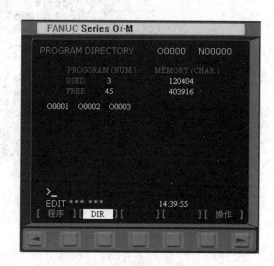

图 2.42　程序编辑模式

将在草稿上编写好的程序输入，如图 2.44 所示。

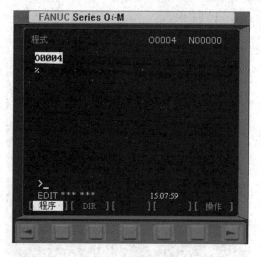

图 2.43　创建新程序名

图 2.44　输入程序

⑥加工零件。

单击 [◧]（进入自动模式）→ [▯]（循环启动），程序将自动运行直至完毕。

⑦测量工件。

单击工具条中 [◈]（测量）→ [⊢]（特征线），完成测量。

⑧工件模拟加工完成。

2.1.3　任务实施

1. 零件和刀具的选择、安装

选择常见的立铣刀并采用平口钳安装工具即可。

2. 对刀

对刀点选择在毛坯上表面中心处。

3. 程序编写

参考程序如下：

```
O0016;
G54 T01;
M03 S1000;
G00 X0 Y0 Z50;
G00 X-50 Y-50;
Z5;
G01 Z-4 F100;
G01 G41 X-40 D01;
Y35;
G02 X-35 Y40 R5;
G01 X35;
G02 X40 Y35 R5;
G01 Y-35;
G02 X35 Y-40 R5;
G01 X-35;
G02 X-40 Y-35 R5;
G03 X-50 Y-25 R10;
G40 G01 Y-50;
Z10;
G00 Z50;
X0 Y0;
M05;
M30;
```

4. 程序的校验、自动加工

完成程序输入后，利用仿真软件系统的程序自动校验、模拟加工及检测功能，十分方便。

5. 尺寸测量

利用游标卡尺进行测量，不同位置多测量几遍，避免读数误差。

习　题

一、判断题

1. 通过计算机编程，数控铣床能够自动进行立体切削，加工各种复杂的曲面和型腔，尤其是多轴加工，加工对象的形状受限制更小。　　　　　　　　　　　　　　　　（　　）

2. 直接用刀具试切对刀比用芯棒对刀误差更大,更影响加工精度。 (　　)

3. 选择工件坐标系的原点应尽量选在尺寸精度高、表面粗糙度值小的工件表面上,以提高被加工件的加工精度。 (　　)

4. 经济型数控铣床一般是在普通立式数控铣床或卧式数控铣床的基础上改造而来的,主要用于精度要求不高的简单平面或曲面零件的加工。 (　　)

5. 全功能数控铣床必须采用闭环控制,控制系统功能较强,数控系统功能丰富,一般可实现四坐标轴或以上的联动,加工适应性强,应用最为广泛。 (　　)

6. 立式数控铣床的主轴轴线与工作台面平行,是数控铣床中最常见的一种布局形式,工件安装方便,结构简单,加工时便于观察,但不便于排屑。 (　　)

二、填空题

1. 与普通铣床相比,数控铣床的加工_____,_____,_____,_____,特别适应于_____类、_____类、_____类、_____类等_____的零件或对精度保持性要求较高的中、小批量零件的加工。

2. 按数控铣床主轴的布置形式可分为_____,_____,_____,_____。

3. 按数控铣床系统的功能可分为_____,_____,_____,_____。

4. 数控铣床一般应具有三坐标轴以上联动功能,能够进行_____、_____、和_____,自动控制主轴旋转带动刀具对工件进行铣削加工。

5. 一般把主轴转速在_____r/min 以上,进给速度可达_____m/min 的数控铣床称为高速数控铣床。

6. 卧式数控铣床的主轴轴线_____,主要用来加工_____类零件。

三、简答题

1. 数控铣床是如何分类的?

2. 数控铣床由哪些基本系统组成?各系统的功能是什么?

3. 数控铣床的加工工作流程是什么?

4. 数控铣削加工的特点是什么?

5. 数控铣床仿真软件的操作顺序如何?

6. 加工中心可分为哪几类?其主要特点有哪些?

7. 加工中心的编程与数控铣床的编程主要有何区别?

任务 2.2　铣削加工平面类零件

知识目标	技能目标	素质目标
1. 掌握平面铣削工艺知识; 2. 能分析平面铣削质量要求; 3. 掌握平面铣削常用编程指令; 4. 熟悉数控铣床加工仿真操作步骤	1. 分析和设计平面铣削工艺; 2. 数控加工程序对平面、垂直面、台阶面、斜面进行加工; 3. 平面铣削质量评价和分析; 4. 编写平面类零件加工程序; 5. 能在仿真软件中加工零件	1. 培养学生具有一定的计划、决策、组织、实施和总结的能力; 2. 培养学生勤于思考、刻苦钻研、勇于探索的良好作风; 3. 培养学生自学能力,在分析和解决问题时查阅资料、处理信息、独立思考及可持续发展能力

技能目标

1. 能分析和设计平面铣削工艺；
2. 能使用数控加工程序对平面、垂直面、台阶面、斜面进行加工；
3. 能进行平面铣削质量评价和分析；
4. 能编写平面类零件加工程序；
5. 能在仿真软件中加工零件。

知识目标

1. 掌握平面铣削工艺知识；
2. 能分析平面铣削质量要求；
3. 掌握平面铣削常用编程指令；
4. 熟悉数控铣床加工仿真操作步骤。

2.2.1 任务导入：六面体铣削加工

任务描述：六面体零件如图 2.45 所示，按单件生产安排其数控加工工艺，编写出加工程序。毛坯为 $\phi65$ mm × 100 mm 的圆棒料，材料为 45 钢。

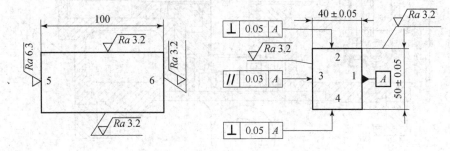

图 2.45 六面体零件

2.2.2 知识链接

1. 平面铣削工艺

1）数控铣床/加工中心工作台

立式数控铣床和卧式数控铣床工作台的结构形式不完全相同。立式数控铣床工作台不作分度运动，采用长方形工作台。卧式数控铣床的台面形状通常为正方形，由于这种工作台经常需要作分度运动或回转运动，而且它的分度、回转运动的驱动装置一般都装在工作台里，因此也称为分度工作台（或回转工作台）。根据工件加工工艺的需要，分度工作台分为多齿盘分度工作台和数控回转工作台（蜗轮副分度方式），以实现任意角度的分度和切削过程中的连续回转运动。

（1）长方形工作台。如图 2.46 所示，其形状一般为长方形，装夹为 T 型槽。槽 1、2、4 为装夹用 T 型槽，槽 3 为基准 T 型槽。

（2）多齿盘分度工作台。图 2.47 为卧式加工中心多齿盘分度工作台的结构。

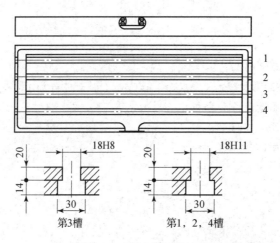

第3槽　　　　　　第1，2，4槽

图 2.46　长方形工作台

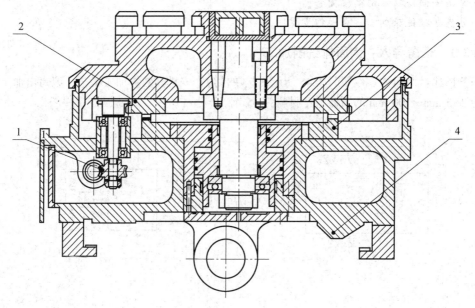

1—蜗轮副；2—上多齿盘；3—下多齿盘；4—导轨。

图 2.47　卧式加工中心多齿盘分度工作台的结构

分度工作台多采用多齿盘分度工作台，通常用 PLC 简易定位，驱动机构采用蜗轮副及齿轮副。多齿盘分度工作台具有分度精度高、精度保持性好、重复性好、刚性好、承载能力强、能自动定心、分度机构和驱动机构可以分离等优点。多齿盘可实现的最小分度角度为

$$\alpha = 360°/z$$

式中：z——多齿盘齿数。

多齿盘分度工作台有只能按 1°的整数倍数分度、只能在不切削时分度的缺点。

（3）数控回转工作台。由于多齿盘分度工作台具有一定的局限性，为了实现任意角度分度，并在切削过程中实现回转，采用了数控回转工作台（简称数控转台），其结构如图 2.48 所示。

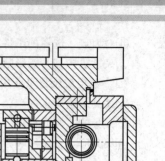

图 2.48 数控回转工作台的结构
1—锁紧油缸；2—角度位置反馈元件。

数控回转工作台的蜗杆传动常采用单头双导程蜗杆传动，或者采用平面齿轮圆柱齿轮包络蜗杆传动，也可采用双蜗杆传动，双导程蜗杆左、右齿面的导程不等，因而蜗杆的轴向移动即可改变啮合间隙，实现无间隙传动。数控回转工作台具有刚性好、承载能力强、传动效率高、传动平稳、磨损小、任意角度分度、切削过程中连续回转等优点。其缺点是制作成本高。

2）工件的定位

（1）六点定位原理。工件在空间有 6 个自由度。对于数控铣床，要完全确定工件的位置，必须遵循六点定位原则，需要布置 6 个支撑点来限制工件的 6 个自由度，即沿 X、Y、Z 3 个坐标轴方向的移动自由度和绕 3 个坐标轴的旋转自由度。应尽量避免不完全定位、欠定位和过定位。

合理选择定位基准，应考虑以下几点。

①加工基准和设计基准统一。

②尽量一次装夹后加工出全部待加工表面。对于体积较大的工件，上、下机床需要行车、吊机等工具，如果一次加工完成，可以大大缩短辅助时间，充分发挥机床的效率。

③当工件需要第二次装夹时，也要尽可能利用工件在空间有 6 个自由度。用同一基准，减少安装误差。

（2）定位方式。定位方式分为平面定位、外圆定位和内孔定位。平面定位用支撑钉或支撑板；外圆定位用 V 型块；内孔定位用定位销和圆柱芯棒，或用圆锥销和圆锥芯棒。

（3）选择定位基准。零件的定位仍应遵循六点定位原则，同时，还应特别注意以下几点。

①进行多工位加工时，定位基准的选择应考虑能完成尽可能多的加工内容，即便于各个表面都能被加工的定位方式。例如，对于箱体零件，尽可能采用一面两销的组合定位方式。

②当零件的定位基准与设计基准难以重合时，应认真分析装配图样，明确该零件设计基准的设计功能，通过尺寸链的计算，严格规定定位基准与设计基准间的尺寸位置精度要求，确保加工精度。

③编程原点与零件定位基准可以不重合，但两者之间必须要有确定的几何关系。编程原点的选择主要考虑是否便于编程和测量。

3）平面铣削常用的装夹方法

（1）根据数控铣床/加工中心的结构，工件在装夹过程中，应注意以下几点。

①工作台结构。工作台面有 T 型槽和螺纹孔两种结构形式。

②过行程保护。对于体积较大的工件，将其装夹在工作台面上时，可能出现虽然加工区在加工行程范围内，但工件已超出工作台面的情形，这时容易撞击床身造成事故。

③坐标参考点。要注意协调工件安装位置与机床坐标系的关系，便于计算。

④对刀点。选择的工件对刀点要方便操作，便于计算。

⑤夹紧机构。不能影响走刀，注意夹紧力的作用点和作用方向。

（2）数控铣床尽量使用通用夹具，必要时设计专用夹具。选用和设计夹具应注意以下几点。

①夹具结构力求简单，以缩短生产准备周期。

②夹具的装卸应迅速方便，以缩短辅助时间。

③夹具应具备刚度和强度，尤其在切削用量较大时。

④有条件时可采用气、液压夹具，它们动作快、平稳，且工件变形均匀。

图 2.49、图 2.50 分别为压板螺栓安装工件和通用夹具。

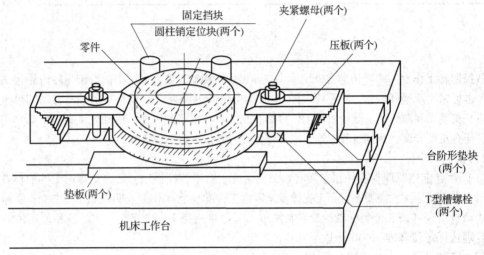

图 2.49　压板螺栓安装工件

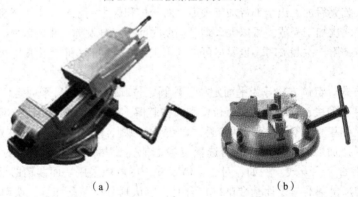

（a）　　　　　　　　　　　　　（b）

图 2.50　通用夹具

（a）虎钳；（b）铣床卡盘

4）编程工艺

（1）工艺、工序和工步的含义。编程前要划分安排加工步骤，所以要了解工艺、工序和工步的概念。使原材料成为产品的过程称为工艺；整个工艺由若干道工序组成，工序是指一个或一组工人在一个工作地点连续完成的工件加工工艺过程；工序又可以分若干工步，对数控铣床加工来说，一个工步是指一次连续切削。

（2）划分工艺、工序和工步。毛坯加工成工件需要经过多道工序，在一道工序内有时还需要分几个工步。例如，一块模板需要经过粗铣、半精铣、精铣、钻孔、扩孔和铰孔加工，可以安排在一个工序内，分几个工步由数控铣床完成。数控铣床的程序编写以工步为单位，一个工步需要一个加工程序。

一般在数控铣床上加工工件，应尽量在一次装夹中完成全部工序，工序划分的根据如下。

①按先面后孔的原则划分工序。在加工有面有孔的工件时，为了提高孔的加工精度，应先加工面，后加工孔，这一点与普通机床相同。

②按粗、精加工划分工序。对于加工精度要求较高的工件，应将粗、精加工分开进行，这样可以使由粗加工引起的各种变形得到恢复，考虑到粗加工工件变形的恢复需要一段时间，粗加工后不要立即安排精加工。

③按所用刀具划分工序。数控铣床，尤其是不带刀库的数控铣床，加工模具时，为了减少换刀次数，可以按集中工序的方法，用一把刀加工完工件上要求相同的部位后，再用另一把刀加工其他部位。

5）刀轨的形成

数控加工是刀具相对工件作进给运动，而且要在加工程序规定的轨迹上作进给运动。加工程序规定的轨迹是由许多三维坐标点的连线组成，刀具是沿该连线作进给运动的，所以也把此坐标点的连线称为刀轨。

（1）刀轨插补形式。刀轨插补形式是指组成刀轨的每一线段的线型，也就是说两个坐标点用怎样的线型连接。常用的线型有直线、圆弧线和样条曲线。用直线连接坐标点就称为直线插补，如图2.51（a）所示。坐标点越密，插补直线越短，与工件形状越逼近，加工精度越高。坐标点的密度用公差控制。用圆弧连接坐标点就称为圆弧插补，如图2.51（b）所示。

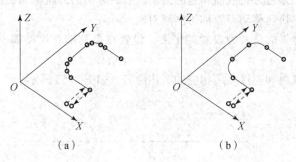

图2.51 刀轨插补形式

（a）直线插补；（b）圆弧插补

（2）刀具长度补偿。数控铣床在加工过程中需要经常换刀，每种刀具长短不一，造成刀具跟踪点位置相对主轴不固定。固定刀具的主轴端面中心相对主轴位置不变。为了编程方便，都统一以图2.52（a）所示的主轴端面中心为基准，编程时输入所有刀具的长度，数控系统就会自动在主轴端面中心基准上作Z轴方向的补偿，确定刀位点的位置，这称为刀具长度补偿。有的刀具长度补偿是以一把标准刀具的刀位点为基准点，比较使用刀具与标准刀具的长短，作出长度补偿。

（3）刀具半径补偿。图2.52（b）是用两种半径不一样的刀具对工件侧面进行铣削，刀具刀位点不是沿着工件侧面轮廓进行铣削的，而是沿着侧面轮廓偏置一个刀具半径的轨迹来进行铣削。不管刀具半径大小如何，工件侧面轮廓是不变的。为了编程方便，铣削侧面轮廓的刀轨由侧面轮廓和刀具偏置量决定，编程时只要输入作刀具半径补偿的指令，数控系统就会自动以工件侧面轮廓为基准作刀具半径补偿。

（4）刀轨的构成。

①进刀刀轨。刀具的非切削刀轨运动的速度要比切削进给速度快很多。为了防止刀具以非切削运动速度切入工件时发生撞击，在刀具切入工件前特意使刀具运动速度减慢，以慢速切入

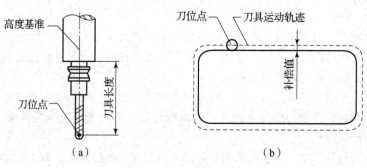

图 2.52 刀具的补偿

(a) 刀具长度补偿；(b) 刀具半径补偿

工件，然后再提高到切削进给速度，所以切入速度比进给速度还要慢。切入速度称为进刀速度，刀具以进刀速度跟踪的刀轨称为进刀刀轨。

②逼近刀轨。非切削运动速度变成进刀速度的刀轨称为逼近刀轨。

③第一切削刀轨。进刀速度变成切削进给速度的刀轨称为第一切削刀轨。

④退刀刀轨。切削结束，要求刀具快速脱离工件，加速脱离工件的刀轨称为退刀刀轨。脱离最大速度称为退刀速度。

⑤返回刀轨。从退刀速度变成非切削速度所经过的刀轨称为返回刀轨。

⑥快速移动刀轨。逼近刀轨以前和返回刀轨以后的非切削刀轨称为快速移动刀轨。

⑦横越刀轨。水平快速移动刀轨称为横越刀轨。

⑧安全平面。安全平面是人为设置的平面，设置在刀具随意运动都不会与工件或夹具相撞的高度。

一条刀轨的各组成段和连接点用相应的名称命名，如图 2.53 所示。

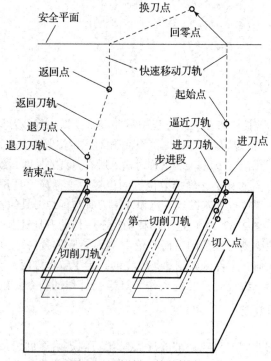

图 2.53 切削刀轨的构成

⑨安全距离。刀具进刀点离每层切削面边缘的垂直最小距离称为竖直安全距离，离工件最近边缘的水平距离称为水平安全距离。

6）常用铣刀

图2.54为数控铣床/加工中心刀具系统。

图2.54 数控铣床/加工中心刀具系统

数控铣床/加工中心对刀具的基本要求是：具有良好的切削性能，能承受高速切削和强力切削并且性能稳定；具有较高的精度，刀具的精度指刀具的形状精度和刀具与装卡装置的位置精度；配备完善的工具系统，满足多刀连续加工的要求。加工中心所使用刀具的刀头部分与数控铣床所使用的刀具基本相同，但加工中心所使用刀具的刀柄部分与一般数控铣床用刀柄部分不同，加工中心用刀柄带有夹持槽供机械手夹持。

（1）铣刀类型。数控铣床要根据被加工零件的材料、几何形状、表面质量要求、热处理状态、切削性能及加工余量等，选择刚性好、耐用度高的刀具。常用的铣刀类型有以下几种。

①面铣刀。面铣刀的端面和圆周面都有切削刃，可以同时切削，也可以单独切削，圆周面切削刃为主切削刃。面铣刀直径大，切削齿一般以镶嵌形式固定在刀体上。切削齿材质为高速钢或硬质合金，刀体材料为40Cr。面铣刀直径为80~250 mm，镶嵌齿数为10~26。硬质合金切削齿能对硬皮和淬硬层进行切削，切削速度比高速钢快，加工效率高，而且加工质量好。

可转位面铣刀的直径已经标准化，采用公比1.25的标准直径（mm）系列：16、20、25、32、40、50、63、80、100、125、160、200、250、315、400、500、630。

②立铣刀。立铣刀是零件加工中使用最多的一种刀具，立铣刀的端面和圆周面都有切削刃，可以同时切削，也可以单独切削，圆周面切削刃为主切削刃。切削刃与刀体一体，主切削刃呈螺旋状，切削平稳。立铣刀直径为2~80 mm，一般粗加工的立铣刀刃数为3~4，细齿立铣刀齿数为$z=5~8$，直径大于（40~60）mm的立铣刀可做成套式结构，套式结构齿数$Z=10~20$。由于立铣刀中间部位没有切削刃，因此不能作轴向进给运动。

立铣刀包括普通铣刀、键槽铣刀和模具铣刀。

a. 普通铣刀专用于成型零件表面的半精加工和精加工。普通铣刀可分为圆锥形立铣刀、圆柱形球头铣刀和圆锥形球头铣刀，铣刀直径为4~63 mm。

b. 键槽铣刀是只有两个切削刃的立铣刀，端面副切削刃延伸至刀轴中心，既像铣刀又像钻头。铣刀直径就是键槽宽度，能轴向进给插入工件，再沿水平方向进给，一次加工出键槽。直柄键槽铣刀直径为2~22 mm，锥柄键槽铣刀直径为14~50 mm。键槽铣刀直径的偏差有e8和d8两种。

c. 模具铣刀分为圆锥形立铣刀、圆柱形球头立铣刀和圆锥形球头立铣刀 3 种。

③鼓形铣刀。鼓形铣刀只有主切削刃，端面无切削刃，切削刃呈圆弧鼓形，适合无底面的斜面加工。鼓形铣刀刃磨困难。加工时控制刀具上下位置，相应改变刀刃的切削部位，可以在工件上切出从负到正的不同斜角。R（圆弧半径）越小，鼓形铣刀所能加工的斜角范围越广，但所获得的表面质量也越差。

④成型铣刀。成型铣刀是为特定形状加工而设计制造的铣刀，不是通用铣刀。

（2）选择铣刀。数控铣削加工中，根据工件材料的性质、工件轮廓曲线的要求、工件表面质量、机床的加工能力和切削用量等因素，对刀具进行选择。被加工零件的几何形状是选择刀具类型的主要依据。

①铣小平面或台阶面时一般采用通用铣刀，如图 2.55 所示。

②铣较大平面时，为了提高生产效率和提高加工表面粗糙度，一般采用刀片镶嵌式盘形铣刀，如图 2.56 所示。

 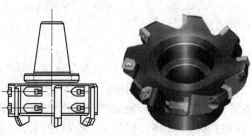

图 2.55 通用立铣刀　　　　图 2.56 镶嵌式盘形铣刀

③铣键槽时，为了保证槽的尺寸精度，一般用两刃键槽铣刀，其他形状可以选择对应的槽铣刀，如图 2.57 所示。

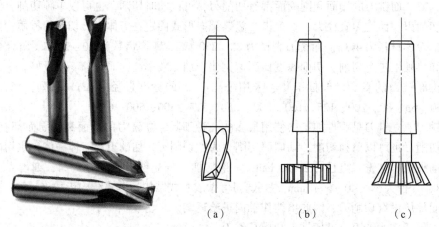

（a）　　　　（b）　　　　（c）

图 2.57 槽铣刀

（a）双刃键槽铣刀；（b）T 型槽铣刀；（c）燕尾槽铣刀

④加工曲面类零件时，为了保证刀具切削刃与加工轮廓在切削点相切，且避免刀刃与工件轮廓发生干涉，一般采用球头刀，粗加工用两刃铣刀，半精加工和精加工用四刃铣刀，如图 2.58 所示。

⑤孔加工时，可采用钻头、镗刀等孔加工类刀具，如图 2.59 所示。

7）铣削要素

图 2.60 为周铣和端铣的铣削要素。

（1）铣削速度 v_c。铣刀的圆周切线速度称为铣削速度，精确的铣削速度要从铣削工艺手册上获取，大致可按表 2.2 选取。

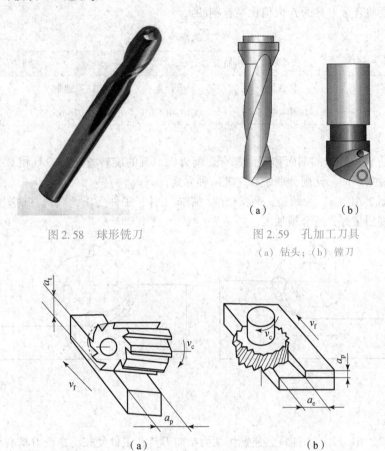

图 2.58 球形铣刀

图 2.59 孔加工刀具

（a）钻头；（b）镗刀

图 2.60 铣削要素

（a）周铣；（b）端铣

表 2.2 数控铣削速度选择参考表

钢的硬度 HBW	铣削速度 $v_c /(\mathrm{m \cdot min^{-1}})$	
	高速钢	硬质合金
<225（20）	18～42	66～150
225（20）～325（35）	12～36	54～120
325（35）～425（45）	6～21	36～75

（2）进给速度 v_f。进给速度是单位时间内刀具沿进给方向移动的距离。进给速度与铣刀转速、铣刀齿数和每齿进给量的关系式为

$$v_f = n \times z \times f_z$$

式中：n——铣刀转速，r/min；

z——铣刀齿数；

f_z——每齿进给量，mm。

每齿进给量由工件材质、刀具材质和表面粗糙度等因素决定。精确的每齿进给量要从铣削工艺手册中获取，大致可以按表 2.3 所列经验值选取。工件材料硬度越高、表面粗糙度值越低，f_z 数值越小。硬质合金刀具的 f_z 取值比高速钢的大。

表 2.3　数控铣削进给量选择参考

加工性质	粗加工		精加工	
刀具材料	高速钢	硬质合金	高速钢	硬质合金
f_z/mm	0.10 ~ 0.15	0.10 ~ 0.25	0.02 ~ 0.05	0.10 ~ 0.15

注：工件材料为钢。

（3）铣削方式。铣刀的端面和侧面都有切削刃，刀具的旋转方向与刀具相对工件的进给方向不同，切削效果不同。铣削分顺铣和逆铣两种方式。

①顺铣。图 2.61（a）为顺铣，顺铣切削力指向工件，工件受压。顺铣刀具磨损小，刀具使用寿命长，切削质量好，适合精加工。

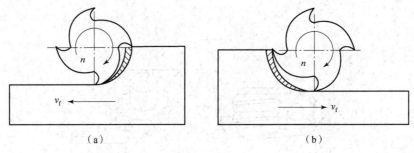

图 2.61　铣削方式

(a) 顺铣；(b) 逆铣

②逆铣。图 2.61（b）为逆铣，逆铣切削力指向刀具，工件受拉。逆铣刀具磨损大，但切削效率高，适合粗加工。

（4）背吃刀量。

背吃刀量分为轴向背吃刀量和侧向背吃刀量。

①轴向背吃刀量。刀具插入工件沿轴向切削掉的金属层深度称为轴向背吃刀量。一般工件都是多层切削，每切完一层刀具沿轴向进给一层，进给深度称为每层背吃刀量，如图 2.62 所示。半精加工和精加工是单层切削。

②侧向背吃刀量。在同一层，刀具走完一条或一圈刀轨，再向未切削区域侧移一恒定距离，这一恒定侧移距离就是侧向背吃刀量，也称为步距，如图 2.62 所示。

一般可以根据背吃刀量和加工余量设置粗加工、半精加工和精加工的背吃刀量。

①粗加工。粗加工是大体积切除材料，工件表面质量要求低。工件的表面粗糙度值 Ra 要达到 3.2 ~ 12.5 μm，可取轴向背吃刀量为 3 ~ 6 mm，侧向背吃刀量为 2.5 ~ 5 mm，半精加工留 1 ~ 2 mm 的加工余量。如果粗加工后直接精加工，则留 0.5 ~ 1 mm 的加工余量。

②半精加工。半精加工是把粗加工后，尤其是工件经过热处理后，给精加工留均匀的加工余量。工件的表面粗糙度值 Ra 要达到 3.2 ~ 12.5 μm，轴向背吃刀量和侧向背吃刀量可取 1.5 ~ 2 mm，留 0.3 ~ 1 mm 的加工余量。

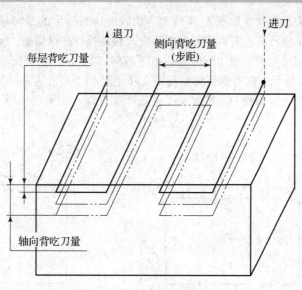

图 2.62　每层背吃刀量和步距

③精加工。精加工是最后达到尺寸精度和表面粗糙度的加工。工件的表面粗糙度值 Ra 要达到 $0.8 \sim 3.2\ \mu m$，可取轴向背吃刀量为 $0.5 \sim 1\ mm$，侧向背吃刀量为 $0.3 \sim 0.5\ mm$。

8）切削方式

立铣刀的切削形式如图 2.63 所示。

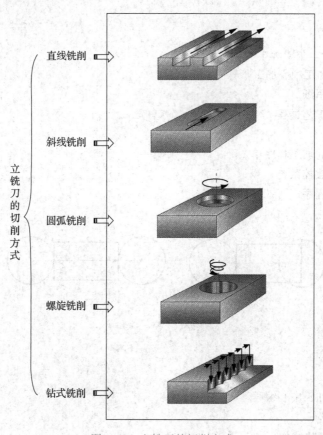

绝对与相对编程
G90G91 指令 −1

图 2.63　立铣刀的切削方式

数控铣削如遇到大平面时，如图 2.64 所示，切入时应有一定的提前量，一般铣刀在工件之外即可，一行切削终了换行时，可以直线或圆弧方式移动换行往返切削，但须超出工件。一般粗铣时，铣刀边缘只要超出铣削平面边缘即可，如图 2.64（a）所示；精铣时铣刀应完全离开工件表面，如图 2.64（b）所示，同时保证切削间距（步距）小于工件的直径，在完成切削时，整个铣刀离开工件后方可退刀。如铣刀直径大于工件表面宽度时，则采用如图 2.65 所示的一刀式粗精铣削，完成加工。

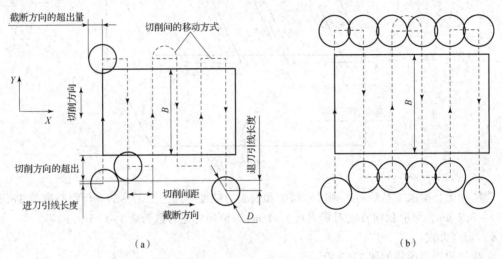

图 2.64　大平面铣削

（a）粗铣；（b）精铣

2. 数控铣床/加工中心加工步骤及编程

1）数控铣床/加工中心加工步骤

（1）分析工件图纸。

（2）确定加工工艺过程。

（3）数值计算。

（4）编写零件的加工程序单。

（5）程序输入数控系统。

（6）校对加工程序。

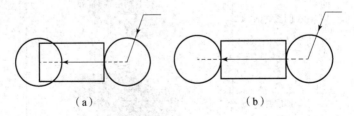

图 2.65　一刀式铣削

（a）粗铣；（b）精铣

（7）首件试加工。

2）数控铣床/加工中心编程

（1）程序的结构。

加工程序的一般格式如下：

```
%                                      //开始符
O1000;                                 //程序名
N010 G54 G00 X50 Y30 M03 S3000;        //N010～N290程序主体
N020 G01 X88.1 Y30.2 F500 T02 M08;
N030 X90;
……;
N290 M05
N300 M30;                              //程序结束
%                                      //结束符
```

①开始符/结束符。FANUC 系列数控系统中，一般用"%"作为开始结束符号，不同系统符号也不同，编程时一般不需输入。

②程序名。FANUC 系列数控系统中，一般用字母"O"开头，后跟一个 0001～9999 之间的四位数，一般要求单列一段。

③程序主体。程序主体是由若干个程序段组成的，每个程序段一般占一行。一个程序段由若干个代码字组成，每个代码字则由地址符和数值构成，字符含义如表 2.4 所示。

表 2.4　字符含义

字符	含义	字符	含义
A	关于 X 轴的角度尺寸	N	顺序号
B	关于 Y 轴的角度尺寸	O	程序号
C	关于 Z 轴的角度尺寸	P	固定循环参数
D	第二刀具功能	Q	固定循环参数
E	第二进给功能	R	固定循环参数
F	第一进给功能	S	主轴速度功能
G	准备功能	T	刀具功能
H	刀具偏置号	U	平行 X 轴的第二尺寸
I	X 轴分量	V	平行 Y 轴的第二尺寸
J	Y 轴分量	W	平行 Z 轴的第二尺寸
K	Z 轴分量	X	基本 X 尺寸
L	不指定	Y	基本 Y 尺寸
M	辅助功能	Z	基本 Z 尺寸

④程序结束指令。程序结束指令可以用 M02 或 M30，一般要求单列一段。

（2）程序段格式。程序段由若干个程序字组成，程序字通常由英文字母表示的地址符和后面的数字及符号组成。

常见的程序段格式有固定顺序式、带分隔符（TAB）的固定顺序式和字地址格式 3 种。

课程思政案例五

3. 加工中心编程的特点

对于加工中心，在编写加工程序前，首先要注意换刀程序的应用。不同的加工中心，其换刀过程是不完全一样的，通常选刀和换刀可分开进行。换刀完毕启动主轴后，方可进行下面程序段的加工内容。选刀动作可与机床的加工重合起来，即利用切削时间进行选刀。多数加工中心都规定了固定的换刀点位置，各运动部件只有移动到这个位置，才能开始换刀动作。

XH714 加工中心装备有盘形刀库，通过主轴与刀库的相互运动，实现换刀。换刀过程用一个子程序描述，习惯上取程序号为 O9000。

换刀子程序如下：

```
O9000;
N010 G90;                    //选择绝对方式
N020 G53 Z-124.8;            //主轴 Z 向移动到换刀点位置(即与刀库在 Z 方向上相应)
N030 M06;                    //刀库旋转至其上空刀位对准主轴,主轴准停
N040 M28;                    //刀库前移,使空刀位上刀夹夹住主轴上刀柄
N050 M11;                    //主轴放松刀柄
N060 G53 Z-9.3;              //主轴 Z 向向上,回到设定的安全位置(主轴与刀柄分离)
N070 M32;                    //刀库旋转,选择将要换上的刀具
N080 G53 Z-124.8;            //主轴 Z 向向下至换刀点位置(刀柄插入主轴孔)
N090 M10;                    //主轴夹紧刀柄
N100 M29;                    //刀库向后退回
N110 M99;                    //换刀子程序结束,返回主程序。
```

需要注意的是，为了使换刀子程序不被随意更改，以保证换刀安全，设备管理人员可将该程序隐藏。当加工程序中需要换刀时，调用 O9000 号子程序即可。调用程序段可按如下格式编写：

```
N~T~M98 P9000;
```

其中，N 后为程序顺序号；T 后为刀具号，一般取 2 位；M98 为调用换刀子程序；P9000 为换刀子程序号。

加工中心的编程方法与数控铣床的编程方法基本相同，加工坐标系的设置方法也一样。因而，下面主要介绍加工中心的加工固定循环功能、对刀方法等内容。

4. 平面铣削常用编程指令

此部分主要介绍 FANUC 系统的数控铣床/加工中心的编程方法。

1）F、S、T 功能

（1）F 功能——进给功能。指定刀具的进给速度，该速度的上限值由系统参数设定。若程序中编写的进给速度超出限制范围，实际进给速度即为上限值。进给功能用于指定进给速度，由 F 代码指定，其单位为 mm/min 或 mm/r。范围是 1~15 000 mm/min（公制）。

使用机床操作面板上的开关，可以对快速移动速度或切削进给速度使用倍率。为防止机械振动，在刀具移动开始和结束时，自动实施加/减速。

（2）S 功能——主轴功能。

指令格式：

S_ ;

S 功能用于设定主轴转速，其单位为 r/min，范围是 0~20 000 r/min。S 后面可以直接指定四位数的主轴转速，也可以指定两位数表示主轴转速的千位和百位。

（3）T 功能——刀具功能。

指令格式：

T_ ；

当机床进行加工时，必须选择适当的刀具。给每个刀具赋予一个编号，在程序中指定不同的编号时，就选择相应的刀具。T功能用于选择刀具号，范围是 T00～T99。

2）M功能和B功能——辅助功能

辅助功能由地址字M和其后的一或两位数字组成，用于主轴的启动、停止，冷却液的开、关等，其具体功能见表2.5。

表2.5　M代码及功能

M代码	功能	说明	M代码	功能	说明
M00	程序暂停	后指令码	M07/M08	冷却液开	前指令码
M01	计划停		M09	冷却液关	后指令码
M02	程序结束	后指令码	M13	主轴正转、冷却液开	前指令码
M30	程序结束并返回		M14	主轴反转、冷却液关	
M03	主轴正转	前指令码	M17	主轴停、冷却液关	后指令码
M04	主轴反转				
M05	主轴停	后指令码	M98	调用子程序	后指令码
			M99	子程序结束	
M06	换刀	后指令码			

特 别提示

①当机床移动指令和M指令编在同一程序段时，按下面两种情况执行：a. 同时执行移动指令和M指令，该类M指令称为前指令码，如M03、M04等；b. 直到移动指令执行完成后再执行M指令，该类M指令称为后指令码，如M09等。

②一般情况一个程序段仅能指定一个M代码，有两个以上M代码时，最后一个M代码有效。

③第二种是第二辅助功能（B代码），用于指定分度工作台分度。当B代码地址后面指定一数值时，输出代码信号和选通信号，此代码一直保持到下一个B代码被指定为止。每一个程序段只能包括一个B代码。

3）G功能——准备功能

准备功能用于指挥机床各坐标轴运动。

特 别提示

①有两种代码，一种是模态码，它一旦被指定将一直有效，直到被另一个模态码取代。另一种为非模态码，只在本程序段中有效。G代码及功能如表2.6所示。

表2.6　G代码及功能

G代码	功能		组别	G代码	功能	组别
* G00	快速定位（移动）		01	* G50.1	镜像功能取消	11
* G01	直线插补（切削进给）			G51.1	镜像功能	
G02	顺时针方向圆弧/螺旋插补（CW）		01	G52	局部坐标系设定	00
G03	逆时针方向圆弧/螺旋插补（CCW）			G53	机械坐标系选择	
G04	暂停		00	* G54、G55～G59	选择工件坐标系1～6	14
G10	可编程数据输入			G65	宏指令调用	00
G11	可编程数据输入方式取消			G68	坐标旋转指令	16
* G15	极坐标指令取消		17	* G69	坐标旋转取消	
G16	极坐标指令			G73	深孔钻削循环	09
* G17	X_pY_p平面	X_p：X轴或者其平行轴	02	G74	反向攻丝循环	
* G18	Z_pX_p平面	Y_p：Y轴或者其平行轴		G76	精镗循环	
* G19	Y_pZ_p平面	Z_p：Z轴或者其平行轴		* G80	固定循环取消	
G20	英制输入		06	* G81	钻孔循环、点镗孔循环	
G21	公制输入			G82	钻孔循环、镗阶梯孔循环	
G27	返回参考点检测		00	G83	深孔钻削循环	
G28	返回参考点			G84	攻丝循环	
G29	从参考点移动			G85/G86	镗孔循环	
G30	返回第2、第3、第4参考点			G87	反镗循环	
G31	跳步功能			G88/G89	镗孔循环	
G39	刀具半径补偿拐角圆弧插补		07	* G90	绝对坐标编程	03
* G40	刀具半径补偿取消			* G91	增量坐标编程	
G41	刀具半径左补偿			G92	工件坐标系设定	00
G42	刀具半径右补偿			* G94	每分钟进给	05
G43	刀具长度正补偿		08	G95	每转进给	
G44	刀具长度负补偿			G96	周速恒定控制	14
* G49	刀具长度补偿取消			* G97	周速恒定控制取消	

续表

G 代码	功能	组别	G 代码	功能	组别
* G50	比例缩放取消	11	* G98	返回固定循环初始平面	10
G51	比例缩放		G99	返回固定循环 R 点平面	

②＊G 代码为电源接通时的初始状态。

③如果同组的 G 代码被编入同一程序段中，则最后一个 G 代码有效。

④在固定循环中，如果遇到 01 组代码，则固定循环被撤销。

4）坐标系相关指令

（1）G92——设定工件坐标系指令。

指令格式：

G92 X_ Y_ Z_;

其中，X、Y、Z 为当前刀位点在工件坐标系中的坐标，该点通常被称为"对刀点"。

特 别提示

①一旦执行 G92 指令建立坐标系，后面的绝对值指令坐标位置都是此工件坐标系中的坐标值。

②G92 指令必须跟坐标地址字一起使用，因此须单独用一个程序段指定。

③执行此指令并不会产生机械位移，只是让系统内部用新的坐标值取代旧的坐标值，从而建立新的坐标系。

④执行此指令之前必须保证"刀位点"与程序起点（"对刀点"）符合。

⑤此指令为非模态指令。此指令用于建立工件坐标系，坐标系的原点由当前刀具位置的坐标值确定。如图 2.66 所示，刀具起始点为（50，50，10），则用 G92 指令设定工件坐标系的程序为：G92 X50 Y50 Z10。表示确定工件坐标系的原点为 0，而（50，50，10）为程序的起点。通过上述编程可以保证刀尖或刀柄上某一标准点与程序起点相符。

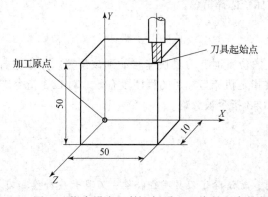

图 2.66 用 G92 指令设定工件坐标系（刀尖是程序的起点）

如果在刀具长度补偿期间用 G92 指令设定坐标系，则 G92 指令用无偏置的坐标值设定坐标系，刀具半径补偿被 G92 指令临时删除。

（2）G54～G59——选择工件坐标系指令。

如图 2.67 所示，使用 CRT/MDI 面板可以预先寄存设定 6 个工件坐标系，用 G54～G59 指令分别调用。

指令格式：

G54/G55/G56/G57/G58/G59

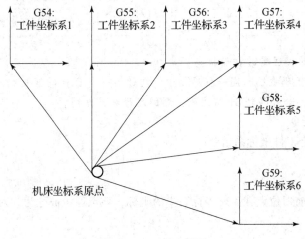

图 2.67　工件坐标系

特 别提示

①G54～G59 是系统预置的 6 个坐标系，可根据需要选用。

②G54～G59 建立的工件原点是相对于机床原点而言的，在程序运行前已设定好，在程序运行中是无法重置的。

③G54～G59 预置建立的工件原点在机床坐标系中的坐标值可用"MDI"方式输入，系统自动记忆。

④使用该组指令前，必须先回参考点。

⑤G54～G59 为模态指令，可相互注销。

（3）G53——机床坐标系选择指令。

指令格式：

G53 X_ Y_ Z_；

当指定机床坐标系上的位置时，刀具快速移动到该位置。用于选择机床坐标系的指令 G53 是非模态 G 代码，即仅在指定机床坐标系的程序段有效。对 G53 指令应指定绝对值（G90）。当指定增量值（G91）时，G53 指令被忽略。

特 别提示

①当使用 G53 指令时，就清除了刀具半径补偿、刀具长度补偿和刀具偏置。

②在使用 G53 指令之前，必须设置机床坐标系，因此通电后必须进行手动返回参考点或使用 G28 指令自动返回参考点。采用绝对位置编码器时，就不需要该操作。

（4）G52——设置局部坐标系指令。

为了方便编程，当在工件坐标系中编写程序时，可以设定工件坐标系的子坐标系。子坐标系称为局部坐标系，如图 2.68 所示。

指令格式：

G52　X_　Y_　Z_；

G520；

其中，G520 为取消局部坐标系。

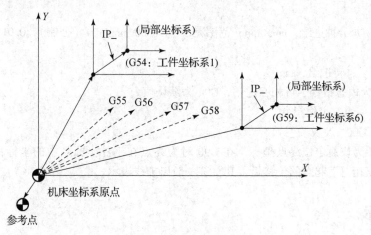

图 2.68　局部坐标系

编程"G52　X_　Y_　Z_；"可以在工件坐标系 G54~G59 中设定局部坐标系，局部坐标系的原点设定在工件坐标系中以"X_　Y_　Z_；"指定的位置。

特 别提示

当设定局部坐标系时，后面的以绝对值方式（G90）指令移动的是局部坐标系中的坐标值。

（5）G17、G18、G19——选择坐标平面指令。

指令格式：

G17/G18/G19

其中，G17~G19 分别表示以刀具的圆弧插补平面和刀具半径补偿平面为空间坐标系中的 XY、ZX、YZ 平面，如图 2.69 所示。对于立式数控铣床，G17 为默认值，可以省略。

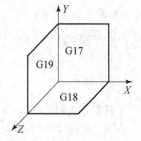

特 别提示

图 2.69　坐标平面选择指令

①当在 G17、G18 或 G19 程序段中省略轴地址时，认为是基本三轴地址被省略。

②在不指定 G17、G18、G19 的程序段中，平面维持不变。

③移动指令与平面选择无关。

（6）G20、G21、G22——尺寸单位选择指令。

G20 为英制，G21 为公制，G22 为脉冲当量。这 3 个 G 代码必须在程序的开头坐标系设定之前用单独的程序段指令或通过系统参数设定。程序运行中途不能切换。

（7）G90、G91——绝对值编程与相对值编程指令。

指令格式：

G90/G91

G90 为绝对值编程，每个轴上的编程值是相对于程序原点的。

G91 为增量值编程，每个轴上的编程值是相对于前一位置而言的，该值等于沿轴移动的距离。

G90、G91 为模态指令，G90 为默认值，可以省略。

（8）G94、G95——设定进给速度单位的指令。

指令格式：

G94 F_；//每分钟进给，mm/min，范围是 1～15 000 mm/min（公制），0.01～600.00 in/min（英制）

G95 F_；//每转进给，mm/r

G00G01 指令 –1

G94、G95 为模态指令，可相互注销，G94 为默认值。

（9）G00——快速定位指令。

指令格式：G00 X_Y_Z_；

其中，X、Y、Z 为快速定位终点坐标，在 G90 时为终点在工件坐标系中的坐标；在 G91 时为终点相对于起点的位移量，其轨迹一般以虚线表示。

特 别提示

①G00 指令刀具相对于工件从当前位置以各轴预先设定的快进速度移动到程序段所指定的下一个定位点。

②G00 指令中的快速速度由机床制造厂根据机床参数对各轴分别设定，不能用程序规定。且由于各轴以各自速度移动，不能保证各轴同时到达终点，因而联动直线轴的合成轨迹并不总是直线。例如，在 FANUC 系统中，运动总是先沿 45° 角的直线移动，最后再某一轴单向移动至目标点位置，编程人员应了解所使用的数控系统的刀具移动轨迹情况，以避免加工中可能出现的碰撞。

如图 2.70 所示，刀尖在点 O，绝对值编程如下：

```
G90 G00 X150 Y150；//O→A
G90 G00 X300 Y150；//A→B
```

增量编程如下：

```
G91 G00 X150 Y150；//O→A
G91 G00 X150 Y0；//A→B
```

设刀具起点在工件原点，执行该程序段后，刀具轨迹如图 2.70 所示。

③快进速度可由面板上的快速修调旋钮修正。

④G00 一般用于加工前快速定位或加工后快速退刀。G00 为模态指令，可由 G01、G02、G03 或 G33 功能注销。

（10）G01——直线插补（切削、进给）指令。

指令格式：

G01 X_Y_Z_F_；

其中，X、Y、Z 为终点坐标，可以绝对坐标编程，也可以增量坐标编程，其轨迹一般以实线表示。

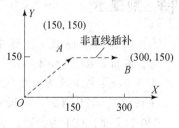

图 2.70　快速定位指令 G00

如图 2.71 所示，由点 A 到点 B，编程如下：

绝对值编程如下：

```
G90 G01 X90 Y45 F100;
```

增量值编程如下：

```
G91 G01 X70 Y30 F100;
```

执行该程序段后，刀具轨迹如图2.71所示，编程路径和实际路径一致。

2.2.3 任务实施

1. 工艺过程

（1）粗、精铣平面1。

（2）粗、精铣平面2。

（3）粗、精铣平面4。

（4）粗、精铣平面3。

（5）粗、精铣平面5。

（6）粗、精铣平面6。

2. 切削用量

切削用量的选择如表2.7所示。

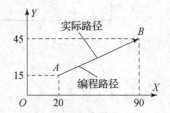

图2.71 直线插补指令 G01

表2.7 切削用量的选择

刀具类型	铣削类型	刀齿数	主轴转速 $S/(\text{r}\cdot\text{min}^{-1})$	背吃刀量 α_p/mm	进给速度 $F/(\text{mm}\cdot\text{min}^{-1})$
面铣刀	粗铣	4	<500	6.5	<160
面铣刀	半精铣	4	<500	5.5	<160
面铣刀	精铣	4	<500	0.5	<160

3. 安装工件

1）加工平面1

如图2.72所示，首先选用通用虎钳安装棒料，并放置垫块以调整高度，加工平面1。

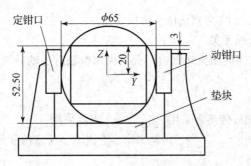

图2.72 六面体零件安装加工平面1

2）加工平面2、3、4、5、6

平面2、3的加工如图2.73所示，以同样的安装方法，加工平面4、5、6。

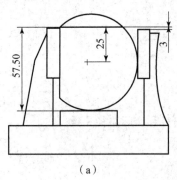
（a）

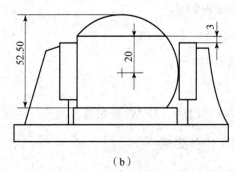
（b）

图 2.73　六面体零件安装加工平面 2、3

（a）平面 2；（b）平面 3

4. 程序清单

因该零件的加工都是单一的平面加工，主要编程指令用 G01 即可完成，故程序省略，请在课后自行完成。

习　　题

一、判断题

1. 数控铣床尽量使用通用夹具，必要时设计专用夹具。　　　　　　　　　　（　　）

2. 一般在数控铣床上加工工件，必须在一次装夹中完成全部工序。　　　　　（　　）

3. 直线插补坐标点越密，插补直线越短，与工件形状越逼近，加工精度越高。　（　　）

4. 数控铣床在加工过程中需要经常换刀，每种刀具长短不一，为了编程方便，通常采用刀具长度补偿。　　　　　　　　　　　　　　　　　　　　　　　　　　　　（　　）

5. 加工曲面类零件时，为了保证刀具切削刃与加工轮廓在切削点相切，且避免刀刃与工件轮廓发生干涉，一般采用球头刀。　　　　　　　　　　　　　　　　　　（　　）

6. G54～G59 建立的工件坐标原点是相对于机床原点而言的，在程序运行前已设定好，在程序运行中可以重置。　　　　　　　　　　　　　　　　　　　　　　　　　　（　　）

7. G95 表示设定进给速度单位为每分钟进给的指令。　　　　　　　　　　　　（　　）

8. 一旦执行 G92 指令建立坐标系，后序的绝对值指令坐标位置都是此工件坐标系中的坐标值。　　　　　　　　　　　　　　　　　　　　　　　　　　　　　　　　　　（　　）

9. 对于立式数控铣床，G17 为默认值，可以省略。　　　　　　　　　　　　　（　　）

10. 移动指令与平面选择无关。　　　　　　　　　　　　　　　　　　　　　　（　　）

11. G00 指令中的快进速度由机床制造厂根据机床参数对各轴分别设定，不能用程序规定。

（　　）

二、填空题

1. 数控回转工作台的蜗杆传动常采用＿＿＿＿，或者采用＿＿＿＿传动等，数控回转工作台具有＿＿＿＿、承载能力强、＿＿＿＿、传动平稳、磨损小、任意角度分度、＿＿＿＿等优点。其缺点是＿＿＿＿。

2. 工件在空间有 6 个自由度，对于数控铣床，必须遵循"六点定位"原则，应尽量避免＿＿＿＿、＿＿＿＿和＿＿＿＿。

3. 常用的铣刀类型有＿＿＿＿、＿＿＿＿、＿＿＿＿、＿＿＿＿。

4. 对数控铣削刀具进行选择，被加工零件的＿＿＿＿是选择刀具类型的主要依据。

5. 铣刀的端面和侧面都有_____，刀具的旋转方向与刀具相对工件的进给方向不同，切削效果不同。铣削分_____和_____两种方式。

6. 数控铣削背吃刀量分为_____背吃刀量和_____背吃刀量。

7. 铣刀在切削工件的平面和侧面时，可以采用不同的切削方式，通常有_____切削方式、_____切削方式、_____切削方式、_____切削方式、_____切削方式。

三、简答题

1. 数控铣削加工工序划分的原则是什么？

2. 什么叫刀具长度补偿和刀具半径补偿？

3. 解释安全平面和安全距离的含义。

4. 铣刀分为哪几种类型？每种铣刀的加工特点是什么？

5. 什么叫顺铣？什么叫逆铣？各适用什么场合？

6. 数控铣削适合哪些表面的加工？

7. 数控铣削加工编程的基本4要素是什么？

四、编程加工

任务描述：凸台零件如图2.74所示，按单件生产安排其数控加工工艺，编写出加工程序。毛坯为33 mm×20 mm×20 mm的长方体，材料为45钢。

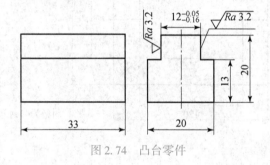

图2.74　凸台零件

任务2.3　铣削加工轮廓类零件

知识目标	技能目标	素质目标
1. 掌握轮廓铣削加工工艺知识； 2. 会分析轮廓铣削加工质量要求； 3. 熟练掌握轮廓铣削常用编程指令	1. 设计零件轮廓加工工艺； 2. 评价和分析零件； 3. 编制和调试数控铣削程序； 4. 应用仿真软件加工零件	1. 培养学生踏实肯干、勇于创新的工作态度； 2. 培养学生具有一定的综合分析、解决问题的能力； 3. 培养学生勤于思考、创新开拓、勇于探索的良好作风

技能目标

1. 能设计零件轮廓加工工艺；

2. 能评价和分析零件；

3. 能编写和调试数控铣削程序；

4. 能应用仿真软件加工零件。

知识目标

1. 掌握轮廓铣削加工工艺知识；

2. 会分析轮廓铣削加工质量要求；

3. 熟练掌握轮廓铣削常用编程指令。

2.3.1　任务导入：加工外轮廓凸台

任务描述：外轮廓凸台零件如图 2.75 所示，按单件生产安排其数控加工工艺，编写出外轮廓凸台加工程序。毛坯为 120 mm×100 mm×10 mm 的长方体，材料为 45 钢。

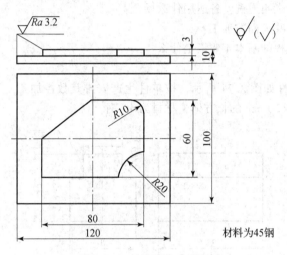

图 2.75　外轮廓凸台零件

2.3.2　知识链接

1. 分析轮廓铣削工艺

1）确定轮廓铣削的走刀路线

当铣削平面零件轮廓时，一般采用立铣刀侧刃铣削。

（1）确定平面零件外轮廓的进给路线。用立铣刀的侧刃铣削平面工件的外轮廓时，刀具切入工件时，应避免沿零件轮廓的法向切入，而应沿外轮廓曲线延长线的切向切入，以避免在切入处产生刀具的切痕而影响表面质量，保证零件外轮廓曲线平滑过渡。同理，在切出工件时，也应避免在零件的轮廓处直接退刀，而应沿零件轮廓延长线的切向逐渐切离工件，如图 2.76（a）所示。图中，X 为切出时多走的距离。

（2）确定铣削内轮廓的进给路线。内轮廓的进给路线如图 2.76（b）所示。铣削封闭的内轮廓表面时，同铣削外轮廓一样，刀具同样不能沿轮廓曲线的法向切入和切出。此时，刀具可沿一过渡圆弧切入和切出工件轮廓，图中 R_3 为零件圆弧轮廓半径，R_2 为过渡圆弧半径。

（3）确定封闭内腔铣削的进给路线。如图 2.77 所示，用立铣刀铣削内腔时，切入和切出无法外延，这时铣刀只有沿工件轮廓的法线方向切入和切出，并将其切入点和切出点选在工件轮廓两几何元素的交接点。但进给路线不一致，加工结果也将各异。

（4）确定曲面铣削的进给路线。铣削曲面时，常用球头刀进行加工。图 2.78 为加工边界敞开的直纹曲面常用的两种进给路线。

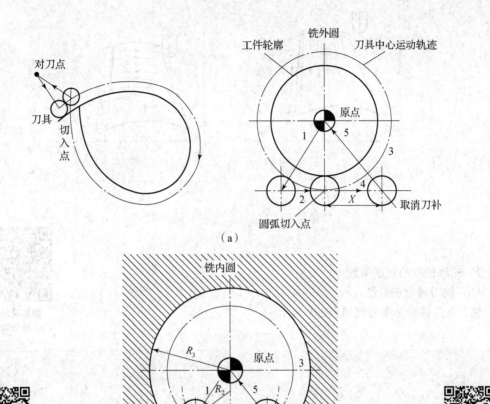

（a）

刀具切入和
切出时的外延

走刀路线
1 行切法

（b）

图 2.76 轮廓进给路线

（a）外轮廓刀具切入、切出的进给路线；（b）内轮廓的进给路线

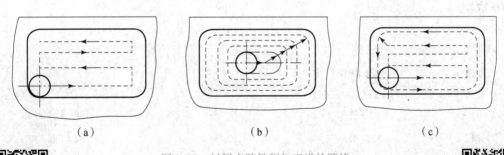

（a） （b） （c）

图 2.77 封闭内腔铣削加工进给路线

（a）行切法；（b）环切法；（c）先行切后环切法

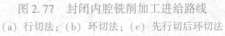

走刀路线
2 环切法

走刀路线 3 先行
切后环切法

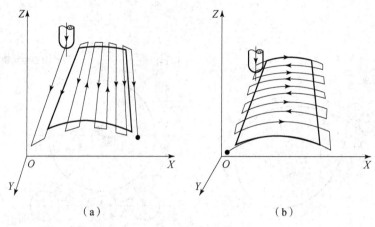

图 2.78 曲面铣削加工进给路线

（a）平面直纹刀路；（b）垂直直纹刀路

**数控铣加工
凸台外轮廓实例**

2）轮廓铣削的切削参数

（1）铣刀每齿进给量。

铣刀每齿进给量参考值如表 2.8 所示。

表 2.8 铣刀每齿进给量参考值

工件材料	f_z/mm			
	粗铣		精铣	
	高速钢铣刀	高速钢铣刀	高速钢铣刀	硬质合金铣刀
钢	0.10~0.15	0.02~0.05	0.02~0.05	0.10~0.15
铸铁	0.12~0.20	0.15~0.30		

（2）切削速度 v_c。

铣削加工的切削速度 v_c 可参考表 2.9 选取，也可参考有关切削用量手册中的经验公式通过计算选取。

表 2.9 铣削加工的切削速度参考值

工件材料	硬度 HBW	v_c/(m·min^{-1})	
		高速钢铣刀	硬质合金铣刀
钢	<225	18~42	66~150
	225~325	12~36	54~120
	325~425	6~21	36~75
铸铁	<190	21~36	66~150
	190~260	9~18	45~90
	260~320	4.5~10	21~30

2. 轮廓铣削常用编程指令

1）G02、G03——圆弧插补指令

半径指令格式：

G17/G18/G19　G02/G03　X_Y_/X_Z_/Y_Z_　R_F_；

圆心坐标指令格式：

G17/G18/G19　G02/G03　X_Y_/X_Z_/Y_Z_　I_J_/I_K_/J_K_F_；

圆弧插补指令
G02G03 – 1

① 圆弧插补方向。在右手笛卡尔直角坐标系中，从所在平面的第三坐标轴的正向负的方向看时（如 Z 轴为 XY 面的第三轴），G02 为顺时针方向为圆弧插补方向、G03 为逆时针方向为圆弧插补方向，如图 2.79 所示。

② 半径编程方式：X、Y、Z 为圆弧终点坐标，在 G90 时为圆弧终点在工件坐标系中的坐标；在 G91 时为圆弧终点相对于圆弧起点的位移量；R 为圆弧半径。

③ 圆心坐标编程方式：I、J、K 为圆心相对于圆弧起点

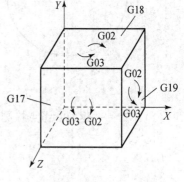

图 2.79　圆弧插补方向

的偏移值（等于圆心的坐标减去圆弧起点的坐标）；在 G90/G91 时都是以增量方式指定的。I、J、K 的选择如图 2.80 所示。

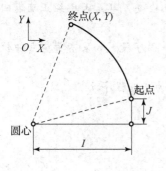 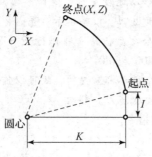 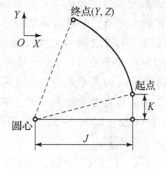

图 2.80　I、J、K 的选择

整圆加工，必须用圆心坐标编程，起点为 A，如图 2.81 所示，程序如下：

```
G90 G02/G03 X30 Y0 I-30 J0 F100；
G91 G02/G03 X0 Y0 I-30 J0 F100；
```

④ 圆弧半径（R）。R 为采用半径方式编程时的圆弧半径，可以替代 I、J 和 K。当圆弧圆心角大于 180°时，R 为负值；等于 180°时，R 可正、可负；小于 180°时，R 为正值。如果 X、Y 和 Z 省略，即终点和起点位于相同位置，并且指定 R 时，程序编制出的圆弧为 0°。

⑤ 如果同时指定地址 I、J、K 和 R 时，用地址 R 指定的圆弧优先，其他都被忽略。

⑥ 数控铣床加工通常不需要坐标平面选择指令，如立式铣床通常默认为 G17，加工中心编程时需要编入。

2）G27、G28、G29、G30——参考点相关指令

如图 2.82 所示，刀具可经过中间点沿着指定轴自动地移动到参考点，或者从参考点经过中间点沿着指定轴自动地移动到指定点。当返回参考点完成时，表示返回完成的指示灯亮。

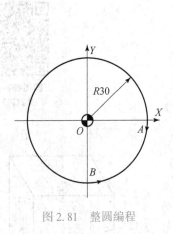

图 2.81　整圆编程

凸轮槽走刀路线

返回参考点 $A \rightarrow B \rightarrow R$
$R \rightarrow B \rightarrow C$

R(参考点)

B(中间点)

B(返回参考点的起始点)

C(从参考点返回的目标点)

图 2.82　返回参考点和从参考点返回

（1）G27——返回参考点检测指令。

指令格式：

G27 X_ Y_ ;

特别提示

①X、Y 为指定的参考点（绝对值和增量值指令）。

②执行 G27 指令，刀具以快速移动速度定位，返回参考点检查刀具是否已经正确返回到程序指定的参考点，如果刀具已经正确返回，该轴指示灯亮。

③使用 G27 返回参考点检查指令之后，将立即执行下一个程序段。如果不希望立即执行下一个程序段（如换刀时），可插入 M00 或 M01。

④由于返回参考点检查不是每个循环都需要的，故可以作为任选程序段。

⑤在返回参考点检查之前，需要取消刀具补偿。

（2）G28、G30——返回参考点指令。

指令格式：

G28 X_ Y_ Z_ ; //返回参考点

G30 P2 X_ Y_ Z_ ; //返回第 2 参考点

G30 P3 X_ Y_ Z_ ; //返回第 3 参考点

G30 P4 X_ Y_ Z_ ; //返回第 4 参考点

其中，X、Y 为指定中间点位置（绝对值和增量值指令）。

执行 G28 指令，各轴以快速移动速度定位到中间点或参考点。因此，为了安全，在执行该指令之前，应该清除刀具半径补偿和刀具长度补偿。G28 指令常用于自动换刀。

在没有绝对位置检测器的系统中，只有在执行自动返回参考点或手动返回参考点之后，方可使用返回第 2、3、4 参考点功能。通常，当刀具自动交换（ATC）位置与第 1 参考点不同时，使用 G30 指令。

（3）G29——从参考点返回指令。

指令格式：

G29 X_ Y_ Z_ ;

其中，X、Y、Z 为指定目标点的位置（绝对值和增量值指令）。

一般情况下，在 G28 或 G30 指令后，应立即执行从参考点返回指令。对增量值编程，指令值指离开中间点的增量值。

特 别提示

①通常 G28 与 G29 指令配对使用。

②G28 和 G29 指令都是非模态指令。

③使用 G28 指令时,必须先取消刀具半径补偿,而不必先取消刀具长度补偿,因为 G28 指令包含刀具长度补偿取消、主轴停止、切削液关闭等功能。

④该指令一般用于加工中心自动换刀。

⑤在使用上经常将 XY 和 Z 分开来用。先用 G28 Z_提刀并回 Z 轴参考点位置,然后再用 G28 X_Y_回到 XY 方向的参考点。

3)G04——刀具暂停指令

指令格式:

G04 X_ (或 P_);

特 别提示

刀具半径补偿
G41G42 区别 -1

①X 为指定时间(可以用十进制小数点)。

②P 为指定时间(不能用十进制小数点)。

③执行 G04 指令停刀,延迟指定的时间后执行下一个程序段。

④当 P、X 都不指定时,执行准确停止。

⑤X 的暂停时间的指令值范围为:0.001 ~ 99 999.999 s,P 的暂停时间的指令值范围为:1 ~ 99 999 999 s。

例如,暂停 2.5 s 的程序为"G04 X2.5;"或"G04 P2500;"。

4)G40、G41、G42——刀具半径补偿指令

(1)刀具半径补偿概念。

①对没有刀具半径补偿功能的数控系统,在进行轮廓铣削编程时,由于铣刀的刀位点在刀具中心,和切削刃不一致,因此为了确保铣削加工出的轮廓符合要求,编程时就必须在图纸要求轮廓的基础上,整个周边向外或向内预先偏离一个刀具半径值,作出一个刀具刀位点的行走轨迹,求出新的节点坐标,然后按这个新的轨迹进行编程,这就是人工预刀补编程。

②对有刀具半径补偿功能的数控系统,可不必求刀具中心的运动轨迹,直接按零件轮廓轨迹编程,同时在程序中给出刀具半径的补偿指令,这就是机床自动刀补编程。

(2)编程格式。

指令格式:

G41/G42 G00/G01 X_Y_ D_;

G40 G00/G01 X_Y_;

右刀补 G42 切
圆弧 G03 -1

其中,G40 为取消刀具半径补偿;G41 为左刀补(在刀具前进方向左侧补偿);G42 为右刀补(在刀具前进方向右侧补偿);G17、G18、G19 为刀具半径补偿平面;D 为 G41/G42 的参数,即刀补号码(D00 ~ D99)。

(3)刀补过程。

刀具半径补偿(以下简称刀补)的过程如图 2.83 所示。程序如下:

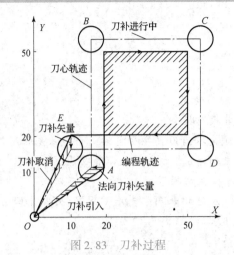

图2.83 刀补过程

刀具半径补偿

```
G41 G01 X20 Y10 D01;        //建立刀补(O→A)
Y50;                        //进行刀补(A→B)
X50;                        //进行刀补(B→C)
Y20;                        //进行刀补(C→D)
X10;                        //进行刀补(D→E)
G40 G01 X0 Y0;              //取消刀补(E→O)
```

①建立刀补：在刀具从起点接近工件时，刀心轨迹从与编程轨迹重合过渡到与编程轨迹偏离一个偏置量的过程（O→A）。

②进行刀补：刀具中心始终与编程轨迹相距一个偏置量直到刀补取消的过程（A→B→C→D→E）。

③取消刀补：刀具离开工件，刀心轨迹要过渡到与编程轨迹重合的过程（E→O）。

特别提示

①刀具补偿方向的判断。沿垂直于补偿所在平面（如XY平面）的坐标轴的负方向（−Z）看去，刀具中心位于编程前进方向的左侧，即为左补偿，如图2.84（a）所示；刀具中心位于编程前进方向的右侧，即为右补偿，如图2.84（b）所示。在进行刀具半径补偿前，必须用G17、G18或G19指定刀具补偿是在哪个平面上进行的。

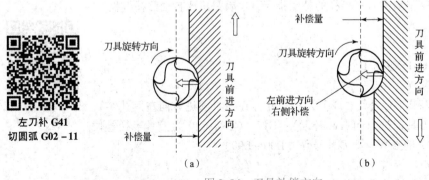

左刀补 G41
切圆弧 G02 −11

图2.84 刀具补偿方向
（a）左刀补 G41；（b）右刀补 G42

②刀具半径补偿值设定。在"MDI"面板上,把刀具半径补偿值赋给 D 代码。表2.10 为刀具半径补偿值的指定范围。

表2.10　刀具半径补偿值的指定范围

单位制	公制输入/mm	英制输入/in
刀具半径补偿值	0~999.999	0~99.999 9

③引入和取消刀补。引入和取消刀补要求必须在 G00 或 G01 程序段,不能在 G02/G03 程序段上进行。例如,G41 G02 X20 Y0 R10 D01 通常会导致机床报警。

刀补的取消有两种方式:G40 或 D00。

④在指定刀补平面执行刀补时,不能出现连续两个非坐标轴移动类指令或非刀补平面坐标移动,否则将可能产生过切或少切现象。非坐标轴移动类指令大致有以下几种:M 指令;S 指令;暂停指令;某些 G 指令,如 G90,G91 X0 等。非刀补平面坐标移动,如 G00 Z－10(刀补平面为 XY 平面时)。

⑤在建立或取消刀补时,注意由于程序轨迹方向不当而发生过切,如图 2.85 所示。

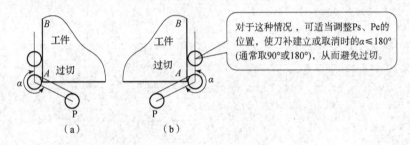

对于这种情况,可适当调整Ps、Pe的位置,使刀补建立或取消时的α≤180°(通常取90°或180°),从而避免过切。

图2.85　过切

⑥当刀补数据为负值时,则 G41、G42 功效互换。

⑦G41、G42 指令不要重复规定,否则会产生一种特殊的补偿。

⑧G40、G41、G42 都是模态指令,可相互注销。

(4) 刀具半径补偿应用。

利用同一个程序、同一把刀具,通过设置不同大小的刀具补偿半径值而逐步减少切削余量的方法来达到粗、精加工的目的。如图 2.86 所示,粗加工时,刀具补偿半径为 $R+d$,精加工时,刀具补偿半径为 R,即在刀具程序不变的情况下,达到完成粗、精分加工的目的。

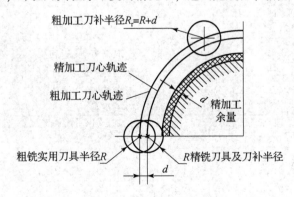

粗加工刀补半径$R_t=R+d$

精加工刀心轨迹

粗加工刀心轨迹

d 精加工余量

粗铣实用刀具半径R

R精铣刀具及刀补半径

d

图2.86　刀具半径补偿应用

【应用实例】 任务描述：编程加工如图2.87所示的轮廓工件，编程坐标系如图所示。刀具偏置号为D01偏置，方向为工件的左侧，起始点坐标为（0，0，100）。

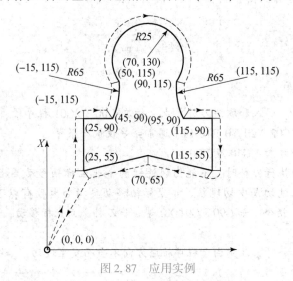

图 2.87 应用实例

程序如下：

```
O0019;
G54 G90 G40 G49 G80 T1;                //程序初始化
G00 Z100;                              //设置换刀点
X0 Y0;
M03 S800;                              //启动主轴
G00 Z10;                               //下刀
G01 Z-5 F50;                           //Z轴进给
G41 G01 X25 Y55 D1F100;                //建立刀补
Y90;
X45;
G03 X50 Y115 R65;
G02 X90 R-25;
G03 X95 Y90 R65;
G01 X115;
Y55;
X70 Y65;
X25 Y55;
G40 G01 X0 Y0;                         //取消刀补,返回
G01Z10;                                //抬刀
G00 Z100;                              //返回"换刀点"
M05;                                   //主轴停
M30;                                   //程序结束
```

2.3.3 任务实施

1. 工艺过程

（1）粗铣高度为3 mm的凸台。

（2）精铣轮廓为 0.5 mm 的凸台。

2. 刀具与工艺参数

数控刀工刀具卡和工序卡分别如表 2.11、表 2.12 所示。

表 2.11 数控加工刀具卡

单 位		数控加工刀具卡片	产品名称				零件图号	
			零件名称				程序编号	
序号	刀具号	刀具名称	刀具		补偿值		序号	
			直径	长度				直径
1	T01	立铣刀	ϕ20 mm		D01	ϕ20 mm	立铣刀	ϕ20 mm
2					D02	ϕ21 mm		

表 2.12 数控加工工序卡

单位		数控加工工序卡片		产品名称	零件名称	材料	零件图号
工序号	程序编号		夹具名称	夹具编号	设备名称	编制	审核
工步号	工步内容	刀具号	刀具规格	主轴转速 S/ $(r \cdot min^{-1})$	进给速度 F/ $(mm \cdot min^{-1})$	背吃刀量 α_p/mm	
1	粗铣高度为 3 mm 的凸台	T01/D02	ϕ20 mm 立铣刀	500	80	3	
2	精铣轮廓为 0.5 mm 的凸台	T01/D01	ϕ20 mm 立铣刀	600	70	0	

3. 装夹方案

连杆零件毛坯用虎钳装夹，底部用垫铁支撑。

4. 程序编写

在凸台中心建立工件坐标系，*Z* 轴原点设在上表面上。凸台轮廓的粗、精加工采用同一把刀具，同一加工程序，通过改变刀具半径补偿值的方法来实现。粗加工单边留精加工余量 0.5 mm。加工程序如下：

```
O0022;
G54G0Z50;              //建立工件坐标系／设置"换刀点"
0X0Y0;
M03 S500;
T01;                   //调1号刀
G00 X-70 Y-60;
Z10;                   //设置起刀点
```

```
G01 Z - 3 F50;                        //下刀
G01 G41 X - 40 D02 F80;               //建2号刀补
Y0;                                   //粗加工开始
X0 Y30;
X30;
G02 X40 Y20 R10;
G01 Y - 10;
G03 X20 Y - 30 R20;
G01 X - 70;
G40 G01 Y - 60;                       //取消2号刀补
G01 G41 X - 40 D01 F80;               //重复前面粗加工程序,建1号刀补进行精加工
Y0;
X0 Y30;
X30;
G02 X40 Y20 R10;
G01 Y - 10;
G03 X20 Y - 30 R20;
G01 X - 70;
G40 G01 Y - 60;                       //取消1号刀补
Z10;                                  //抬刀
G00 Z50;                              //返回"换刀点"
X0 Y0;
M05;                                  //主轴停
M30;                                  //程序结束返回
```

习　题

1. 任务描述：加工如图 2.88 所示的字母，用 $\phi4/\phi6$ 的键槽铣刀完成深度为 2 mm 的数控仿真加工。

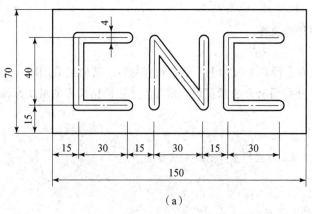

（a）

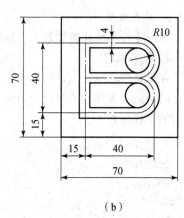

（b）

图 2.88　字母加工

(a) "CNC" 图；(b) "B" 图

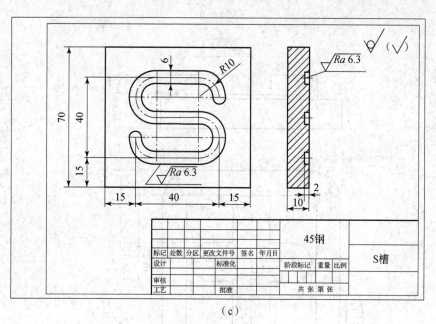

图 2.88 字母加工（续）

(c) "S" 图

2. **任务描述**：编写如图 2.89 所示轮廓凸台零件的加工程序并且在仿真软件上进行仿真加工。材料：08F 低碳钢；厚度：10 mm；长×宽：100 mm×100 mm；刀具：直径为 16 mm 的端铣刀；切削深度：2 mm。

3. **任务描述**：加工如图 2.90 所示的复杂轮廓凸台零件，按单件生产安排其数控加工工艺，编写出加工程序。毛坯为 100 mm×80 mm×13 mm 的长方体，材料为 45 钢。

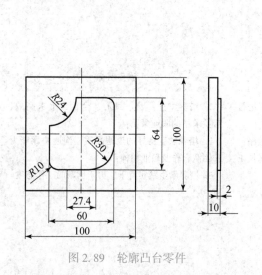

图 2.89 轮廓凸台零件

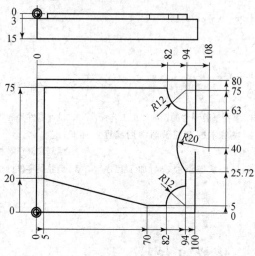

图 2.90 复杂轮廓凸台零件

4. **任务描述**：加工如图 2.91 所示的内外轮廓凸台零件，按单件生产安排其数控加工工艺，编写出加工程序。毛坯为 75 mm×75 mm×22 mm 的长方体，材料为 45 钢，底板圆角 4-R15 不需要加工。

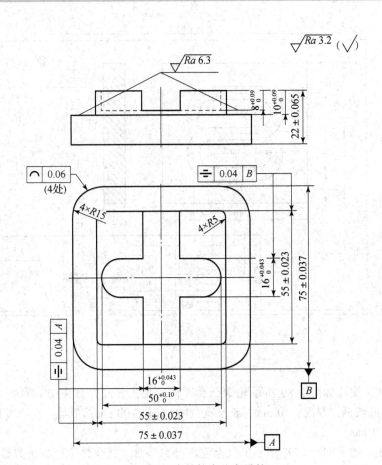

图 2.91 内外轮廓凸台零件

任务 2.4　铣削加工型腔类零件

知识目标	技能目标	素质目标
1. 掌握型腔零件的铣削加工工艺； 2. 熟练掌握型腔铣削常用编程指令； 3. 熟练掌握型腔铣削加工程序编制	1. 设计零件型腔加工进行加工工艺； 2. 编制和调试数控程序； 3. 型腔类零件的仿真加工	1. 培养学生严谨、细心、全面、追求高效、精益求精的职业素质； 2. 培养学生良好的道德品质、沟通协调能力和团队合作及敬业精神； 3. 培养学生踏实肯干、勇于创新的工作态度

◤ 技能目标

1. 能设计型腔类零件的加工工艺；
2. 能编写和调试数控程序；
3. 能进行型腔类零件的仿真加工。

知识目标

1. 掌握型腔铣削加工工艺；
2. 熟练掌握型腔铣削常用编程指令；
3. 熟练掌握型腔铣削加工程序编写。

2.4.1 任务导入：矩形型腔零件的铣削加工

任务描述：完成如图 2.92 所示矩形型腔零件的加工，并完成工序卡片的填写。零件上下表面、外轮廓已在前面工序（步）完成，零件材料为 45 钢。毛坯为 200 mm × 200 mm × 50 mm 型材。

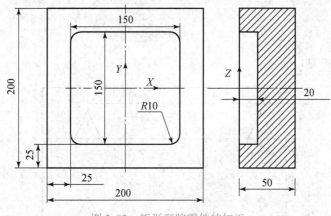

图 2.92 矩形型腔零件的加工

2.4.2 知识链接

1. 型腔铣削的工艺知识

1）型腔铣削的下刀方式

型腔铣削的下刀方式有斜插式下刀、Z 向垂直下刀、螺旋下刀 3 种，如图 2.93 所示。

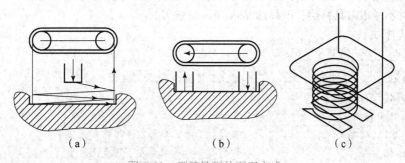

图 2.93 型腔铣削的下刀方式

(a) 斜插式下刀；(b) Z 向垂直下刀；(c) 螺旋下刀

2）矩形型腔编程的三要素

矩形型腔编程的三要素为：刀具直径、半精加工余量、精加工余量，如图 2.94 所示。

2. 子程序

子程序的构成、格式、调用与数控车床基本相同。

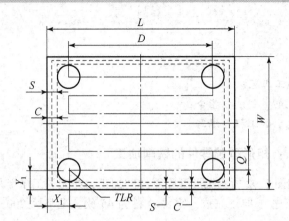

X_1—刀具起点的 X 坐标；Y_1—刀具起点的 Y 坐标；L—型腔长度；D—实际切削长度；

W—型腔宽度；S—精加工余量；TLR—刀具半径；Q—切削间距；C—半加工余量。

图 2.94 矩形型腔编程的三要素

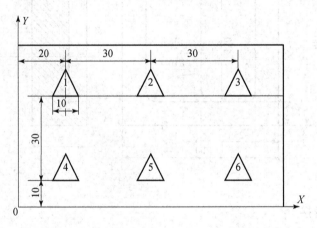

图 2.95 子程序应用

【应用实例】 任务描述：如图 2.95 所示，在一块平板上加工 6 个边长为 10 mm 的等边三角形，每边的槽深为 2 mm，工件上表面为 Z 向零点。其程序的编写可以采用调用子程序的方式来实现（编程时不考虑刀具补偿，刀具选择 ϕ3 mm 立铣刀）。

（1）主程序如下：

```
O1120;
N010 G54 G90 G00 Z100;          //建立工件坐标系、设置换刀点
N020 G00 X0 Y0;
N030 M03 S800;                  //主轴启动
N040 G00 X15 Y40;               //快速到 1 号三角形左下顶点正上方
N050 G01 Z0 F40;                //切削到 1 号三角形左下顶点上表面
N060 M98 P1121;                 //调 O1121 号子程序切削三角形
N070 G00 X45;                   //快速到 2 号三角形左下顶点正上方
N080 G01 Z0 F40;                //切削到 2 号三角形左下顶点上表面
N090 M98 P1121;                 //调 O1121 号子程序切削三角形
N100 G00 X75;                   //快速到 3 号三角形左下顶点正上方
N110 G01 Z0 F40;                //切削到 3 号三角形左下顶点上表面
```

```
N120 M98 P1121;              //调 O1121 号子程序切削三角形
N130 G00 Y10;                //快速到 4 号三角形左下顶点正上方
N140 G01 Z0 F40;             //切削到 4 号三角形左下顶点上表面
N150 M98 P1121;              //调 O1121 号子程序切削三角形
N160 G00 X45;                //快速到 5 号三角形左下顶点正上方
N170 G01 Z0 F40;             //切削到 5 号三角形左下顶点上表面
N180 M98 P1121;              //调 O1121 号子程序切削三角形
N190 G00 X15;                //快速到 6 号三角形左下顶点正上方
N200 G01 Z0 F40;             //切削到 6 号三角形左下顶点上表面
N210 M98 P1121;              //调 O1121 号子程序切削三角形
N220 G00 Z100;               //快速抬刀
N230 G00 X0 Y0;
N240 M05;                    //主轴停
N250 M30;                    //程序结束
```

（2）子程序如下：

```
01121;
N010 G91 G01 Z-2 F40;        //增量切入三角形左下顶点 2 mm
N020 G01 X10;                //切削三角形
N030 X-5 Y8.66;              //切削三角形
N040 X-5 Y-8.66;             //切削三角形
N050 G01 Z12 F100;           //抬刀
N060 G90;                    //恢复绝对坐标
N070 M99;                    //子程序结束并返回主程序
```

2.4.3 任务实施

1. 工艺过程

（1）型腔加工选择 φ16 mm 立铣刀，采用垂直下刀方式，槽底不留加工余量。

（2）内轮廓半精加工、精加工选择 φ16 mm 立铣刀，采用垂直下刀方式，通过修改刀补值实现半精加工和精加工。

2. 半精加工、精加工加工路线

型腔的精加工刀具路线如图 2.96 所示。

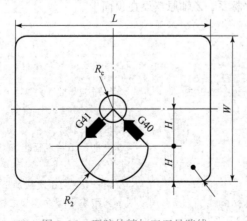

图 2.96　型腔的精加工刀具路线

3. 刀具与工艺参数

数控加工刀具卡和工序卡分别如表2.13、表2.14所示。

表2.13 数控加工刀具卡

单 位		数控加工刀具卡片	产品名称			零件图号	
			零件名称			程序编号	
序号	刀具号	刀具名称	刀 具		补偿值		序号
			直径	长度			直径
1	T01	立铣刀	φ16 mm		D1	φ16 mm	
					D2	φ17 mm	

表2.14 数控加工工序卡

单 位		数控加工工序卡片	产品名称	零件名称	材 料	零件图号
工序号	程序编号	夹具名称	夹具编号	设备名称	编制	审核
工步号	工步内容	刀具号	刀具规格	主轴转速 $S/$ $(r \cdot min^{-1})$	进给速度 $F/$ $(mm \cdot min^{-1})$	背吃刀量 α_p/mm
1	粗铣型腔	T01	φ16 mm 立铣刀	1 000	100	2
2	半精铣型腔	T01	φ16 mm 立铣刀	1 500	80	4.5
3	精铣型腔	T01	φ16 mm 立铣刀	1 500	80	0.5

4. 装夹方案

连杆零件毛坯用虎钳装夹，底部用垫铁支撑。

5. 程序编写

在毛坯中心建立工件坐标系，Z 轴原点设在顶面上。

1）粗加工程序

（1）主程序如下：

```
O00020;
N010 G54 G90 G40 G49 G00 Z50 T1;          //程序初始化
N020 X0 Y0;
N030 M03 S1000;                            //启动主轴
N040 G00 Z5;                               //快进到工件表面上方
N050 G01 Z0 F80;
N060 M98 P100021;                          //调子程序10次粗加工型腔,底面不留精加工余量
N070 G90 G01 Z -20 S1500 F80;              //到槽底中心准备加工轮廓
N080 D02;                                  //启用2号刀具半径补偿
```

```
N090 M98 P0022;                    //调用内轮廓子程序半精加工
N100 D01;                          //启用1号刀具半径补偿
N110 M98 P0022;                    //调用内轮廓子程序精加工
N120 G00 Z100;                     //抬刀
N130 M05;                          //主轴停
N140 M30;                          //程序结束
```

（2）型腔子程序如下：

```
O0021;
N010 G91 G01 Z -2 F100;
N020 G01 X10;
N030 Y10;
N040 X -10;
N050 Y -10;
N060 X10;
N070 Y0;
N080 X25;
N090 Y25;
N100 X -25;
N110 Y -25;
N120 X25;
N130 Y0;
N140 X40;
N150 Y40;
N160 X -40;
N170 Y -40;
N180 X40;
N190 Y0;
N200 X55;
N210 Y55;
N220 X -55;
N230 Y -55;
N240 X55;
N250 Y0;
N260 X70;
N270 Y70;
N280 X -70;
N290 Y -70;
N300 X70;
N310 Y0;
N320 X0;
N330 M99;                //子程序结束
```

2）内轮廓加工子程序如下：

```
O0022;
N010 G01 G41 X -20 Y -55;          //建刀补
```

```
N020 G03 X0Y-75 R20;            //圆弧切线切入
N030 G01 X65;
N040 G03 X75 Y-65 R10;
N050 G01 Y65;
N060 G03 X65 Y75 R10;
N070 G01 X-65;
N080 G03 X-75 Y65 R10;
N090 G01 Y-65;
N100 G03 X-65 Y-75 R10;
N110 G01 X0;
N120 G03 X20 Y-55 R20;          //圆弧切线切出
N130 G40 G01 X0 Y0;             //取消刀补
N140 M99;                       //子程序结束并返回主程序
```

习　题

1. 任务描述：利用数控加工仿真软件，完成如图 2.97 所示零件上型腔的加工，完成表 2.15、表 2.16 的填写，并编写程序清单。零件上下表面、外轮廓已在前面工序（步）完成，零件材料为 45 钢。

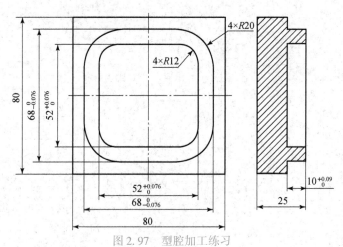

图 2.97　型腔加工练习

表 2.15　数控加工刀具卡

单　位		数控加工刀具卡片	产品名称			零件图号	
			零件名称			程序编号	
序号	刀具号	刀具名称	刀　具		补偿值		序号	
			直径	长度	半径	长度	半径	长度
1	T01							
2	T02							
3	T03							

表 2.16　数控加工工序卡

单　位	数控加工工序卡片		产品名称	零件名称	材　料	零件图号
工序号	程序编号	夹具名称	夹具编号	设备名称	编制	审核
工步号	工步内容	刀具号	刀具规格	主轴转速 $S/$ $(\text{r}\cdot\text{min}^{-1})$	进给速度 $F/$ $(\text{mm}\cdot\text{min}^{-1})$	背吃刀量 α_p/mm
1		T01				
2		T02				
3		T03				
4		T04				

2. 任务描述：编写如图 2.98 所示的双型腔圆形凸台零件的数控铣削加工程序，完成表 2.17、表 2.18 的填写，并编写程序清单。

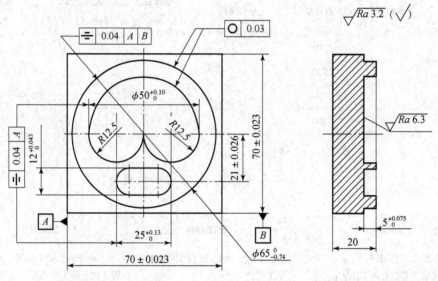

图 2.98　双型腔圆形凸台零件

表 2.17　数控加工刀具卡

单　位		数控加工刀具卡片	产品名称				零件图号	
			零件名称				程序编号	
序号	刀具号	刀具名称	刀　具		补偿值		序号	
			直径	长度	半径	长度	半径	长度
1	T01							
2	T02							

续表

单　位	数控加工刀具卡片	产品名称			零件图号		
		零件名称			程序编号		
序号	刀具号	刀具名称	刀具		补偿值		序号
			直径	长度	半径	长度	半径
3	T03						
4	T04						

表 2.18　数控加工工序卡

单　位	数控加工工序卡片		产品名称	零件名称	材　料	零件图号
工序号	程序编号	夹具名称	夹具编号	设备名称	编制	审核
工步号	工步内容	刀具号	刀具规格	主轴转速 $S/$（r · min^{-1}）	进给速度 $F/$（mm · min^{-1}）	背吃刀量 $\alpha_p/$mm
1		T01				
2		T02				
3		T03				
4		T04				

任务 2.5　铣削加工孔类零件

知识目标	技能目标	素质目标
1. 掌握孔加工工艺知识； 2. 掌握攻螺纹与镗孔加工工艺； 3. 掌握钻孔、扩孔及铰孔固定循环指令； 4. 掌握攻螺纹与镗孔固定循环指令； 5. 熟练掌握孔加工程序编制	1. 能分析和设计孔加工工艺； 2. 能编制孔加工程序及测量工件； 3. 孔类零件的仿真加工	1. 培养学生勤于思考、踏实肯干、勇于创新的工作态度； 2. 培养学生自学能力，在分析和解决问题时查阅资料、处理信息、独立思考及可持续发展能力

技能目标

1. 能分析和设计孔加工工艺；
2. 能编写孔加工程序及测量工件；
3. 能进行孔类零件的仿真加工。

知识目标

1. 掌握孔加工工艺知识；
2. 掌握攻螺纹与镗孔加工工艺；
3. 掌握钻孔、扩孔及铰孔固定循环指令；
4. 掌握攻螺纹与镗孔固定循环指令；
5. 熟练掌握孔加工程序编写。

2.5.1 任务导入：端盖零件的加工

任务描述：端盖零件如图 2.99 所示，底平面、两侧面和 $\phi40H8$ 型腔已在前面工序加工完成。本工序加工端盖的 4 个沉头螺钉孔和 2 个销孔，试编写其加工程序。零件材料为 HT150，加工产量为 5 000 个/年。

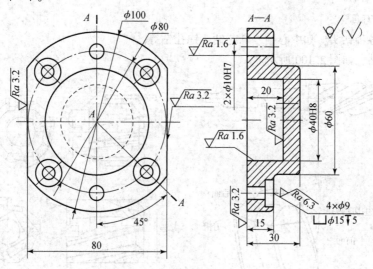

图 2.99　端盖零件

2.5.2 知识链接

1. 孔加工工艺知识

1）孔的加工方法

在数控铣床/加工中心上加工孔的方法很多，根据孔的尺寸精度、位置精度及表面粗糙度等要求，一般有点孔、钻孔、扩孔、锪孔、铰孔、镗孔及铣孔等。常用孔的加工方法与步骤选择如表 2.19 所示。

表 2.19　常用孔的加工方法与步骤的选择

序号	加工方案	精度等级	表面粗糙度值 $Ra/\mu m$	适用范围
1	钻	11～13	50～12.5	加工未淬火钢及铸铁的实心毛坯，也可用于加工有色金属（但粗糙度较差），孔径小于 17 mm
2	钻—铰	9	3.2～1.6	
3	钻—粗铰（扩）—精铰	7～8	1.6～0.8	

序号	加工方案	精度等级	表面粗糙度值 $Ra/\mu m$	适用范围
4	钻—扩	11	6.3~3.2	
5	钻—扩—铰	8~9	1.6~0.8	同上，但孔径大于17 mm
6	钻—扩—粗铰—精铰	7	0.8~0.4	
7	粗镗（扩孔）	11~13	6.3~3.2	
8	粗镗（扩孔）—半精镗（精扩）	8~9	3.2~1.6	除淬火钢外各种材料，毛坯有铸出孔或锻出孔
9	粗镗（扩）—半精镗（精扩）—精镗	6~7	1.6~0.8	

2) 孔加工刀具

(1) 常用各种钻头，如中心钻、麻花钻、锪孔钻等。

(2) 扩孔钻，如图2.100所示。

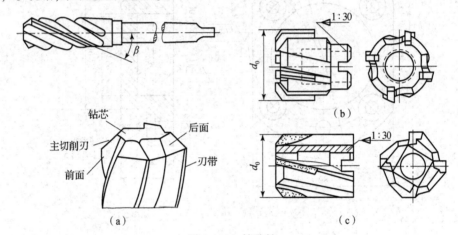

图2.100　扩孔钻

(3) 机用铰刀，如图2.101所示。

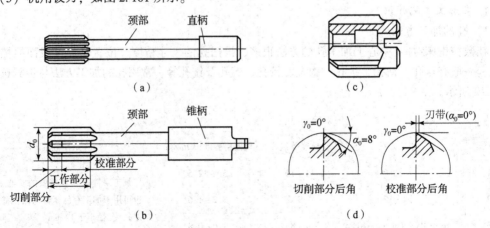

图2.101　机用铰刀

（4）机用丝锥。

（5）各种镗孔刀，如图2.102～图2.104所示。

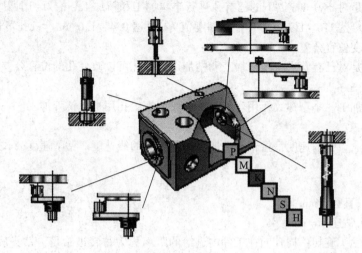

图2.102　镗刀

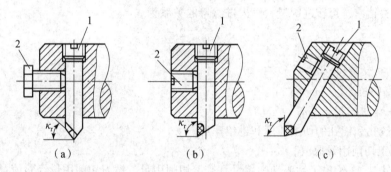

（a）　　　　　　（b）　　　　　　（c）

1－调节螺钉；2－顶紧螺钉。

图2.103　粗镗刀

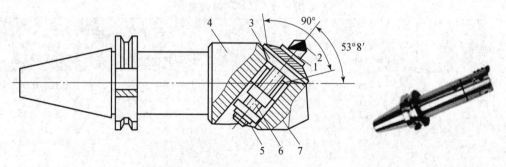

1—刀块；2—刀片；3—精调螺母；4—镗杆；5—紧固螺母；6—紧固螺杆；7—导向键。

图2.104　微调镗刀

3）孔加工类型和钻削要素

（1）孔加工类型。

①钻。钻孔是用麻花钻加工孔。

②扩。扩孔是对已有孔扩大，作为铰孔或磨孔前的预加工。留给扩孔的加工余量较小，扩孔

钻容屑槽浅，刀体刚性好，可以用较大的切削量和切削速度。扩孔钻切削刃多，导向性好，切削平稳。

③铰。铰孔是对 $\phi 80$ mm 以下的已有孔进行半精加工和精加工。铰刀切削刃多，刚性和导向性好，铰孔精度可达 IT6 ~ IT7 级，孔壁粗糙度值 Ra 可达 0.4 ~ 1.6 μm。铰孔可以改变孔的形状公差，但不能改变位置公差。

④镗。镗孔是对已有孔进行半精加工和精加工。镗孔可以改变孔的位置公差，孔壁粗糙度值 Ra 可达 0.8 ~ 6.3 μm。

⑤孔的螺纹加工。小型螺纹孔用丝锥加工，大型螺纹孔用螺纹铣刀加工。

（2）钻削要素。

①钻削速度 v_c。钻削速度是指钻头主切削刃外缘处的线速度。钻削速度公式为

$$v_c = \frac{\pi d n}{1\,000}$$

式中：d——钻头直径，mm；

n——钻头钻速，r/min。

②进给量。钻头旋转一周轴向往工件内进给的距离称为每转进给量；钻头旋转一个切削刃，轴向往工件内进给的距离称为每齿进给量；钻头每秒往工件内进给的距离称为每秒进给量。每秒进给量与钻头钻速、每转进给量、每齿进给量的关系为

$$v_f = \frac{nf}{60} = \frac{2nf_z}{60}$$

式中：n——钻头钻速，r/min；

f——每转进给量，mm/r；

f_z——每齿进给量，mm。

③钻削、铰孔和镗孔的切削速度和进给速度。

（3）孔加工切削用量取值。

表 2.20 ~ 表 2.23 给出了钻头切削用量、铰刀切削用量、镗刀切削用量经验值及孔加工余量。小型螺纹孔用丝锥加工，切削速度为 1.5 ~ 5 m/min。

表 2.20　钻头切削用量经验值

钻头直径 d /mm	45 钢		合金钢	
	v_c/(m · min^{-1})	f/(mm · r^{-1})	v_c/(m · min^{-1})	f/(mm · r^{-1})
1 ~ 5	8 ~ 25	0.05 ~ 0.1	8 ~ 15	0.03 ~ 0.08
5 ~ 12	8 ~ 25	0.1 ~ 0.2	8 ~ 15	0.08 ~ 0.15
12 ~ 22	8 ~ 25	0.2 ~ 0.3	8 ~ 15	0.15 ~ 0.25
22 ~ 50	8 ~ 25	0.3 ~ 0.45	8 ~ 15	0.25 ~ 0.35

表 2.21　铰刀切削用量经验值

铰刀直径 d /mm	45 钢和合金钢	
	v_c/(m · min^{-1})	f/(mm · r^{-1})
6 ~ 10	1.2 ~ 5	0.3 ~ 0.4

续表

铰刀直径 d /mm	45 钢和合金钢	
	v_c/(m·min^{-1})	f/(mm·r^{-1})
10~15	1.2~5	0.4~0.5
15~25	1.2~5	0.5~0.6
25~40	1.2~5	0.5~0.6
40~60	1.2~5	0.5~0.6

表 2.22　镗刀切削用量经验值

工序	镗刀材料	45 钢	
		v_c/(m·min^{-1})	f/(mm·r^{-1})
粗镗	高速钢	15~30	0.35~0.7
	硬质合金	50~70	
半精镗	高速钢	15~50	0.15~0.45
	硬质合金	95~135	
精镗	高速钢	100~135	0.12~0.15
	硬质合金		

表 2.23　孔加工余量

mm

加工孔的直径	直径							
	钻		粗加工		半精加工		精加工（H7、H8）	
	第一次	第二次	粗镗	扩孔	粗铰	半精镗	精铰	精镗
3	2.9	—	—	—	—	—	3	—
4	3.9	—	—	—	—	—	4	—
5	4.8	—	—	—	—	—	5	—
6	5.0	—	—	5.85	—	—	6	—
8	7.0	—	—	7.85	—	—	8	—
10	9.0	—	—	9.85	—	—	10	—
12	11.0	—	—	11.85	11.95	—	12	—
13	12.0	—	—	12.85	12.95	—	13	—
14	13.0	—	—	13.85	13.95	—	14	—
15	14.0	—	—	14.85	14.95	—	15	—

加工孔的直径	直径							
	钻		粗加工		半精加工		精加工（H7、H8）	
	第一次	第二次	粗镗	扩孔	粗铰	半精镗	精铰	精镗
16	15.0	—	—	15.85	15.95	—	16	—
18	17.0	—	—	17.85	17.95	—	18	—
20	18.0	—	19.8	19.8	19.95	19.90	20	20
22	20.0	—	21.8	21.8	21.95	21.90	22	22
24	22.0	—	24.8	24.8	24.95	24.90	24	24
26	24.0	—	25.8	25.8	25.95	25.90	26	26
28	26.0	—	27.8	27.8	27.95	27.90	28	28
30	15.0	28.0	29.8	29.8	29.95	29.90	30	30
32	15.0	30.0	31.7	31.75	31.93	31.90	32	32
35	20.0	33.0	34.7	34.75	34.93	34.90	35	35
38	20.0	36.0	37.7	37.75	37.93	37.90	38	38
40	25.0	38.0	39.7	39.75	39.93	39.90	40	40
42	25.0	40.0	41.7	41.75	41.93	41.90	42	42
45	30.0	43.0	44.7	44.75	44.93	44.90	45	45
48	36.0	46.0	47.7	47.75	47.93	47.90	48	48
50	36.0	48.0	49.7	49.75	49.93	49.90	50	50

2. 攻螺纹和镗孔的加工工艺

1）攻螺纹的加工工艺

（1）普通螺纹简介。普通螺纹分粗牙普通螺纹和细牙普通螺纹，牙型角为 60°。粗牙普通螺纹螺距是标准螺距，其代号用字母"M"及公称直径表示，如 M16、M12 等。细牙普通螺纹代号用字母"M"及公称直径螺距表示，如 M24×1.5、M27×2 等。

（2）攻螺纹底孔直径的确定。底孔直径大小可根据螺纹的螺距查阅手册或按下面经验公式确定。

加工钢件等塑性材料时，有

$$D_{底} \approx d - P$$

加工铸铁等脆性材料时，有

$$D_{底} \approx d - 1.05P$$

式中：$D_{底}$——底孔直径，mm；

d——螺纹公称直径，mm；

P——螺距，mm。

（3）盲孔螺纹底孔深度的确定。攻盲孔螺纹时，由于丝锥切削部分有锥角，端部不能切出完整的牙型，所以钻孔深度要大于螺纹的有效深度，如图 2.105 所示。一般取

$$H_{钻} = h_{有效} + 0.7d$$

式中：$H_{钻}$——底孔深度，mm；

$h_{有效}$——螺纹有效深度，mm；

d——螺纹公称直径，mm；

（4）螺纹轴向起点和终点尺寸。在数控机床上攻螺纹时，在安排其工艺时要尽可能考虑如图 2.106 所示合理的导入距离 δ_1 和导出距离 δ_2。δ_1 一般取 $2P \sim 3P$，对大螺距和高精度的螺纹则取较大值；δ_2 一般取 $1P \sim 2P$。此外，在加工通孔螺纹时，导出量还要考虑丝锥前端切削锥角部位的长度。

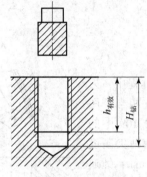

图 2.105　螺纹底孔深度

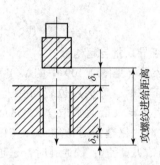

图 2.106　攻螺纹轴向起点与终点

2）设计孔加工进给路线

孔加工走刀路线要求定位迅速、准确。加工孔时，一般首先将刀具在 XY 平面内快速定位运动到孔中心线的位置上，然后沿 Z 向运动进行加工。所以，孔加工进给路线的确定包括 XY 平面内和 Z 向进给路线。

（1）确定 XY 平面内的进给路线，如图 2.107 所示，应选择最短加工路线。

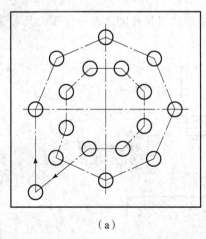

（a）

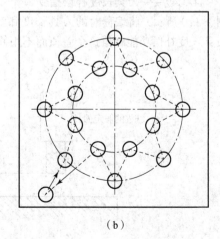

（b）

图 2.107　选择最短加工路线

（a）同圆周式；（b）交替式

（2）确定 Z 向（轴向）的进给路线。刀具在 Z 向的进给路线分为快速移动进给路线和工作进给路线。刀具先从初始平面快速运动到距工件加工表面一定距离的 R 平面，然后按工作进给

速度进行加工。图2.108（a）为加工单个孔时刀具的进给路线。对多个孔加工而言，为减少刀具的空行程进给时间，加工中间孔时，刀具不必退回到初始平面，只要退回到 R 平面上即可，其进给路线如图2.108（b）所示。

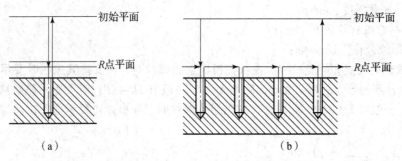

图2.108　刀具 Z 向进给路线

（a）单孔加工；（b）双孔加工

（3）孔加工导入量与超越量。

孔加工导入量（见图2.109中的 ΔZ）是指在孔加工过程中，刀具自快进转为工进时，刀尖点位置与孔上表面间的距离，相当于图2.108中的 R 值，导入量通常取 $2\sim5$ mm。超越量为图2.109中的 $\Delta Z'$，当钻通孔时，超越量通常取 $Z_p+(1\sim3)$ mm，Z_p 为钻尖高度（通常取0.3倍钻头直径）；铰通孔时，超越量通常取 $3\sim5$ mm；镗通孔时，超越量通常取 $1\sim3$ mm。

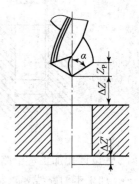

图2.109　孔加工
导入量与超越量

3. 刀具长度补偿

应用刀具补偿功能后数控系统可以对刀具长度和刀具半径进行自动校正，使编程人员可以直接根据零件图纸进行编程，不必考虑刀具因素。该功能的优点是在换刀后不需要另外编写程序，只需输入新的刀具参数即可，而且粗、精加工可以通用。

G43/G44/G49——刀具长度补偿指令。

如图2.110所示，将编程时的刀具长度和实际使用的刀具长度之差设定于刀具偏置存储器中。用刀具长度补偿功能补偿这个差值而不用修改程序。

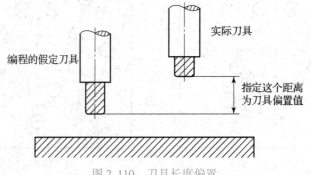

图2.110　刀具长度偏置

用 G43 或 G44 指定刀具长度补偿方向。由输入的地址号（H 代码），从偏置存储器中选择刀具偏置值。

指令格式：

G43/G44　G00/G01 Z_ H_；

G49 G00/G01 Z_;

其中：G43 为刀具长度正补偿；G44 为刀具长度负补偿；G49 为取消刀具长度补偿；H 为指定刀具长度偏置值的地址号。

特 别提示

①无论是绝对坐标编程还是增量坐标编程，当指定 G43 时，用 H 代码指定的刀具长度偏置值加到程序中由指令指定的终点位置坐标上。当指定 G44 时，从终点位置减去长度补偿值。补偿后的坐标值表示补偿后的终点位置，而不管选择的是绝对值还是增量值。

②如果不指定轴的移动，系统假定指定了不引起移动的移动指令。当用 G43 对刀具长度偏置指定一个正值时，刀具按正向移动。当用 G44 对刀具长度补偿指定一个正值时，刀具按负向移动。当对刀具长度补偿指定负值时，刀具则向相反方向移动。

③G43 和 G44 是模态指令，它们一直有效，直到指定同组的 G 指令为止，可相互注销。

④刀具长度偏置值地址 H 的范围为 H00 ~ H99，可由用户设定刀具长度偏置值，其中 H00 的长度偏置值恒为零。刀具长度偏置值的范围为 0 ~ ±999.999 mm（公制），0 ~ ±99.999 9 in（英制）。

⑤一般加工完一个工件后，应该撤销刀具长度补偿，用 G49 或 H0 指令可以取消刀具长度补偿。

⑥在刀具长度偏置沿两个或更多轴执行后，用 G49 取消沿所有轴的刀具长度补偿。如果用 H0 指令，则仅取消沿垂直于指定平面的轴的刀具长度补偿。

【应用实例1】 任务描述：对如图 2.111 所示的零件钻孔。按理想刀具进行对刀编程，现测得实际刀具比理想刀具短 8 mm，设定（H01）=8 mm，（H02）= −8 mm。

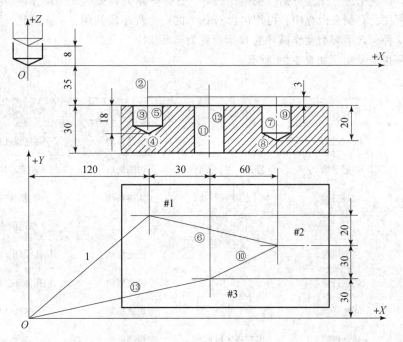

图 2.111 钻孔加工应用

程序清单如下：

```
O0005;
N010 G54 G90 G00 X120 Y80 Z0;            //快速移到孔#1 正上方
N020 G91 G43 Z-32 H01 S630 M03;          //或 G44 Z-32 H02,理想刀具下移值 Z =
                                         //-32,实际刀具下移值 Z = -40,下移到
                                         //离工件上表
                                         //面距离 3 mm 的安全高度平面
N030 G01 Z-21 F120;                      //以工进方式继续下移 21 mm
N040 G04 P1000;                          //孔底暂停 1 s
N050 G00 Z21;                            //快速提刀至安全面高度
N060 X90 Y-20;                           //快移到孔#2 的正上方
N070 G01 Z-23 F120;                      //向下进给 23 mm,钻通孔#2
N080 G04 P1000;                          //孔底暂停 1 s
N090 G00 Z23;                            //快速上移 23 mm,提刀至安全平面
N100 X-60 Y-30;                          //快移到孔#3 的正上方
N110 G01 Z-35 F120;                      //向下进给 35 mm,钻孔#3
N120 G49 G00 Z67;                        //理想刀具快速上移 67 mm,实际刀具上移
                                         //75 mm,提刀至初始平面
N130 X-150Y-30;                          //刀具返回初始位置处
N140 M05;                                //主轴停
N150 M30;                                //程序结束
```

4. 加工孔固定循环

数控加工中,某些加工动作循环已经典型化。例如,钻孔、镗孔的动作是孔位平面定位、快速引进、工作进给、快速退回等,这样一系列典型的加工动作已经预先编好程序,存储在内存中,可用包含 G 指令的一个程序段调用,从而简化编程工作。这种包含了典型动作循环的 G 指令称为循环指令。

课程思政案例六

固定循环指令及功能如表 2.24 所示。

表 2.24 固定循环指令及功能

G 指令	钻孔方式	孔底操作	返回方式	应用
G73	间歇进给		快速移动	高速深孔钻循环
G74	切削进给	停刀→主轴正转	切削进给	左旋攻丝循环
G76	切削进给	主轴定向停止	快速移动	精镗循环
G80				取消固定循环
G81	切削进给		快速移动	钻孔循环、点钻循环
G82	切削进给	停刀	快速移动	钻孔循环、锪镗循环
G83	间歇进给		快速移动	深孔钻循环
G84	切削进给	停刀→主轴反转	切削进给	攻丝循环
G85	切削进给		切削进给	镗孔循环

续表

G 指令	钻孔方式	孔底操作	返回方式	应用
G86	切削进给	主轴停止	快速移动	镗孔循环
G87	切削进给	主轴正转	快速移动	背镗循环
G88	切削进给	停刀→主轴停止	手动移动	镗孔循环
G89	切削进给	停刀	切削进给	镗孔循环

1) 固定循环组成

(1) 动作组成如图 2.112 所示。

①动作 1——X、Y 轴快速定位到孔中心位置。

②动作 2——Z 轴快速运行到靠近孔上方的安全高度平面的 R 点（参考点）。

③动作 3——孔加工（工作进给）。

④动作 4——在孔底做需要的动作。

⑤动作 5——退回到安全平面高度或初始平面高度。

⑥动作 6——快速返回到初始点位置。

(2) 固定循环的平面。

①初始平面：初始平面是为安全下刀而规定的一个平面，如图 2.113 所示。

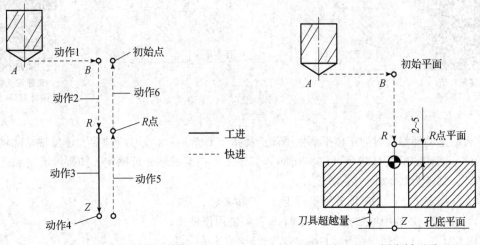

图 2.112　固定循环动作　　　　　　图 2.113　固定循环平面

②R 点平面：R 点平面又叫 R 参考平面。这个平面是刀具下刀时，自快进转为工进的高度平面。

③孔底平面：加工不通孔时，孔底平面就是孔底的 Z 轴高度。而加工通孔时，除要考虑孔底平面的位置外，还要考虑刀具的超越量，以保证所有孔深都加工到相应尺寸。

2) 固定循环的通用编程格式

指令格式：

G90 /G91 G98/G99 G73 ~ G89 X_Y_Z_R_Q_P_F_K_；

其中，G90 /G91 为绝对坐标编程或增量坐标编程；G98 为系统默认返回方式，返回起始平面，如图 2.114（a）所示；G99 为返回 R 点平面，如图 2.114（b）所示；X、Y 为孔在 XY 平面内的位置；Z——孔底平面的位置；R 为 R 点平面所在位置；Q 为 G73 和 G83 深孔加工指令中刀具每次加工深度或 G76 和 G87 精镗孔指令中主轴准停后刀具沿准停反方向的让刀量；P 为指定刀具在孔底的暂停时间，数字不加小数点，ms；F 为孔加工切削进给时的进给速度；K 为指定孔加工循环的次数，该参数仅在增量编程中使用，范围是 1 ~ 6，当 K = 1 时，可以省略，当 K = 0 时，不执行孔加工。

在实际编程时，并不是每一种孔加工循环的编程都要用到以上格式的所有代码。如下例的钻孔固定循环。

如图 2.115 所示，固定循环中 R 值与 Z 值数据的指定与 G90 与 G91 的方式选择有关（Q 值与 G90、G91 方式无关）。G90 方式，X、Y、Z 和 R 的取值均指工件坐标

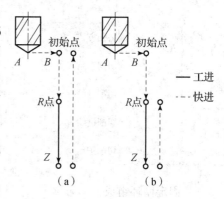

图 2.114　G98 与 G99 方式
（a）G98 方式；（b）G99 方式

系中绝对坐标值；G91 方式，R 值是指 R 点平面相对初始平面的 Z 坐标值，而 Z 值是指孔底平面相对 R 点平面的 Z 坐标值。X、Y 数据值也是相对前一个孔的 X、Y 方向的增量距离。

高速深孔钻循环 G73G98

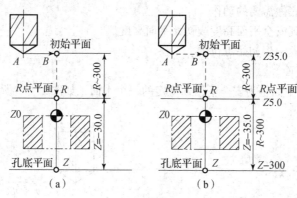

图 2.115　G90 与 G91 方式
（a）G90 方式；（b）G91 方式

高速深孔钻循环 G73G99

进行固定循环编程时的定位平面由平面选择指令 G17、G18 或 G19 决定，定位轴是除钻孔轴以外的轴，钻孔轴根据 G 指令（G73 ~ G89）程序段中指定的轴地址确定。如果没有对钻孔轴指定轴地址，则认为基本轴是钻孔轴。

例如，假定 U、V 和 W 轴分别平行于 X、Y 和 Z 轴，则：

G17 G81 Z；Z 轴用作钻孔。G17 G81 W；W 轴用作钻孔。

G18 G81 Y；Y 轴用作钻孔。G18 G81 V；V 轴用作钻孔。

G19 G81 X；X 轴用作钻孔。G19 G81 U；U 轴用作钻孔。

G17 ~ G19 可以在 G73 ~ G89 未指定的程序段中指定。在取消固定循环以后，才能切换钻孔轴。

3）固定循环指令

（1）G73——高速深孔钻循环；G83——深孔加工循环指令。

指令格式：

G73/G83 X_Y_Z_R_Q_F_K_；

系统固定循环的基本动作钻攻

其中，X、Y 为孔位数据；Z 为从 R 点到孔底的距离；R 为从初始平面到 R 点的距离；Q 为每次切削深度，为增量值；F 为切削进给速度；K 为重复加工次数。

特 别提示

①G73 用于深孔高速排屑钻削，在钻孔时采取间断进给，有利于断屑和排屑，适合深孔加工。如图 2.116（a）所示，机床首先快速定位于 X、Y 坐标，并快速下刀到 R 点，然后以 F 速度沿着 Z 轴执行间歇进给，进给一个深度 Q 后快速移动回退一个退刀量 d（由系统参数设定），将切屑带出，再次进给。使用这个循环，切屑可以很容易从孔中排出，并且能够设定较小的回退值。

②G83 与 G73 不同之处在于每次进刀后都返回 R 点平面高度处，这样更有利于钻深孔时的排屑。

执行排屑钻孔循环 G83，如图 2.116（b）所示，机床首先快速定位于 X、Y 坐标，并快速下刀到 R 点，然后以 F 速度沿着 Z 轴执行间歇进给，进给一个深度 Q 后快速返回 R 点（退出孔外），按此循环完成以后钻削。G73 和 G83 都用于深孔钻，G83 每次都退回 R 点，它的排屑、冷却效果比 G73 好。

③Q 表示每次切削进给的切削深度，它必须用增量值指定。在 Q 中必须指定正值，负值被忽略。

④当在固定循环中指定刀具长度偏置（G43、G44）时，在定位到 R 点的同时加偏置。

⑤在改变钻孔轴之前必须取消固定循环。

⑥在程序段中没有 X、Y、Z、R 或任何其他轴的指令时，钻孔不执行。

⑦固定循环由 G80 或 01 组 G 指令撤销。因此，不能在同一程序段中指定 01 组 G 指令和 G73 或 G83，否则 G73 或 G83 将被取消。

【应用实例2】 任务描述：对如图 2.117 所示的 5 - ϕ8 mm 深为 50 mm 的孔进行加工。显然，这属于深孔加工。利用 G73 进行深孔钻加工的程序如下：

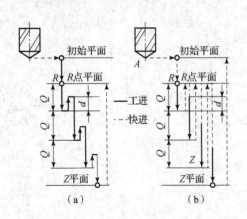

图 2.116 G73 与 G83 指令动作
(a) G99G73 动作图；(b) G98G83 动作图

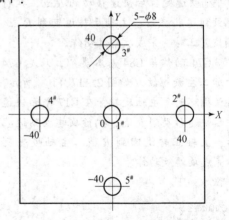

图 2.117 G73 孔加工应用实例 2

```
O0O40;
N010 G54 G90 G00 X0 Y0 Z60 F100;        //选择加工坐标系/绝对坐标编程/设置
                                        //换刀点/设定进给率
N020 M03 S600;                          //主轴启动
N030 G99 G73 X0 Y0 Z-50 R10 Q5 F50;     //选择高速深孔钻方式加工1号孔/返回
                                        //R 点
```

```
N040 X40 Y0;                    //加工 2 号孔
N050 X0 Y40;                    //加工 3 号孔
N060 X－40 Y0;                  //加工 4 号孔
N070 G98 X0 Y－40;             //加工 5 号孔/返回起始平面
N080 X0 Y0;                     //返回 XY 向"换刀点"
N090 M05;                       //主轴停
N100 M30;                       //程序结束并返回
```

上述程序中，选择高速深孔钻加工方式进行孔加工，并以 G99 确定每一孔加工完后，回到 R 点平面，钻最后一个孔以 G99 返回初始平面 Z60。设定孔口表面的 Z 向坐标为 0，R 点平面的 Z 向坐标为 10，每次切深量 Q 为 5。

（2）G74——左旋刚性攻丝循环指令；G84——右旋刚性攻丝循环指令。

指令格式：

G74/G84 X_Y_Z_R_P_F_K_;

特 别提示

攻丝 1G84G98   攻丝 2G84G99

①F 表示导程，在 G84 切削螺纹期间速率修正无效，移动将不会中途停顿，直到循环结束。在每分钟进给方式中，螺纹导程 = 进给速度 × 主轴转速；在每转进给方式中，螺纹导程 = 进给速度，单线螺纹则为螺纹的螺距。

②G84 指令动作如图 2.118（a）所示，G84 循环为右旋螺纹攻螺纹循环，用于加工右旋螺纹。执行该循环时，主轴正转，在 G17 平面快速定位后快速移动到 R 点，执行攻螺纹到达孔底后，主轴反转退回到 R 点，主轴恢复正转，完成攻螺纹动作。

③G74 动作与 G84 基本类似，只是 G74 用于加工左旋螺纹。如图 2.117（b）所示，执行该循环时，主轴反转，在 G17 平面快速定位后快速移动到 R 点，执行攻螺纹到达孔底后，主轴正转退回到 R 点，主轴恢复反转，完成攻螺纹动作。

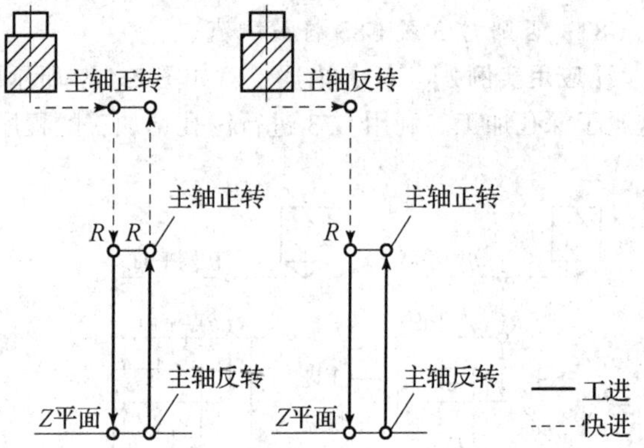

图 2.118　G74、G84 指令动作

（a）G99、G84 动作图；（b）G98、G74 动作图

程序如下：

```
O0001;
N010 M04 S1000;                 //主轴开始反转
N020 G90 G99 G74 X300 Y－250 Z－150 R－100 P1000 F1;
                                //定位,攻丝1,然后返回到 R 点
N030 Y－550;                    //定位,攻丝2,然后返回到 R 点。
......
```

（3）G76——精镗循环指令；G87——反镗孔循环。

镗孔是常用的加工方法，镗孔能获得较高的位置精度。精镗循环用于镗削精密孔。当到达孔底时，主轴停止，切削刀具离开工件的表面并返回。

指令格式：

G76 /G87　X_　Y_　Z_　R_　Q_　P_　F_　K_ ；

其中，X、Y 为孔位数据；Z 为从 R 点到孔底的距离；R 为从初始平面到 R 点的距离；Q 为孔底的刀尖偏移量，Q 指定为正值，移动方向由机床参数设定，如果 Q 指定为负值，符号将被忽略；P 为在孔底的暂停时间；F 为切削进给速度；K 为重复加工次数。

G76 指令用于精镗孔加工。G76 精镗循环的加工过程包括以下几个步骤：在 X、Y 平面内快速定位；快速运动到 R 点平面；向下按指定的进给速度精镗孔；孔底主轴准停；镗刀偏移；从孔内快速退刀。

特 别提示

① 如图 2.119（a）所示，执行 G76 循环时，刀具以切削进给方式加工到孔底，实现主轴准停，刀具向刀尖相反方向移动 Q，使刀具脱离工件表面，保证刀具不擦伤工件表面，然后快速退刀至 R 点平面或初始平面，刀具正转。G76 指令主要用于精密镗孔加工。

程序如下：

......
```
N020 G90 G99 G76 X300 Y-250;        //定位,镗孔,然后返回到 R 点
N030 Z-150 R-100 Q5;                //孔底定向,然后移动 5 mm
N040 P1000 F120;                    //在孔底停止 1 s
```
......

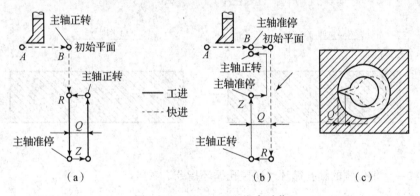

图 2.119　G76、G87 指令动作

(a) G76、G99 动作图；(b) G87、G98 动作图；(c) 主轴准停图

② 如图 2.119（b）所示，执行 G87 循环时，镗孔时由孔底向外镗削，此时刀杆受拉力，可防止振动。当刀杆较长时使用该指令可提高孔的加工精度。此时，R 点为孔底位置。刀具在 G17 平面内快速定位后，主轴准停，刀具向刀尖相反方向偏移 Q，然后快速移动到孔底（R 点），在这个位置刀具按原偏移量反向移动相同的 Q 值，主轴正转并以切削进给方式加工到 Z 平面，主轴再次准停，并沿刀尖相反方向偏移 Q，快速提刀至初始平面并按原偏移量返回到 G17 平面的定位点，主轴开始正转，循环结束。

程序如下：

```
N020 G90 G87 X300 Y-250 Z-150 R-120 Q5 P1000 F120;
                     //定位,镗孔,在初始位置定向,然后偏 5 mm,在 Z 点暂停 1 s
```

（4）G81——钻（扩）孔、钻中心孔循环。该循环刀具以进给速度向下运动钻孔，到达孔底位置后，快速退回（无孔底动作），用于一般定点钻。

指令格式：

G81　X_　Y_　Z_　R_　F_　K_　；

其中，X、Y为孔位数据；Z为从R点到孔底的距离；R为从初始平面到R点的距离；F为切削进给速度；K为重复加工次数。

程序如下：

```
G90 G99 G81 X300 Y-250 Z-150 R-100 F120；
                            //定位,钻孔1,然后返回到R点
```

特 别提示

执行G81循环，如图2.120所示，机床在沿着X轴和Y轴定位后，快速移动到R点，从R点到Z点执行钻孔加工，然后刀具快速退回，其他参考G73规定。

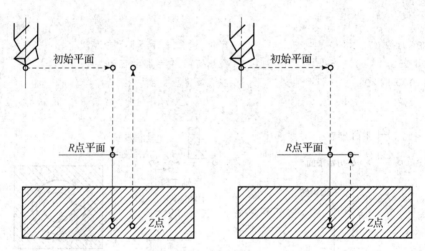

图 2.120　G81 循环过程

（5）G82——带停顿的钻孔循环、逆镗孔循环指令。

指令格式：

G98/G99 G82　X_　Y_　Z_　R_　P_　F_　K_　；

其中，X、Y为孔位数据；Z为从R点到孔底的距离；R为从初始平面到R点的距离；P为在孔底的暂停时间；F为切削进给速度；K为重复加工次数。

特 别提示

①G82与G81指令唯一的区别是有孔底暂停动作，暂停时间由P指定。执行G82循环，如图2.121所示，机床在沿着X轴和Y轴定位后，快速移动到R点。从R点到Z点执行钻孔加工。当到孔底时，执行暂停。然后刀具快速退回。

②G81与G82都是常用的钻孔方式，区别在于G82钻到孔底时执行暂停再返回，孔的加工精度比G81高。G81可用于钻通孔或螺纹孔，G82用于钻孔深要求较高的平底孔。执行G82指令

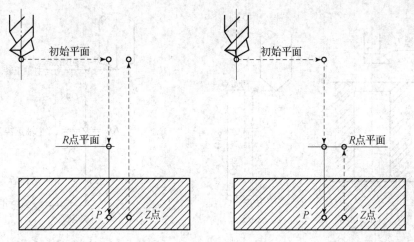

图 2.121 G82 循环过程

可使孔的表面更光滑，孔底平整。G82 指令常用于做沉头台阶孔，使用时可根据实际情况和精度需要选择，其他规定参考 G73。

程序如下：

G90 G99 G82 X300 Y−250 Z−150 R−100 P1000 F120；

（6）G85、G86——镗孔循环指令。

指令格式：

G99 G85 X_Y_Z_R_F_ K_ ；

G98 G86 X_Y_Z_R_P_F_ K_；

其中，X、Y 为孔位数据；Z 为从 R 点到孔底的距离；R 为从初始平面到 R 点的距离；F 为切削进给速度；K 为重复加工次数；P 为在孔底的暂停时间。

程序如下：

G90 G99 G85 X300 Y−250 Z−150 R−120 F120； //定位，镗孔，然后返回到 R 点

特 别提示

①G85 指令动作过程与 G81 指令相同，只是 G85 进刀和退刀都为工进速度，且回退时主轴不停转，如图 2−122 所示。

②G86 指令与 G81 相同，但在孔底时主轴停止，然后快速退回。该指令退刀前没有让刀动作，退回时可能划伤已加工表面，因此只用于粗镗孔。

（7）G88——镗孔循环指令；

G88——镗孔循环（手镗）。

指令格式：

G98/G99 G88 X_Y_Z_R_P_F_ K_；

如图 2.123 所示，在孔底暂停，主轴停止后，转换为手动状态，可用手动将刀具从孔中退出。返回点平面后，主轴正转，再转入下一个程序段进行自动加工。镗孔手动回刀，不需要主轴准停。

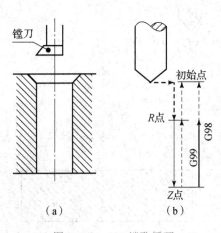

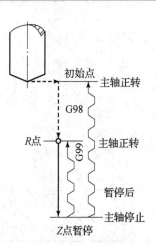

图 2.122　G85 镗孔循环　　　　　　图 2.123　G88 指令动作

（a）G85 镗孔，主轴正转，进给退出；

（b）G85 指令动作

程序如下：

```
G90 G99 G88 X300 Y−250 Z−150 R−100 P1000 F120;
                    //定位,镗孔,然后返回到 R 点
```

特 别提示

如果 Z 的移动量为零，该指令不执行。

（8）G89——镗孔循环指令。

指令格式：

G89 X_　Y_　Z_　R_　P_　F_　K_;

其中，X、Y 为孔位数据；Z 为从 R 点到孔底的距离；R 为从初始平面到 R 点的距离；P 为在孔底的暂停时间；F 为切削进给速度；K 为重复加工次数。

程序如下：

镗孔 G76G98　　镗孔 G76G99

```
G90 G99 G89 X300 Y−250 Z−150 R−120 P1000 F120;
                //定位,镗孔,在孔底暂停 1 s,然后返回到 R 点
```

特 别提示

执行 G89 循环，如图 2.124 所示，机床在沿着 X 轴和 Y 轴定位后，快速移动到 R 点。从 R 点到 Z 点执行镗孔加工。当到达孔底时执行暂停，然后执行切削进给返回到 R 点。G89 循环几乎和 G85 循环相同，区别在于 G89 在孔底执行暂停，而 G85 在孔底切削进给返回到 R 点。

（9）G80——固定循环取消指令。

程序如下：

```
G80 G28 G91 X0 Y0 Z0;        //取消循环,返回到参考点
```

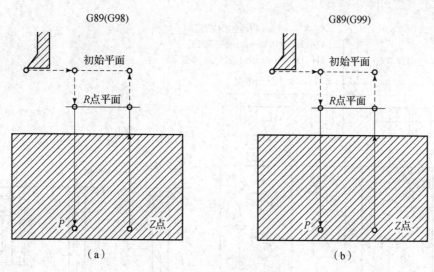

图 2.124　G89 循环过程

特 别提示

取消所有固定循环，执行正常的操作，R 点和 Z 点也被取消。这意味着在增量方式中，$R = 0$ 和 $Z = 0$。其他钻孔数据也被取消（消除）。

4）使用循环指令注意事项

（1）各固定循环指令均为模态指令。为了简化程序，若某些参数相同，则可不必重复。若为了程序看起来更清晰，不易出错，则每句指令的各项参数应写全。

（2）固定循环中定位方式取决于上次是 G00 还是 G01，因此如果希望快速定位，则可在上一行或本语句开头加 G00。

（3）在固定循环指令前应使用 M03 或 M04 指令使主轴回转。

（4）在固定循环程序段中，X、Y、Z、R 应至少指令一个才能进行。

（5）孔加工在使用控制主轴回转的固定循环（G74、G84、G76）中，如果连续加工一些孔间距比较小，或者初始平面到 R 点平面的距离比较短的孔，会出现在进入孔的切削动作前，主轴还没有达到正常转速的情况，遇到这种情况，应在各孔的加工动作之间插入 G04 指令，以获得时间。

（6）G80 指令用于取消固定循环，同时 R 点和 Z 点也被取消。此外，G00、G01、G02、G03 等也起取消固定循环指令的作用。

【应用实例 3】　任务描述：使用刀具长度补偿功能和固定循环功能加工如图 2.125 所示零件上的 12 个孔。

孔加工循环
6 个动作 −1

（1）分析工艺。

该零件孔加工中，有通孔、盲孔，需要进行钻、扩和镗加工，故选择钻头 T01、扩孔刀 T02 和镗刀 T03，加工坐标系 Z 向原点在零件上表面处。由于有 3 种孔径尺寸的加工，因此按照先小孔后大孔加工的原则，确定加工路线为从编程原点开始，先加工 6 个 $\phi 6$ mm 的孔，再加工 4 个 $\phi 10$ mm 的孔，最后加工 2 个 $\phi 40$ mm 的孔。T01、T02 的主轴转速 $S = 600$ r/min，进给速度 $F = 120$ mm/min；T03 主轴转速 $S = 300$ r/min，进给速度 $F = 50$ mm/min。

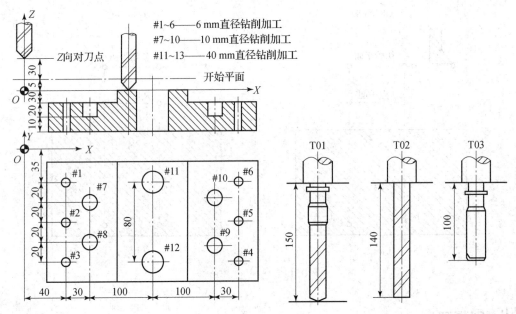

图 2.125　零件图与刀具图

（2）加工调整。

T01、T02 和 T03 的刀具补偿号分别为 H01、H02 和 H03。对刀时，以 T01 刀为基准，按图 2.125 中的方法确定零件上表面为 Z 向零点，则 H01 中刀具长度补偿值设置为零，该点在 G53 坐标系中的位置为 Z − 35。对 T02，因其刀具长度与 T01 相比为（140 − 150）mm = − 10 mm，即缩短了 10 mm，所以将 H02 的补偿值设为 − 10。对 T03 同样计算，H03 的补偿值设置为 − 50。换刀时，采用 O9000 子程序实现换刀。根据零件的装夹尺寸，设置加工原点 G54：$X = − 600$，$Y = − 80$，$Z = − 35$。

（3）数学处理。

在多孔加工时，为了简化程序，采用固定循环指令。这时的数学处理主要是按固定循环指令格式的要求，确定孔位坐标、快进尺寸和工作进给尺寸值等。固定循环中的开始平面为 $Z = 5$，R 点平面定为零件孔口表面 + Z 向 3 mm 处。

（4）零件加工程序如下：

```
O0099;
N10 G54 G90 G00 X0 Y0 Z50;              //建立加工坐标系
N20 T01 M98 P9000;                      //换用 T01 号刀具
N30 G43 G00 Z5 H01;                     //T01 号刀具长度补偿
N40 S600 M03;                           //主轴起动
N50 G99 G81 X40 Y − 35 Z − 63 R − 27 F120;   //加工 #1 孔(回 R 点平面)
N60 Y − 75;                             //加工 #2 孔(回 R 点平面)
N70 G98 Y − 115;                        //加工 #3 孔(回起始平面)
N80 G99 X300;                           //加工 #4 孔(回 R 点平面)
N90 Y − 75;                             //加工 #5 孔(回 R 点平面)
N100 G98 Y − 35;                        //加工 #6 孔(回起始平面)
N110 G49 Z20;                           //Z 向抬刀,撤销刀补
```

```
N120 G00 X500 Y0;                    //回"换刀点",
N130 T02 M98 P9000;                  //换用 T02 号刀
N140 G43 Z5 H02;                     //T02 刀具长度补偿
N150 S600 M03;                       //主轴起动
N160 G99 G81 X70 Y-55 Z-50 R-27 F120;  //加工#7 孔(回 R 点平面)
N170 G98 Y-95;                       //加工#8 孔(回起始平面)
N180 G99 X270;                       //加工#9 孔(回 R 点平面)
N190 G98 Y-55;                       //加工#10 孔(回起始平面)
N200 G49 Z20;                        //Z 向抬刀,撤销刀补
N210 G00 X500 Y0;                    //回"换刀点"
T220 M98 P9000;                      //换用 T03 号刀具
N230 G43 Z5 H03;                     //T03 号刀具长度补偿
N240 S300 M03;                       //主轴起动
N250 G76 G99 X170 Y-35 Z-65 R3 F50;  //加工#11 孔(回 R 点平面)
N260 G98 Y-115;                      //加工#12 孔(回起始平面)
N270 G49 Z30;                        //撤销刀补
N280 M30;                            //主轴停
N280 M30;                            //程序结束返回
```

参数设置:

H01 = 0,H02 = -10,H03 = -50;

G54:X = -600,Y = -80,Z = -35。

【应用实例4】　任务描述:在如图 2.126 所示的零件上钻削 16 个 φ10 mm 的孔,试编写加工程序加工各孔。

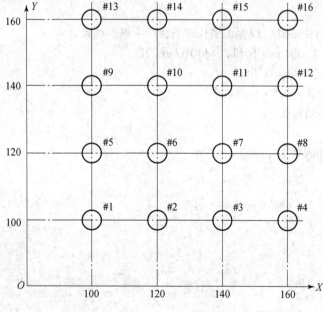

图 2.126　子程序编程

(1) 主程序如下:

```
O1166;
N001 G90 G54G00X0Y0;
N001 G43 G00 Z50 H01;              //至起始平面,刀具长度补偿
N002 M03 S600;                     //启动主轴
N003 G00 X100 Y100;                //定位到#1孔
N004 M98 P1100;                    //调用子程序加工#1、#2、#3、#4孔
N005 G90 G00 X100 Y120;            //定位到#5孔
N006 M98 P1000;                    //调用子程序加工#5、#6、#7、#8孔
N007 G90 G00 X100 Y140;            //定位到#9孔
N008 M98 P1100;                    //调用子程序加工#9、#10、#11、#12孔
N009 G90 G00 X100 Y160;            //定位到#13孔
N010 M98 P1100;                    //调用子程序加工#13、#14、#15、#16孔
N011 G90 G00 Z50 H00;              //撤销刀具长度补偿
N012 X0 Y0;                        //返回程序原点
N013 M05;                          //主轴停止
N013 M30;                          //程序结束返回
```

（2）子程序（从左到右钻4个孔）。

```
O1100;
N001 G99 G82 Z−35 R5 P2000 F100;   //钻#1孔/返回R点平面
N002 G91 X20 K3;                   //钻#2、#3、#4孔/返回R点平面
N003 M99;                          //子程序结束
```

2.5.3 任务实施

1. 工艺过程

（1）钻中心孔：所有孔都首先打中心孔，以保证钻孔时不会产生斜歪现象。

（2）钻孔：用 $\phi9$ mm 钻头钻出 $4 \times \phi9$ mm 孔和 $2 \times \phi10H7$ 孔的底孔。

（3）扩孔：用 $\phi9.8$ mm 钻头扩 $2 \times \phi10H7$ 孔。

（4）锪孔：用 $\phi15$ mm 锪钻锪出 $4 \times \phi15$ mm 沉孔。

（5）铰孔：用 $\phi10H7$ 加工出 $2 \times \phi10H7$ 孔。

2. 刀具与工艺参数

数控加工刀具卡和工序卡分别如表 2.25、表 2.26 所示。

表 2.25　数控加工刀具卡

单　位		数控加工刀具卡片	产品名称			零件图号	
			零件名称			程序编号	
序号	刀具号	刀具名称	刀具		补偿值		序号
			直径/mm	长度	半径	长度	半径	长度
1	T01	中心钻	$\phi3$					
2	T02	麻花钻	$\phi9$					

单 位		数控加工 刀具卡片	产品名称			零件图号	
			零件名称			程序编号	
序号	刀具号	刀具名称	刀具		补偿值		序号	
			直径/mm	长度	半径	长度	半径	长度
3	T03	麻花钻	$\phi 9.8$					
4	T04	锪钻	$\phi 15$					
5	T05	铰刀	$\phi 10$					

表 2.26 数控加工工序卡

单 位	数控加工工序卡片		产品名称	零件名称	材 料	零件图号
工序号	程序编号	夹具名称	夹具编号	设备名称	编制	审核
工步号	工步内容	刀具号	刀具规格/mm	主轴转速 $S/$ $(r \cdot min^{-1})$	进给速度 $F/$ $(mm \cdot min^{-1})$	背吃刀量 α_p/mm
1	钻所有孔的 中心孔	T01	$\phi 3$ 中心钻	2 000	80	
2	$4 \times \phi 9$ mm 孔 和 $2 \times \phi 10H7$ 孔的底孔	T02	$\phi 9$ 麻花钻	600	100	
3	扩 $2 \times \phi 10H7$ 孔	T03	$\phi 9.8$ 麻花钻	800	100	
4	锪 $4 \times \phi 15$ mm 沉孔	T04	$\phi 15$ 锪钻	500	100	
5	铰 $2 \times \phi 10H7$ 孔	T05	$\phi 10$ 铰刀	200	50	

3. 装夹方案

由于该零件为大批量生产，因此可利用专用夹具进行装夹。由于底面和 $\phi 40H8$ 内腔已在前面工序加工完毕，因此本工序可以 $\phi 40H8$ 内腔和底面为定位面，侧面加防转销限制 6 个自由度，用压板夹紧。

4. 程序编写

在 $\phi 40H7$ 内孔中心建立工件坐标系，Z 轴原点设在端盖底面上。

参考程序如下：

```
O0001;
N10 G17 G21 G40 G54 G80 G90 G94 G00 Z80;      //程序初始化
N20 G00 X0 Y0 M08;
```

```
N30 M03 S2000;                                    //启动主轴
N40 G98 G81 X28.28 Y28.28 R20 Z12 F100;           //钻出6个孔的中心孔
N50 X0 Y40;
N60 X-28.28 Y28.28;
N70 Y-28.28;
N80 X0 Y-40;
N90 X28.28 Y-28.28;
N100 G00 Z180 M09;                                //刀具抬到手工换刀高度
N110 M05;
N120 M00;                                         //程序暂停,手工换T2刀,换转速
N130 M03 S600;
N140 G00 Z80 M08;                                 //刀具定位到安全平面
N150 G98 G81 X28.28 Y28.28 R20 Z-5.0 F100;        //钻出6个φ9 mm孔
N160 X0 Y40;
N170 X-28.28 Y28.28;
N180 Y-28.28;
N190 X0 Y-40;
N200 X28.28 Y-28.28;
N210 G00 Z180 M09;                                //刀具抬到手工换刀高度
N220 M05;
N230 M00;                                         //程序暂停,手工换T3刀,换转速
N240 M03 S800;
N250 G00 Z80 M08;                                 //刀具定位到安全平面
N260 G98 G81 X0 Y40 R20 Z-5 F100;                 //扩2×φ10H7孔至φ9.8 mm
N270 Y-40;
N280 G00 Z180 M09;                                //刀具抬到手工换刀高度
N290 M05;
N300 M00;                                         //程序暂停,手工换T4刀,换转速
N310 M03 S500;
N320 G00 Z80 M08;                                 //刀具定位到安全平面
N330 G98 G82 X28.28 Y28.28 R20 Z10 P2000 F100;    //锪出4个φ15 mm沉头孔
N340 X-28.28;
N350 Y-28.28;
N360 X28.28;
N370 G00 Z180 M09;                                //刀具抬到手工换刀高度
N380 M05;
N390 M00;                                         //程序暂停,手工换T5刀,换转速
N400 M03 S200;
N410 G00 Z80 M08;                                 //刀具定位到安全平面
N420 G98 G85 X0 Y40 R20 Z-5 F50;                  //铰2×φ10H7孔
N430 Y-40;
N440 M05;                                         //程序结束
N450 M09 G00 Z200;
N460 M30;
```

习 题

一、判断题

1. 机床原点是数控机床上的一个固定点。 （　　）
2. 机床开机"回零"的目的是建立工件坐标系。 （　　）
3. 同一组的 M 功能指令可以同时出现在同一个程序段内。 （　　）
4. G92 确定刀具的起始点后，即使断电也一直有效。 （　　）
5. 圆弧插补中，全圆的加工可以用 –R 实现。 （　　）
6. 合理应用刀具的半径补偿，可实现零件的粗、精加工。 （　　）
7. 刀具的左刀补相当于逆铣加工。 （　　）
8. 利用 G81 可实现中心孔和一般孔的加工。 （　　）
9. 子程序的结束符为 M99。 （　　）
10. G00 的运动轨迹为直线，但运行速度较快。 （　　）
11. 固定循环功能中的 K 指重复加工次数，一般在增量方式下使用。 （　　）
12. 固定循环只能由 G80 撤销。 （　　）
13. 加工中心与数控铣床相比具有高精度的特点。 （　　）
14. 立式加工中心与卧式加工中心相比，加工范围较宽。 （　　）

二、选择题

1. 程序结束并复位的指令是（　　）。
   A. M02 　　　　　B. M30 　　　　　C. M00 　　　　　D. M17
2. 以下指令中，（　　）是主轴功能。
   A. M03 　　　　　B. G90 　　　　　C. X25.0 　　　　　D. S700
3. 主轴停转的指令是（　　）。
   A. M06 　　　　　B. M03 　　　　　C. M04 　　　　　D. M05
4. 下列哪一个指令不能设立工件坐标系（　　）。
   A. G54 　　　　　B. G92 　　　　　C. G55 　　　　　D. G91
5. YZ 平面选择指令为（　　）。
   A. G17 　　　　　B. G18 　　　　　C. G19 　　　　　D. G20
6. 直线插补 G 代码是（　　）。
   A. G00 　　　　　B. G01 　　　　　C. G02 　　　　　D. G03
7. 数控铣床执行程序段"G91 G01 X100.0 Y0 F50"后，刀具移动（　　）mm。
   A. 100 　　　　　B. 0 　　　　　C. 50 　　　　　D. 91
8. 顺时针圆弧加工指令是（　　）。
   A. G00 　　　　　B. G02 　　　　　C. G03 　　　　　D. G04
9. 数控编程时，应首先设定（　　）。
   A. 机床原点 　　　　　　　　　　B. 固定参考点
   C. 机床坐标系 　　　　　　　　　D. 工件坐标系
10. 下列程序中指令书写完全正确的是（　　）
    A. G00 X10.0 Y–2.0 F10 　　　　B. G03 X20.0 Y50.0
    C. G41 G02 X50.0 Y10.0 R8.0 D1 　D. G01 Z–10.0 F100

11. 下列指令中（　　）是刀具的右刀补。

A. G40　　　　　　　B. G41　　　　　　　C. G42　　　　　　　D. G43

12. 数控铣床精加工轮廓时应采用（　　）。

A. 切向进刀　　　　　　　　　　　B. 顺铣

C. 逆铣　　　　　　　　　　　　　D. 法向进刀

13. 铣削外形轮廓时，为获得较高的表面质量，应沿轮廓曲线（　　）。

A. 切向切入/切出　　　　　　　　B. 法向切入/切出

C. 垂直轮廓平面切入/切出　　　　D. 以上均可

14. 铣削型腔时一般选用（　　）。

A. 钻头　　　　　　　　　　　　　B. 立铣刀

C. 键槽铣刀　　　　　　　　　　　D. 球头刀

15. 固定循环加工后返回初始平面用（　　）。

A. G98　　　　　　　B. G99　　　　　　　C. G80　　　　　　　D. G40

16. 指令（　　）可实现钻孔循环。

A. G90　　　　　　　B. G81　　　　　　　C. M04　　　　　　　D. M00

17. 精镗固定循环指令为（　　）。

A. G85　　　　　　　B. G86　　　　　　　C. G75　　　　　　　D. G76

18. 在固定循环指令 G90 G98 G73 X_Y_Z_R_Q_F_；其中 R 表示（　　）。

A. R 点平面 Z 坐标　　　　　　B. 每次进刀深度

C. 孔深　　　　　　　　　　　　　D. 孔位置

19. FANUC 系统中 G80 是指（　　）。

A. 镗孔循环　　　　　　　　　　　B. 反镗孔循环

C. 攻牙循环　　　　　　　　　　　D. 取消固定循环

20. 深孔加工中，效率较高的为（　　）。

A. G73　　　　　　　B. G83　　　　　　　C. G81　　　　　　　D. G82

21. 加工中心用刀具与数控铣床用刀具的区别在于（　　）。

A. 刀柄　　　　　　　　　　　　　B. 刀具材料

C. 刀具角度　　　　　　　　　　　D. 拉钉

22. 加工中心编程与数控铣床编程的主要区别在于（　　）。

A. 指令格式　　　　　　　　　　　B. 换刀程序

C. 宏程序　　　　　　　　　　　　D. 指令功能

23. 下列字符中，（　　）不适合用于 B 类宏程序中文字变量。

A. F　　　　　　　　　B. G　　　　　　　　　C. J　　　　　　　　　D. Q

24. Z 轴方向尺寸相对较小的零件加工，最适合用（　　）加工。

A. 立式加工中心　　　　　　　　　B. 卧式加工中心

C. 卧式数控铣床　　　　　　　　　D. 车削加工中心

三、编程题

1. 如图 2.127 所示，编写孔板加工程序，毛坯：140 mm × 90 mm × 30 mm，材料为 45 钢，刀具为 ϕ12 mm 麻花钻。

2. 如图 2.128 所示，编写带孔凸台加工程序，毛坯：100 mm × 100 mm × 20 mm，材料为 45 钢，刀具为 ϕ20 mm 立铣刀。

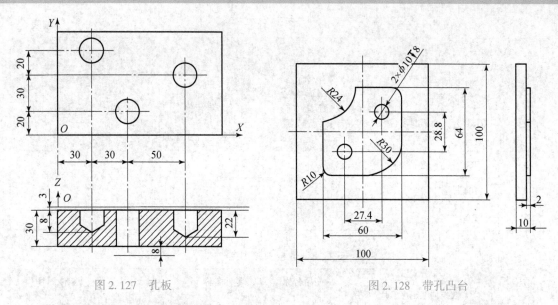

图 2.127 孔板　　　　　　　　　　　图 2.128 带孔凸台

3. **任务描述**：圆凸台底座如图 2.129 所示，请利用数控加工仿真软件，完成该零件定位销孔、螺栓孔的加工，并完成表 2.27、表 2.28 的填写。零件材料为 45 钢。

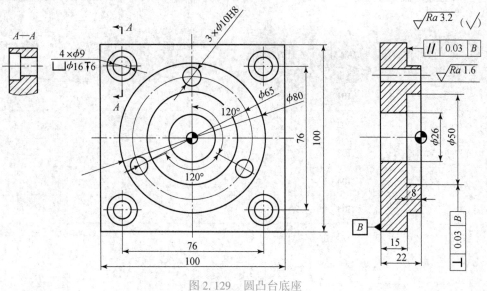

图 2.129 圆凸台底座

表 2.27 数控加工刀具卡

单　位		数控加工刀具卡片	产品名称			零件图号	
			零件名称			程序编号	
序号	刀具号	刀具名称	刀　具		补偿值		序号
			直径	长度	半径	长度	半径	长度
1	T01							
2	T02							

单 位	数控加工刀具卡片	产品名称			零件图号		
		零件名称			程序编号		
序号	刀具号	刀具名称	刀 具		补偿值		序号
			直径	长度	半径	长度	半径	长度
3	T03						
4	T04						
5	T05						

表 2.28　数控加工工序卡

单 位	数控加工工序卡片	产品名称	零件名称	材 料	零件图号
工序号	程序编号	夹具名称	夹具编号	设备名称	编制	审核
工步号	工步内容	刀具号	刀具规格	主轴转速 $S/(\mathrm{r \cdot min^{-1}})$	进给速度 $F/(\mathrm{mm \cdot min^{-1}})$	背吃刀量 a_p/mm
1		T01				
2		T02				
3		T03				
4		T04				
5		T05				

任务 2.6　铣削加工综合类零件

知识目标	技能目标	素质目标
1. 掌握制订加工工艺的方法； 2. 熟悉加工准备的步骤与方法； 3. 熟悉编制程序的步骤与方法	1. 会中等复杂程度的零件的加工工艺规划； 2. 会编制综合类零件程序与调试程序	1. 培养学生具有一定的计划、决策、组织、实施和总结的能力； 2. 培养学生勤于思考、刻苦钻研、勇于探索的良好作风； 3. 培养学生自学能力，在分析和解决问题时查阅资料、处理信息、独立思考及解决综合实际问题的能力

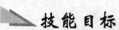

技能目标

1. 会中等复杂程度的零件的加工工艺规划；
2. 会编写并调试综合类零件程序。

知识目标

1. 掌握制定加工工艺的方法；
2. 熟悉加工准备的步骤与方法；
3. 熟悉编写程序的步骤与方法。

2.6.1 任务导入：加工凹模零件

任务描述：凹模零件如图 2.130 所示，材料为 45 钢，厚度是 25 mm，长×宽：126 mm×92 mm。

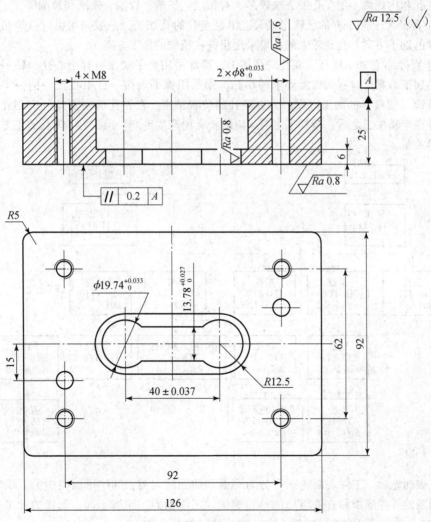

图 2.130 凹模

2.6.2 设计工艺

1. 工艺设计内容

1) 主要考虑的方面

（1）选择加工内容。加工中心最适合加工形状复杂、工序较多、要求较高的零件，这类零件常需要使用多种类型的通用机床、刀具和夹具，并经多次装夹和调整才能完成加工。

（2）检查零件图样。零件图样应表达正确，标注齐全。同时，要特别注意图样上应尽量采用统一的设计基准，从而简化编程，保证零件的精度要求。

（3）分析零件的技术要求。根据零件在产品中的功能，分析各项几何精度和技术要求是否合理；考虑在加工中心上加工，能否保证其精度和技术要求；选择哪一种加工中心最为合理。

（4）审查零件的结构工艺性。分析零件的结构刚度是否足够，各加工部位的结构工艺性是否合理等。

2) 设计工艺路线

（1）选择加工方法。

①加工孔和内螺纹。加工孔的方法较多，有钻削、扩削、铰削、铣削和镗削等。

a. 对于直径大于 30 mm 的已铸出或锻造出毛坯孔的孔加工，一般采用粗镗→半精镗→孔口倒角→精镗的加工方案。孔径较大的孔可采用粗铣→精铣的加工方案。

b. 对于直径小于 30 mm 且无底孔的孔加工，通常采用锪平端面→打中心孔→钻→扩→孔口倒角→铰的加工方案。对有同轴度要求的小孔，须采用锪平端面→打中心孔→钻→半精镗→孔口倒角→精镗（或铰）的加工方案。为提高孔的位置精度，在钻孔前须安排打中心孔。孔口倒角一般安排在半精加工之后、精加工之前，以防止孔内产生毛刺。图 2.131 为孔加工方法与加工精度之间的关系。

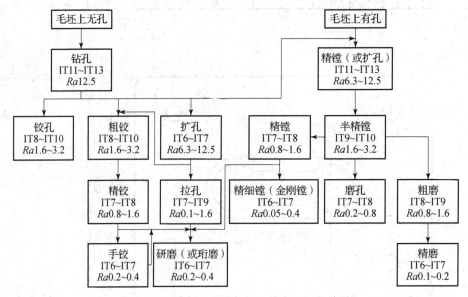

图 2.131 孔加工方法与加工精度之间的关系

②加工表面轮廓。工件表面轮廓可分为平面和曲面两大类，其中平面类中的斜面轮廓又分为有固定斜角的外轮廓面和有变斜角的外轮廓面。工件表面的轮廓不同，选择的加工方法也不同。图 2.132 为常见平面的加工方法与加工精度之间的关系。

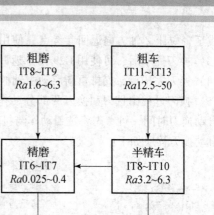

图 2.132 常见平面的加工方法与加工精度之间的关系

（2）安排加工顺序。

数控铣削常采用工序集中的方式，这时工步的顺序就是工序分散时的工序顺序。通常按照从简单到复杂的原则，先加工平面、沟槽、孔，再加工外形、内腔，最后加工曲面；先加工精度要求低的表面，再加工精度高的部位等。具体方法如下：

①基面先行；

②先粗后精；

③先主后次；

④先面后孔；

⑤刀具集中。

数控铣削加工中进给路线的确定对零件的加工精度和表面质量有直接的影响。因此，确定好进给路线是保证铣削加工精度和表面质量的工艺措施之一。进给路线的确定与工件表面状况、要求的零件表面质量、机床进给机构的间隙、刀具耐用度以及零件轮廓形状等有关。

设计工艺时，主要考虑精度和效率两个方面，一般遵循先面后孔、先基准后其他、先粗后精的原则。加工中心在一次装夹中，尽可能完成所有能够加工的表面的加工。对位置精度要求较高的孔系加工，要特别注意安排孔的加工顺序，安排不当，就有可能将传动反向间隙带入，直接影响位置精度。加工过程中，为了减少换刀次数，可采用刀具集中工序，即用同一把刀具把零件上相应的部位都加工完，再换第二把刀具继续加工。但是，对于精度要求很高的孔系，若零件是通过工作台回转确定相应的加工部位，则存在重复定位误差，因此不能采取这种方法。

3）辅助功能及应用

（1）M06——自动换刀指令。在下一把刀处于待换刀位置，且机床各相关坐标到达换刀参考点后，执行该指令可以自动更换刀具。

（2）M19——主轴准停指令。该指令将使主轴定向停止，确保主轴停止的方位和装刀标记方位一致。

4）编写自动换刀程序

编写自动换刀程序时，应考虑如下问题。

（1）换刀动作前必须使主轴准停（用 M19 指令）。

（2）换刀点的位置应根据所用机床的要求安排，有的机床要求必须将换刀位置安排在参考点处或至少应让 Z 轴方向返回参考点（使用 G28 指令）。

（3）换刀完毕后，可使用 G29 指令返回到下一道工序的加工起始位置。

（4）换刀完毕后，安排重新启动主轴的指令。

（5）换刀过程由选刀和换刀两部分动作组成，通常选刀动作和换刀动作可分开进行。为了节省自动换刀时间，可考虑将选刀动作与机床加工动作在时间上重合起来。

自动换刀程序如下：

M19；	//主轴准停
G28 G91 Z0；	//基于当前点 Z 轴返回参考点
G28 X0 Y0 T2；	//基于当前点 XY 轴返回参考点/选 2 号刀
M06；	//换 2 号刀
G29 G90 G54 X50 Y50；	//从参考点返回到 X50Y50
G29 Z50；	//从参考点返回到 Z50

说明： 换刀时，可以在主轴准停之前完成选刀动作，换刀时间不受选刀时间长短的影响，因此换刀最快。

5）加工中心编程要点

（1）进行合理的工艺分析，安排加工工序。

（2）加工中心程序的一般格式：加工中心由于配有刀库，可装很多把刀，因此可实现工序集中，在一次装夹中可对零件进行大部分甚至全部工序的加工。其工序的划分一般也是按刀具集中的原则来划分。故加工中心的程序格式一般为：

①程序号 O_ _ _ _ ；

②建立工件坐标系；

③刀库旋转，为第一把刀到达换刀位置做准备；

④机床各轴移动到换刀位置；

⑤进行换刀动作，第一把刀换到机床主轴；

⑥机床各轴移动到指定的工件坐标系中；

⑦主轴按照指定的速度和方向旋转；

⑧建立刀具长度补偿，Z 轴到达加工起始点，若要打开切削液，则指定 M08 功能；

⑨第一把刀相对于工件运动的轨迹描述指令集，若是加工外轮廓，则要指定 G41 或 G42 功能，其长短由第一把刀加工内容的复杂程度决定；

⑩第一把刀加工完毕，取消刀具补偿功能和各项辅助功能；

⑪第二把刀准备；

⑫机床各轴移动到换刀位置；

⑬进行换刀动作，第二把刀换到机床主轴；

⑭重复⑥~⑬的过程，第二把刀相对于工件运动的轨迹描述指令集合；

⑮以此类推，进行其他刀具的加工内容描述；

⑯最后一把刀还回刀库，不再叫其他刀具做准备；

⑰程序结束，使用 M02 或 M30 指令。

（3）对于加工内容较多的零件也可按这种格式编写，把不同工序内容的程序分别做成子程序，主程序内容主要是完成换刀及子程序调用，以便于程序调试和调整。

（4）自动换刀要留出足够的换刀空间。

（5）尽可能地利用机床数控系统本身所提供的镜像、旋转、固定循环及宏指令编程处理的功能，以简化程序量。

（6）若要重复使用程序，注意第一把刀的编程处理。

2. 编程指令

1）比例缩放功能——G50、G51

比例缩放功能可使原编程尺寸按指定比例缩小或放大，也可让图形按指定规律产生镜像变换。

G51——比例编程指令；

G50——比例编程指令取消；

G50、G51均为模态指令。

（1）各轴按相同比例编程。

指令格式：

G51　X_Y_Z_P_;

　　　　　　　…;

　　　　　　　G50;

其中，X、Y、Z为比例中心坐标（绝对方式）；P为比例系数，最小输入量为0.001，比例系数的范围为0.001~999.999。

该指令以后的移动指令，从比例中心点开始，实际移动量为原数值的 P 倍，P 值对偏移量无影响。如图2.133所示，$P_1 \sim P_4$ 为原编程图形，$P'_1 \sim P'_4$ 为比例编程后的图形，P_0 为比例中心。

（2）各轴以不同比例编程。

指令格式：

G51 X_Y_Z_I_J_K_;

…;

G50;

其中，X、Y、Z为比例中心坐标；I、J、K为对应 X、Y、Z 轴的比例系数，在 $\pm(0.001 \sim 9.999)$ 范围内。

特 别提示

①系统设定 I、J、K 不带小数点，比例为1时，输入1 000，并在程序中都应输入，不能省略。比例系数与图形的关系如图2.134所示。其中，b/a 为 X 轴系数；d/c 为 Y 轴系数；O 为比例中心。

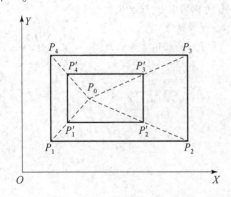

图2.133　各轴按相同比例编程

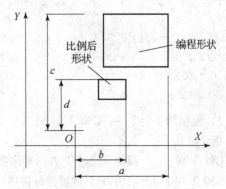

图2.134　各轴以不同比例编程

②各个轴可以按不同比例来缩小或放大，当给定的比例系数为 -1 时，可获得镜像加工功能。

③缩放不能用于补偿量，并且对于 A、B、C、U、V、W 轴无效。

（3）镜像功能应用。

【应用实例】 加工如图 2.135 所示 4 个形状深度相同的轮廓，其中槽深为 2 mm，比例系数取为 +1 000 或 -1 000。设刀具起始点在 O 点，程序如下。

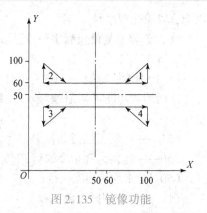

图 2.135 镜像功能

①子程序如下：

```
O1101;
N010 G00 X60 Y60;          //到三角形左顶点
N020 G01 Z -2 F100;        //切入工件
N030 G01 X100 Y60;         //切削三角形第一边
N040 X100 Y100;            //切削三角形第二边
N050 X60 Y60;              //切削三角形第三边
N060 G00 Z4;               //向上抬刀
N070 M99;                  //子程序结束并返回主程序
```

②主程序如下：

```
O1111;
N010 G54 G90 G00 Z100;       //建立工件坐标系,选择绝对方式,设置换刀点
N020 X0 Y0;
N030 M03 S1500 T01;          //启动主轴,选用1号刀
N040 G00 Z10;                //快速到安全高度
N050 M98 P1101;              //调用1101号子程序切削1号三角形
N060 G51 X50 Y50 I -1000 J1000;   //以X50 Y50为比例中心,以X比例为 -1、
                                  //Y比例为 +1 开始镜像
N070 M98 P1101;              //调用1101号子程序切削2号三角形
N080 G51 X50 Y50 I -1000 J -1000; //以X50 Y50为比例中心,以X比例为 -1、
                                  //Y比例为 -1 开始镜像
N090 M98 P1101;              //调用1101号子程序切削3号三角形
N100 G51 X50 Y50 I1000 J -1000;   //以X50 Y50为比例中心,以X比例为 +1、
                                  //Y比例为 -1 开始镜像
N110 M98 P1101;              //调用1101号子程序切削4号三角形
N120 G50;                    //取消镜像
N130 M05;                    //主轴停止
N140 M30;                    //程序结束
```

2）镜像加工指令——G50.1、G51.1

指令格式：

G51.1 IP_ ; //镜像开启，IP 表示对称轴坐标；

G50.1 IP _ ; //取消 IP 对称轴坐标镜像。

特 别提示

使用镜像后，圆弧指令 G02、G03 被互换；刀具半径补偿 G41、G42 被互换；坐标旋转角度的 CW、CCW 被互换。

G50.1、G51.1 镜像指令对应的对称轴，可在程序中随意指定，如图 2.136 所示。

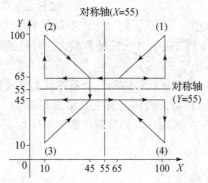

图 2.136　G50.1、G51.1 镜像指令应用

程序如下：

O0066;	//程序名
G54 G90 G00 X0 Y0 Z100;	//建立工件坐标系,设置换刀点
M03 S1000 T01;	//主轴正转,转速 1 000 r/min,调用 1 号刀
G00 Z50;	//快速到 Z50 位置
M98 P0061;	//调用 O0061 子程序加工图中的(1)
G51.1 X55;	//以 X55 为对称轴,设置程序镜像
M98 P0061;	//调用 O0061 子程序加工图中的(2)
G51.1 X55 Y55;	//以 X55、Y55 为对称轴,设置程序镜像
M98 P0061;	//调用 O0061 子程序加工图中的(3)
G51.1 Y55;	//以 Y55 为对称轴,设置程序镜像
M98 P0061;	//调用 O0061 子程序加工图中的(4)
G50.1 X55 Y55;	//取消 X55、Y55 对称轴
G00 Z50;	//快速抬刀
X0 Y0 Z100;	//快速返回换刀点
M05;	//主轴停
M30;	//程序结束返回
O0061;	//子程序名
G00 X65 Y65;	//快速到图形(1)左下角点
Z10;	//快速下刀
G01 Z-2 F40;	//切削下刀
X100;	//切削到图形(1)右下角点
Y100;	//切削到图形(1)上角点
X65 Y65;	//切削回到图形(1)左下角点
G01 Z10;	//抬刀
M99;	//子程序结束并返回主程序

3）坐标系旋转指令——G68、G69

坐标系旋转指令可使编程图形按照指定旋转中心及旋转方向旋转一定的角度，G68 表示开始坐标系旋转，G69 用于撤销旋转。

（1）基本编程方法。

指令格式：G17/G18/G19 G68 α_β_ R _;　　　// 坐标旋转开始

$\qquad\qquad$ ......;　　　　　　　　　　　　// 坐标旋转

$\qquad\qquad$ G69;　　　　　　　　　　　　 // 坐标旋转取消

其中，α、β为旋转中心的坐标值，可以是 X、Y、Z 中的任意两个绝对指令，当 X、Y 省略时，G68 指令认为当前的位置即为旋转中心；R 为旋转角度，逆时针旋转定义为正方向，顺时针旋转定义为负方向。

当程序在绝对方式下时，G68 程序段后的第一个程序段必须使用绝对方式移动指令，才能确定旋转中心。如果这一程序段为增量方式移动指令，那么系统将以当前位置为旋转中心，按 G68 给定的角度旋转坐标。以图 2.137 为例，应用旋转指令的程序如下：

坐标系的旋转

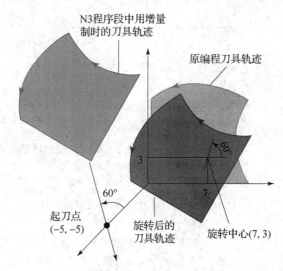

图 2.137　坐标系的旋转

```
N010 G92 X-5 Y-5;              //建立图2.137所示的工件坐标系
N020 G68 G90 X7 Y3 R60;        //开始以点(7,3)为旋转中心,逆时针旋转60°
                              //的旋转
N030 G90 G01 X0 Y0 F200;       //按原加工坐标系描述运动,到达点(0,0)
(G91 X5 Y5;)                   //若按括号内程序段运行,将以点(-5,-5)
                              //为旋转中心旋转60°
N040 G91 X10;                  //X向进给到(10,0)
N050 G02 Y10 R10;              //顺圆进给
N060 G03 X-10 I-5 J-5;         //逆圆进给
N070 G01 Y-10;                 //回到点(0,0)
N080 G69 G90 X-5 Y-5;          //撤消旋转功能,回到点(-5,-5)
N090 M02;                      //结束
```

（2）坐标系旋转功能与刀具半径补偿功能的关系。

旋转平面一定要包含在刀具半径补偿平面内。以图 2.138 为例，程序如下：

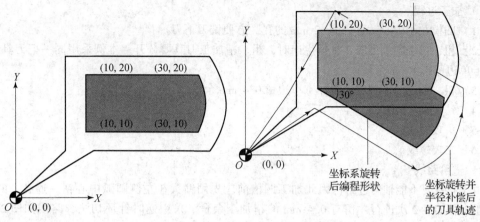

图 2.138　坐标旋转与刀具半径补偿

```
N010 G92 X0 Y0;
N020 G68 X10 Y10 R-30;
N030 G90 G42 G00 X10 Y10 F100 H01;
N040 G91 X20;
N050 G03 Y10 I-10 J5;
N060 G01 X-20;
N070 Y-10;
N080 G40 G90 X0 Y0;
N090 G69;
N100 M30;
```

当选用半径为 5 mm 的立铣刀时，设置 H01 = 5。

（3）与比例编程方式的关系。在比例模式时，执行坐标旋转指令，则旋转中心坐标也执行比例操作，但旋转角度不受影响，这时各指令的排列顺序如下：

```
G51……
G68……
G41/G42……
G40……
G69……
G50……
```

2.6.3　任务实施

1. 工艺分析

凹模上有 4 个对称分布的螺孔起连接作用，对称布置的销孔起定位作用（本例销孔未加工）。该工件的上表面以及 2 个 φ19.74 mm 的圆弧与 2 段直线所组成的型腔精度要求很高。内轮廓由平面、曲面组成，适合用数控铣床加工。其余各表面要求较低，销孔在装配时配作。最后，在磨床上对零件进行磨削精加工。

工件的中心是设计基准，下表面对上表面有平行度要求。加工定位时上表面为定位面，放于等高块上，找正后（通过拉表使坯料长边与机床 X 轴方向重合）用压板及螺钉压紧。装夹后对刀点选在上表面的中心，这样容易确定刀具中心与工件中心的相对位置。

1）加工过程

（1）凹模左侧中心钻直径为 12 mm 的孔，方便铣刀下刀。

（2）粗、精铣削上型腔，批量生产时，粗、精加工刀具要分开。本例采用同一把刀具进行，粗加工单边留 0.4 mm 余量。

（3）粗、精铣削下型腔，粗加工单边留 0.4 mm 余量。

（4）钻螺纹底孔。

（5）头攻螺纹。

（6）二攻螺纹。

2）进给路线

由于立铣刀不能轴向进给，因此加工凹槽前应先用钻头在左侧圆弧中心钻一通孔，凹模型腔分粗、精加工 2 次进行，留有 0.4 mm 的精加工余量。采用逆时针环切法，路线如图 2.139、图 2.140 所示。

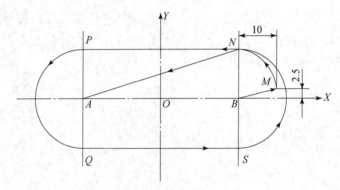

图 2.139　上型腔进给路线

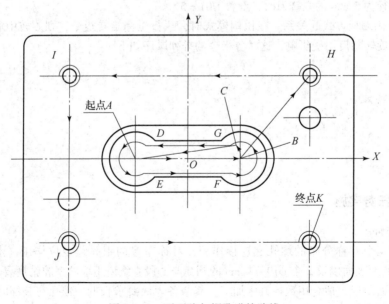

图 2.140　下型腔与螺孔进给路线

3）数值计算

利用软件绘图测知各点坐标如下：

$A(-20,0)$；$B(20,0)$；$C(15,6.89)$；$D(-12.93,6.89)$；$E(-12.93,-6.89)$；

$F(12.93, -6.89)$；$G(12.93, 6.89)$；$H(46, 31)$；$I(-46, 31)$；$J(-46, -31)$；$K(46, -31)$；$M(30, 2.5)$；$N(20, 12.5)$；$P(-20, 12.5)$；$Q(-20, -12.5)$；$S(20, -12.5)$。

2. 刀具与工艺参数选择

数控加工刀具卡和工序卡分别如表2.29、表2.30所示。

表 2.29 数控加工刀具卡

单 位			产品名称				零件图号	
		数控加工刀具卡片	零件名称				程序编号	
序号	刀具号	刀具名称	刀 具		补偿值		序号	
			直径/mm	长度/mm	半径	长度	半径	长度
1	T01	麻花钻	$\phi12$					
2	T02	立铣刀	$\phi10$		$\phi10.8$（粗 D01）/ $\phi10$（精 D02）			
3	T03	麻花钻	$\phi6.7$					
4	T04	头攻丝锥	M7.8					
5	T05	二攻丝锥	M8					

表 2.30 数控加工工序卡

单 位			产品名称	零件名称	材 料	零件图号
	数控加工工序卡片					
工序号	程序编号	夹具名称	夹具编号	设备名称	编制	审核
工步号	工步内容	刀具号	刀具规格/mm	主轴转速 $S/$ $(r \cdot min^{-1})$	进给速度 $F/$ $(mm \cdot min^{-1})$	背吃刀量 α_p/mm
1	钻孔（方便铣刀下刀）	T01	$\phi12$ 麻花钻	1 000	100	6
2	粗铣上型腔	T02	$\phi10$ 立铣刀	1 500	100	3
3	精铣上型腔	T02	$\phi10$ 立铣刀	2 000	80	0.4
4	粗铣下型腔	T02	$\phi10$ 立铣刀	1 500	100	3
5	精铣下型腔	T02	$\phi10$ 立铣刀	2 000	80	0.4
6	钻螺纹底孔	T03	$\phi6.7$	1 000	100	3.35
7	头攻螺纹	T04	M7.8	200		
8	二攻螺纹	T05	M8	200		

3. 装夹方案

用平口台虎钳装夹工件，工件上表面高出钳口 8 mm 左右。校正固定钳口的平行度以及工件上表面的平行度，确保精度要求。

4. 程序编写

（1）数控铣床程序编写。

①主程序如下：

```
O0050;                              //主程序名
G54 G90 G49 G80 G40 G94 G00 Z100;   //程序初始化
G00 X0 Y0;
M03 S1500;                          //启动主轴
G43 T1H1 G00 Z50;                   //快速到起始点/建立1号刀具长度补偿
G98 G83 X－20 Y0 Z－30 R5 Q2 F100;   //钻孔循环结束后回起始点
G80 G49 G00 Z100;                   //返回,取消钻孔循环及1号刀具长度补偿
X0 Y0;                              //返回
M05;                                //主轴停
M00;                                //程序暂停
T2 D01;                             //换2号刀具,1号刀具半径补偿
M03 S1000 F100;                     //启动主轴
G43 H02 G00 Z50;                    //2号刀具长度补偿
G00 X－20 Y0;                        //快速定位
Z2;                                 //到起刀点
M98 P70051;                         //调用子程序O0051粗加工上型腔
G00 X－20 Y0 Z－16;                   //回起始点
M05;                                //主轴停
M00;                                //程序暂停,准备精加工,可以换精铣刀,
                                    //本例仍使用2号刀具
T2 D02;                             //2号刀具半径补偿
M03 S2000 F80;                      //启动主轴/设置精车进给率
M98 P0051;                          //调用子程序精加工上型腔
G00 Z－17;                           //下刀
M05;                                //主轴停
M00;                                //程序暂停,准备粗加工
T2 D01;                             //1号刀具半径补偿
M03 S1500 F100;
M98 P30052;                         //调用子程序粗加工下型腔
G00 Z－23;                           //回精加工起始点
M05;                                //主轴停
M00;                                //程序暂停,准备精加工,可以换精铣刀,
                                    //本例仍使用2号刀具
T2 D02;                             //2号刀具半径补偿
M03 S2000 F80;
M98 P0052;                          //调用子程序精加工下型腔
G49G00Z100;                         //取消刀具长度补偿
```

T2D00;	//取消刀具半径补偿
M05;	//主轴停
M00;	//程序暂停
T3;	//换3号刀具
G43H03 G00Z50;	//3号刀具长度补偿
M03S1000;	//启动主轴
G99G83X46Y31Z-30R5Q2F100;	//钻孔循环
M98P0053;	//钻孔子程序
G49G00Z100;	//取消刀具长度补偿
M05;	//主轴停
M00;	//程序暂停
T4;	//换4号刀具
G43H04 G00Z50;	//4号刀具长度补偿
M03S200;	//启动主轴
G99G84X46Y31Z-27R5F1.25;	//头攻循环
M98P0053;	//攻丝子程序
G00G49Z50;	//取消刀具长度补偿
M05;	//主轴停
M00;	//程序暂停
T5;	//换5号刀具
G43H05G00Z50;	//5号刀具长度补偿
M3S200;	//启动主轴
G99G84X46Y31Z-27R5F1.25;	//二攻循环
M98P0053;	//攻丝子程序
G80G49G00Z100;	//取消刀具长度补偿,取消循环
X0Y0;	//返回
M05;	//主轴停
M30;	//程序结束返回

②子程序如下:

O0051;	//上型腔铣削子程序名
G91G01Z-3;	//Z轴增量进给
G90X20;	//A→B
G41G01X30Y2.5;	//B→M
G03X20Y12.5R10;	//M→N
G01X-20;	//N→P
G03Y-12.5R12.5;	//P→Q
G01X20;	//Q→S
G03Y12.5R12.5;	//Q→N
G40G01X-20Y0;	//N→A
M99;	//子程序结束
O0052;	//下型腔铣削子程序名
G91G01Z-3;	//Z轴增量进给

```
G90G01X20;                        //A→B
G41G01X15Y6.89;                   //B→C
X-12.93;                          //C→D
G03Y-6.89R-9.87;                  //D→E
G01X12.93;                        //E→F
G03Y6.89R-9.87;                   //F→G
G40G01X-20Y0;                     //G→A
M99;                              //子程序结束

O0053;                            //螺孔加工子程序名
X-46;                             //H→I
Y-31;                             //I→J
X46;                              //J→K
M99;                              //子程序结束
```

图 2.141 为仿真加工完成后的加工视窗。

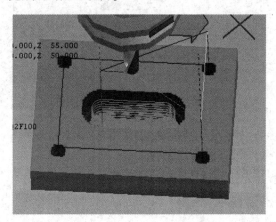

图 2.141 仿真加工完成后的加工视窗

（2）加工中心程序编写。

①主程序如下:

```
O0060;                            //主程序名
G54G90G49G80G40G94 G00Z100;      //程序初始化
G00X0Y0;
M03S1500;                         //启动主轴
M19;                              //主轴准停
G28G91Z0;                         //基于当前点 Z 轴返回参考点
G28X0Y0T1;                        //基于当前点 XY 轴返回参考点/选 1 号刀具
M06;                              //换 1 号刀具
G29G90G54 X0Y0;                   //从参考点返回到 X0Y0
G29 Z100;                         //从参考点返回到 Z100
G43G00Z50H01T1;                   //到起始点/建立 1 号刀具长度补偿
M03S1000;                         //启动主轴
G98G83X-20Y0Z-30R10Q2F100;       //钻孔循环结束后回起始点
```

```
G80G49G00Z100;              //返回,取消钻孔循环及1号刀具长度补偿
X0Y0;                       //返回
M19;                        //主轴准停
G28G91Z0;                   //基于当前点Z轴返回参考点
G28X0Y0T2;                  //基于当前点XY轴返回参考点/选2号刀具
M06;                        //换2号刀具
G29G90G54X－20Y0;           //从参考点返回到X－20Y0
G29Z100;                    //从参考点返回到Z100
M03S1500F100;
G43G00Z2T2H02;              //调用2号刀具长度补偿
M98P70051;                  //调用子程序O0051粗加工上型腔
G00X－20Y0Z－16;            //回精加工起始点
T2D02;                      //调用2号刀具半径补偿,准备精加工
M03S2000F80;                //升速
M98P0051;                   //调用子程序精加工上型腔
G00Z－17;                   //到下型腔粗加工起点
T2D01;                      //使用2号刀具,1号刀具半径补偿,准备粗加工
M03S1500F100;
M98P30052;                  //调用子程序粗加工下型腔
G00Z－23;                   //到精加工起始点
T2D02;                      //使用2号刀具及2号刀具半径补偿,准备精加工
M03S2000F80;
M98P0052;                   //调用子程序精加工下型腔
G49G00Z50;                  //取消刀具长度补偿
T2D00;                      //取消刀具半径补偿
M19;                        //主轴准停
G28G91Z0;                   //基于当前点Z轴返回参考点
G28X0Y0T3;                  //基于当前点XY轴返回参考点/选3号刀具
M06;                        //换3号刀具
G29G90G54X0Y0;              //从参考点返回到X0Y0
G29Z100;                    //从参考点返回到Z100
G43G00Z50T3H03;             //到起始点/调用3号刀具长度补偿
M03S1000F100;               //启动主轴
G99G83X46Y31Z－30R5Q2F100;  //钻孔循环
M98P0053;                   //钻孔子程序
G00G80G49Z50;               //取消循环及刀具长度补偿
M19;                        //主轴准停
G28G91Z0;                   //基于当前点Z轴返回参考点
G28X0Y0T4;                  //基于当前点XY轴返回参考点/选4号刀具
M06;                        //换4号刀具
G29G90G54X0Y0;              //从参考点返回到X0Y0
G29Z100;                    //从参考点返回到Z100
G43G00Z50T4H04;             //到起始点/调用4号刀具长度补偿
M03S200;                    //启动主轴
G99G84X46Y31Z－27R5F1.25;   //头攻循环
```

```
M98P0053;                          //攻丝子程序
G00G49Z50;                         //取消刀具长度补偿
M19;                               //主轴准停
G28G91Z0;                          //基于当前点Z轴返回参考点
G28X0Y0T4;                         //基于当前点XY轴返回参考点／选4号刀具
M06;                               //换4号刀具
G29G90G54X-20Y0;                   //从参考点返回到X-20Y0
G29Z50;                            //从参考点返回到Z50
G43Z50T5H05;                       //调用5号刀具长度补偿
M3S200;                            //启动主轴
G99G84X46Y31Z-27R5F1.25;           //二攻循环
M98P0053;                          //攻丝子程序
G80G49G00Z100;                     //取消刀具长度补偿,取消循环,Z轴返回
X0Y0;                              //XY轴返回
M05;                               //主轴停
M30;                               //程序结束返回
```

②子程序如下：

```
O0051;                             //上型腔铣削子程序名
G91G01Z-3;                         //Z轴增量进给
G90X20;                            //A→B
G41G01X30Y2.5;                     //B→M
G03X20Y12.5R10;                    //M→N
G01X-20;                           //N→P
G03Y-12.5R12.5;                    //P→Q
G01X20;                            //Q→S
G03Y12.5R12.5;                     //Q→N
G40G01X-20Y0;                      //N→A
M99;                               //子程序结束


O0052;                             //下型腔铣削子程序名
G91G01Z-3;                         //Z轴增量进给
G90G01X20;                         //A→B
G41G01X15Y6.89;                    //B→C
X-12.93;                           //C→D
G03Y-6.89R-9.87;                   //D→E
G01X12.93;                         //E→F
G03Y6.89R-9.87;                    //F→G
G40G01X-20Y0;                      //G→A
M99;                               //子程序结束


O0053;                             //螺孔加工子程序名
X-46;                              //H→I
Y-31;                              //I→J
X46;                               //J→K
M99;                               //子程序结束
```

2.6.4 拓展训练1——加工平面凸轮

任务描述：编写平面凸轮的加工程序。平面凸轮如图2.142所示，各点坐标如表2.31所示，工件材质为45钢，已经调质处理。工件平面部分及两孔已经加工到尺寸，曲面轮廓经粗铣，留加工余量为2 mm，现要求用数控铣床精加工曲面轮廓。

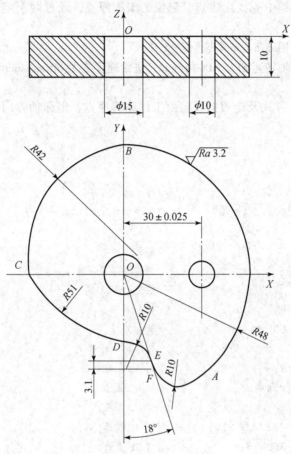

图2.142 平面凸轮

表2.31 平面凸轮各点坐标

坐标点	X	Y
A	23.243	−41.997
B	0	48
C	−36.774	0
D	0	−26.461
E	7.883	−33.238
F	8.89	−36.338

1. 分析工艺

（1）工件坐标系原点。凸轮设计基准在工件 φ15 mm 孔中心，工件坐标系原点就定在 φ15 mm 孔轴线和工件上表面交点。

（2）工件装夹。用凸轮的 φ10 mm 和 φ15 mm 作为定位基准，凸轮的下表面为安装面，以一面两销的定位方式设计夹具。夹具安装在工作台时，以两定位销中心的连线找正机床 Y 轴方向，以 φ15 mm 定位销中心找正零点，定位为编程原点。通过两个定位孔，用螺母把工件夹紧。

（3）刀具选择。采用 φ15 mm 高速钢立铣刀。

（4）切削用量。主轴转速 S 为 1 000 r/min，进给速度 F 为 60 mm/min。

（5）刀补号为 D01。

（6）确定工件加工方式及走刀路线。由工件编程原点、坐标轴方向及图纸尺寸进行数据转换。

2. 程序编写

程序如下：

```
O0067;                          //程序名
N010 G90 G54 G00 Z60;           //程序初始化
N020 X0 Y0;
N030 M03 S1000 T1;              //启动主轴
N040 G00 X60 Y-20;              //快速到下刀位置
N050 Z10;                       //快速下刀
N060 G01 Z-12 F100;             //切削下刀
N070 G42 G01 X48 F60 D01;       //建立刀补
N080 Y0;                        //直线切入轮廓
N090 G03 X0 Y48 R48;            //切 AB 上段圆弧
N100 G03 X-36.77 Y04 R42;       //切 BC 圆弧
N110 G03 X0 Y-26.461 R51;       //切 CD 圆弧
N120 G02 X7.883 Y-33.238 R10;   //切 DE 圆弧
N130 G01 X8.89 Y-36.338;        //切 EF 直线
N140 G03 X23.243 Y-41.997 R10;  //切 FA 圆弧
N150 G03 X48 Y0 R48;            //切 AB 下段圆弧
N160 G01 Y20;                   //直线切出
N170 G40 G01 X60 Y-20;          //取消刀补
N180 Z2 F200;                   //抬刀
N190 G00 X0 Y0 Z60;             //返回
N200 M05;                       //主轴停
N210 M30;                       //程序结束返回
```

2.6.5　拓展训练 2——旋转程序应用

任务描述：圆弧槽底板的数控铣削加工。圆弧槽底板零件如图 2.143 所示，工件材质为 45 钢，已经调质处理。加工部位为工件上表面两平底偏心槽，槽深 10 mm。

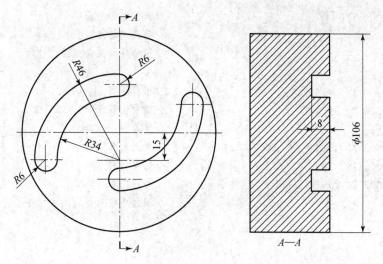

图 2.143　圆弧槽底板零件

1. 工艺分析

（1）工件坐标系原点。由图 2.143 可知，两偏心槽设计基准在工件 ϕ106 mm 外圆的中心，所以工件坐标系原点设为 ϕ106 mm 外圆与工件上表面交点。

（2）工件装夹。采用三爪自定心卡盘夹外圆的方式。

（3）刀具选择。采用 12 mm 高速钢键槽铣刀。

（4）切削用量。每层切削 1 mm，主轴转速 S 为 800 r/min，进给速度 F 为 50 mm/min。

（5）确定工件加工方式和走刀路线。采用内廓分层环切方式。

2. 程序编写

程序如下：

```
O1068;
N010 G54 G90 G17 G00 Z60;          //程序初始化
N020 X0 Y0 T1 D1;
N030 M03 S800;                     //启动主轴
N040 M98 P1006;                    //调用子程序 O0001,执行 1 次
N050 G90 G68 X0 Y0 R180;           //坐标系旋转,旋转中心为(0,0),角度
                                   //位移 180°
N060 M98 P1006;                    //调用子程序 O0001,执行 1 次
N070 G00 Z60;                      //快速回到起始点
N080 G69;                          //取消坐标系旋转
N090 X0 Y0;
N100 M05;                          //主轴停
N110 M30;                          //程序结束返回

O1006;                             //子程序名
N010 G90 G00 X0 Y25;               //在初始平面上快速定位于(0,25)
N020 Z2;                           //快速下刀,到慢速下刀高度
N030 G01 Z0 F50;                   //切入工件上表面
N040 G98 P41007;                   //调用子程序 O1007,执行 4 次
```

```
N050 G90 G00 Z60;                          //退回初始平面
N060 X0 Y0;                                //回到起始点
N070 M99;                                  //子程序结束并返回主程序

O1007;                                     //子程序名
N010 G91 G01 Z - 2 F50;                    //增量值编程,切入工件2 mm,进给速
                                           //度为50 mm/min
N020 G90 G03 X - 39.686 Y - 20 R40 F60;    //切削轮廓
N030 G91 G01 Z2 F30;                       //切削轮廓
N040 G90 G02 X0 Y25 R40 F60;               //切削轮廓
N050 M99;                                  //子程序结束并返回主程序
```

习　　题

1. **任务描述**：编写如图 2.144 所示复杂凸台底座零件的数控铣削加工程序，并完成表 2.32、表 2.33 的填写。

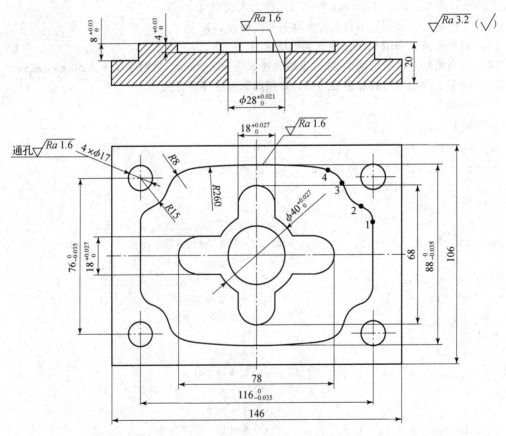

图 2.144　复杂凸台底座零件

基点坐标：1(58.000，16.436)；2(52.783，23.937)；3(43.291，35.062)；4(36.571，41.415)。

技术要求：

（1）未注尺寸公差为 IT13；

（2）锐边去毛刺；

（3）材料为 45 钢。

表 2.32　数控加工刀具卡

单位		数控加工刀具卡片	产品名称				零件图号	
			零件名称				程序编号	
序号	刀具号	刀具名称	刀具		补偿值		序号	
			直径	长度	半径	长度	半径	长度
1	T01							
2	T02							
3	T03							
4	T04							
5	T05							
6	T06							

表 2.33　数控加工工序卡

单位		数控加工工序卡片	产品名称	零件名称	材料	零件图号
工序号	程序编号	夹具名称	夹具编号	设备名称	编制	审核
工步号	工步内容	刀具号	刀具规格	主轴转速 $S/$（$r \cdot min^{-1}$）	进给速度 $F/$（$mm \cdot min^{-1}$）	背吃刀量 α_p/mm
1		T01				
2		T02				
3		T03				
4		T04				
5		T05				
6		T06				

　　2. 任务描述：完成如图 2.145 所示正六边形与外轮廓零件的数控仿真加工，零件上要加工的部分是由 7 个正六边形与外轮廓边界之间所组成的宽 9.8 mm、深 4 mm 的窄槽，利用子程序功能编写程序。

　　3. 任务描述：完成如图 2.146 所示带槽底座零件的数控仿真加工，要求制定加工方案，选择刀具、夹具、切削用量、工艺路线、计算刀具轨迹、用半径补偿、镜像加工、固定循环及子程序等功能。

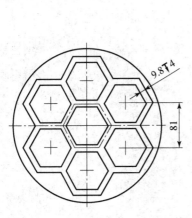

图 2.145　正六边形与外轮廓零件　　　　图 2.146　带槽底座零件

4. 任务描述：编写如图 2.147 所示零件的数控铣削加工程序，并完成表 2.34、表 2.35 的填写。

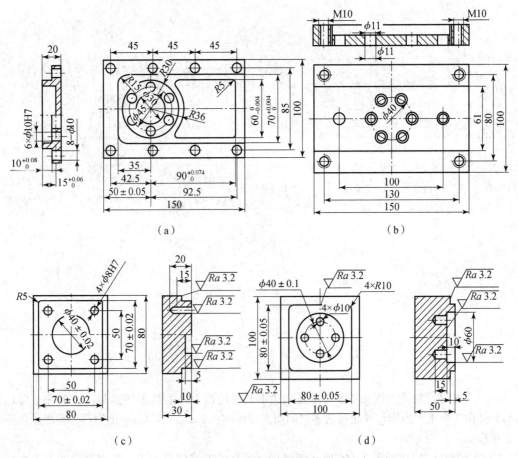

图 2.147　综合加工零件

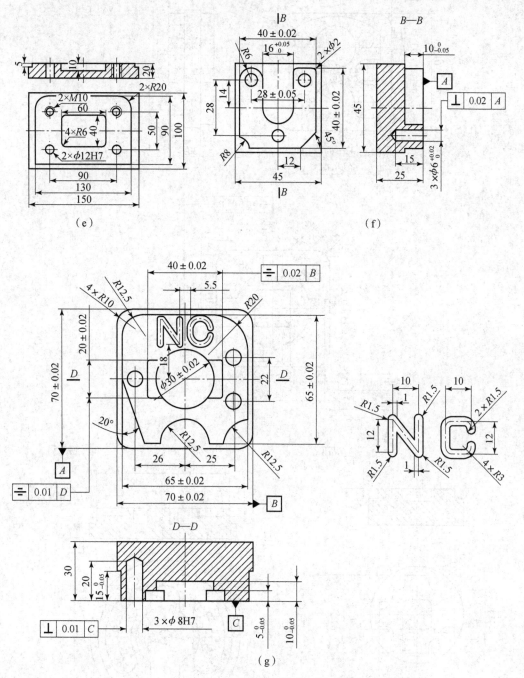

图 2.147 综合加工零件（续）

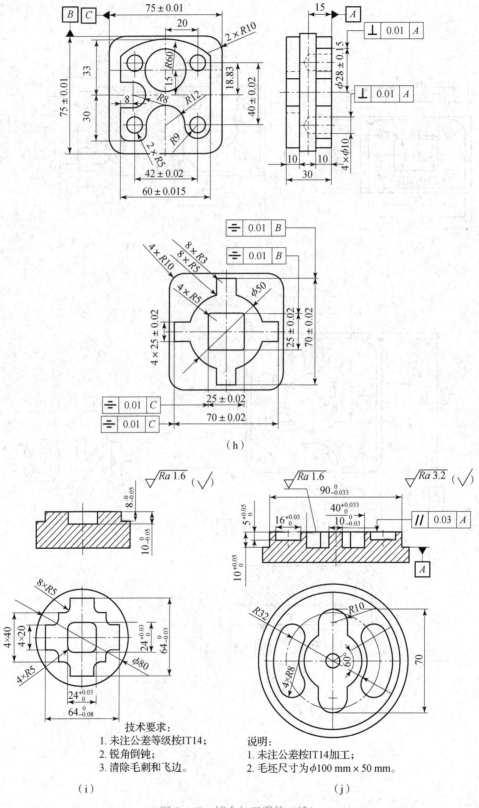

技术要求：
1. 未注公差等级按IT14；
2. 锐角倒钝；
3. 清除毛刺和飞边。

（i）

说明：
1. 未注公差按IT14加工；
2. 毛坯尺寸为 $\phi 100\ mm \times 50\ mm$。

（j）

图 2.147 综合加工零件（续）

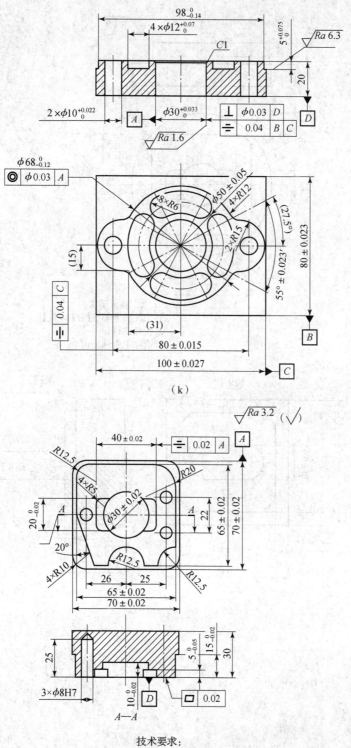

（k）

技术要求：
1. 未注公差尺寸按IT14加工；
2. 严禁使用砂布、锉刀等工具进行修光。

（l）

图2.147 综合加工零件（续）

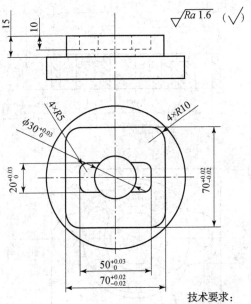

技术要求：
1. 未注公差等级按IT14加工；
2. 锐角倒钝；
3. 清除毛刺和飞边。

（m）

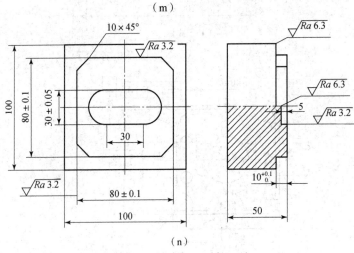

（n）

图 2.147 综合加工零件（续）

表 2.34 数控加工刀具卡

单位		数控加工刀具卡片	产品名称				零件图号	
			零件名称				程序编号	
序号	刀具号	刀具名称	刀具		补偿值		序号	
			直径	长度	半径	长度	半径	长度
1	T01							
2	T02							
3	T03							

单位		数控加工刀具卡片		产品名称				零件图号	
				零件名称				程序编号	
序号	刀具号	刀具名称		刀具		补偿值		序号	
				直径	长度	半径	长度	半径	长度
4	T04								
5	T05								
6	T06								

表 2.35　数控加工工序卡

单位		数控加工工序卡片		产品名称	零件名称	材料	零件图号
工序号	程序编号	夹具名称		夹具编号	设备名称	编制	审核
工步号	工步内容	刀具号		刀具规格	主轴转速 $S/$ $(\text{r} \cdot \text{min}^{-1})$	进给速度 $F/$ $(\text{mm} \cdot \text{min}^{-1})$	背吃刀量 α_p/mm
1		T01					
2		T02					
3		T03					
4		T04					
5		T05					
6		T06					

任务 2.7　操作数控铣床/加工中心

知识目标	技能目标	素质目标
1. 掌握数控铣床/加工中心结构、工艺、工件装夹要求、刀具种类与装夹要求； 2. 掌握数控铣床/加工中心编程坐标系、编程指令及其编程方法； 3. 掌握数控铣床/加工中心国家职业标准应知理论知识； 4. 掌握数控铣床/加工中心操作流程与方法； 5. 数控铣床/加工中心安全文明操作与维护保养知识	1. 会分析数控铣床/加工中心结构、拟定铣削工艺、会装夹工件与刀具、合理选择切削用量； 2. 能编制数控铣削/加工中心加工程序； 3. 具备中级数控铣床/加工中心操作能力； 4. 测量工件方法和控制质量能力； 5. 能安全操作与正确保养数控铣床/加工中心	1. 培养学生严谨、细心、全面、追求高效、精益求精的职业素质，强化产品质量意识； 2. 培养学生良好的道德品质、沟通协调能力和团队合作及敬业精神； 3. 培养学生具有一定的计划、决策、组织、实施和总结的能力； 4. 培养学生大国工匠精神，练好本领，建设祖国，奉献社会的爱国主义情操

技能目标

1. 会分析数控铣床/加工中心的结构、拟定铣削工艺、装夹工件与刀具、合理选择切削用量;
2. 能编写数控铣削/加工中心加工程序;
3. 具备中级数控铣床/加工中心操作的能力;
4. 具备测量工件方法和控制质量的能力;
5. 能安全操作与正确保养数控铣床/加工中心。

知识目标

1. 掌握数控铣床/加工中心的结构、工艺、工件装夹要求、刀具种类与装夹要求;
2. 掌握数控铣床/加工中心的编程坐标系、编程指令及编程方法;
3. 掌握数控铣床/加工中心的国家职业标准应知理论知识;
4. 掌握数控铣床/加工中心的操作流程与方法;
5. 掌握数控铣床/加工中心的安全文明操作与维护保养知识。

2.7.1 任务导入:加工带槽凸台零件

任务描述:毛坯尺寸为 80 mm × 80 mm × 18 mm,6 面已粗加工过,要求铣出如图 2.148 所示的凸台及槽,工件材料为 45 钢。

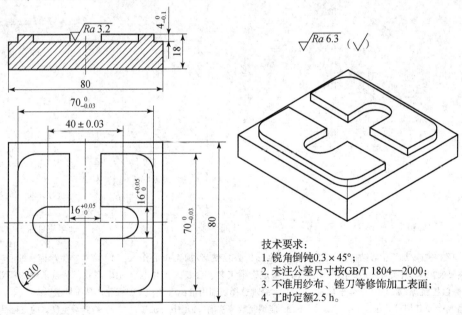

技术要求:
1. 锐角倒钝0.3×45°;
2. 未注公差尺寸按GB/T 1804—2000;
3. 不准用纱布、锉刀等修饰加工表面;
4. 工时定额2.5 h。

图 2.148 带槽凸台

2.7.2 知识链接

1. 安全文明生产
1) 实训要求及安全教育
(1) 数控系统的编程、操作和维修人员必须经过专门的技术培训,熟悉所用数控车床的使用环境、条件和工作参数，严格按机床和系统使用说明书的要求正确、合理地操作机床。

（2）上机单独操作时，若发现问题应立即停止生产，严格按照操作规程安全操作。

（3）倡导学生爱惜公共财产，节约资源，避免浪费，培养良好的作风习惯。

2）实训过程参照企业8S标准进行管理和实施

8S管理内容及要领在任务1.7已经介绍过，此处不再赘述。

3）数控铣床/加工中心安全操作

数控铣床/加工中心安全操作规程如下。

（1）安全操作基本注意事项。

①工作时必须穿好工作服、安全鞋，戴好工作帽及防护镜等，不允许戴手套操作机床。

②不要移动或损坏安装在机床上的警示牌。

③注意不要在机床周围放置障碍物，工作空间应足够大。

④某一项工作如需要两人或以上共同完成时，应注意相互间的协调一致。

⑤不允许采用压缩空气清洗机床、电器柜及AC单元。

（2）工作前的准备。

①机床工作开始前要有预热，并认真检查润滑系统工作是否正常，如机床长时间未开动，可先采用手动方式向各部分供油润滑。

②使用的刀具应与机床允许的规格相符，有严重破损的刀具要及时更换。

③调整刀具所用工具不要遗忘在机床内。

④刀具安装好后应进行1~2次试切削。

⑤检查夹具夹紧工件的状态。

（3）开机和工作过程中的安全注意事项。

①按下数控铣床控制面板上的ON按钮，启动数控系统，等自检完毕后进行数控铣床的强电复位。

②手动返回数控铣床参考点，首先返回+Z方向，然后返回+X和+Y方向。

③手动操作时，在X、Y移动前，必须使Z轴处于较高位置，以免撞刀。

④数控铣床出现报警时，要根据报警号查找原因，及时排除故障。

⑤更换刀具时应注意操作安全，在装入刀具时应将刀柄和刀具擦拭干净。

⑥在自动运行程序前，必须认真检查程序，确保程序的正确性。在操作过程中必须集中注意力，谨慎操作。机床运行过程中，一旦发生问题，应及时按下"复位"按钮或"紧急停止"按钮。

⑦实习学生在操作时，旁观的同学禁止按控制面板的任何按钮、旋钮，以免发生意外。

⑧严禁任意修改、删除机床参数。

⑨禁止用手接触到尖和铁屑，铁屑必须要用钩子或毛刷来清理。

⑩禁止用手或其他任何方式接触正在旋转的主轴、工件或其他运动部位。

⑪禁止在加工过程中测量工件、变速，更不能用棉纱擦拭工件和清扫机床。

⑫铣床运转中操作人员不能离开岗位。

⑬在加工过程中，不允许打开机床防护门。

⑭严格遵守岗位责任制。

（4）工作完成后的注意事项。

①清除切屑、擦拭机床，使机床与环境保持清洁状态。

②检查润滑油、冷却液的状态，及时添加或更换。

③依次关掉机床操作面板上的电源和总电源。

（5）高速加工注意事项。

数控铣床/加工中心高速加工时（$S \geqslant 8\ 000$ r/min，$F = 300 \sim 3\ 000$ mm/min），刀柄与刀具形式对于主轴寿命与工件精度有极大影响，所需注意事项如下。

①主轴运转前必须夹持刀具，以免损坏主轴。

②高速切削时（$S \geqslant 8\ 000$ r/min）必须使用进行过大功率平衡校正的 G2.5 级刀柄，因为离心力产生的振动会造成主轴轴承损坏和刀具的过早磨损。

③刀柄与刀具结合后的平衡公差与刀具转速、主轴平衡公差及刀柄的质量 3 个因素有关，所以高速切削时使用直径较小、刀长较短的刀具对主轴温升、热变形都有益，也能提高加工精度。

④高速主轴刀具使用标准如表 2.36 所示。

表 2.36　高速主轴刀具使用标准

平衡等级	500 ~ 6 000 r/min	G6.3 级	DIN/ISO 1940
	6 000 ~ 18 000 r/min	G2.5 级	DIN/ISO 1940
主轴转速/（r·min⁻¹）	刀具直径/mm		刀具长度/mm
2 000 ~ 4 000	160		350
4 000 ~ 6 000	160		250
6 000 ~ 8 000	125		250
8 000 ~ 10 000	100		250
10 000 ~ 12 000	80		250
12 000 ~ 15 000	65		200
15 000 ~ 18 000	50		200

4）保养数控铣床/加工中心

为保证数控机床的寿命和正常运转，要求每天对机床进行保养，每天的保养项目必须确实执行，检查完毕后才可以开机。保养数控铣床/加工中心的项目如表 2.37 所示。

表 2.37　保养数控铣床/加工中心的项目

检查项目	检查时间
检查循环润滑油泵油箱的油是否在规定的范围内，当油箱内的油只剩下一半时，必须立即补充到一定的标准，否则当油位降到 1/4 时，在显示屏幕上将出现 "LUBE ERROR" 的警告，不要等到出现警告后再补充	定期检查
确定滑道润滑油充足后再开机，并且随时观察是否有润滑油出来以保护滑道。当机床很久没有使用时，尤其要注意是否有润滑油	每日检查
从表中观察空气压力，而且必须严格执行	每日检查
防止空压气体漏出，当有气体漏出时，可听到"嘶嘶"的声音，必须加以维护	每日随时检查
油雾润滑器在 ATC 自动换刀装置内，空气气缸必须随时保证有油在润滑，油雾的大小在制造厂已调整完毕，必须随时保持润滑油量在标准值以上	每日检查

检查项目	检查时间
当冷却液不足时，必须适量加入冷却液。冷却液检查方式：可用冷却液槽前端底座的油位计观察	定期检查
主轴内端孔斜度和刀柄必须随时保持清洁以免灰尘或切屑附着影响精度，虽然主轴有自动清屑功能，但仍然必须随时用柔软的布料擦拭	每日擦拭
随时检查 Y 轴与 Z 轴的滑道面是否有切屑和其他颗粒附着在上面，避免与滑道摩擦产生刮痕，维护滑道的寿命	随时检查
机器动作范围内必须没有障碍	随时检查
机器动作前，以低速运转，让三轴行程跑到极限，每日操作前先试运转 10~20 min	每日检查
定期检查 CNC 记忆体备份用的电池，若电池电压过低，将影响程序、补正值、参数等的稳定性	每12个月检查
定期检查绝对式电动机放大器电池，电池电压过低将影响电动机原点	每12个月检查

5）调整加工中心

加工中心是一种功能较多的数控加工机床，具有铣削、镗削、钻削、螺纹加工等多种工艺手段。使用多把刀具时，尤其要注意准确地确定各把刀具的基本尺寸，即正确地对刀。对有回转工作台的加工中心，还应特别注意工作台回转中心的调整，以确保加工质量。

（1）加工中心的对刀方法。

①普通铣床对刀设置工件坐标系的方法也适用于加工中心。由于加工中心具有多把刀具，并能实现自动换刀，因此需要测量所用各把刀具的基本尺寸，并存入数控系统，以便进行加工中心的对刀。加工中心通常采用机外对刀仪实现对刀。

②对刀仪的基本结构如图 2.149 所示。图中对刀仪平台 7 上装有刀柄夹持轴 2，用于安装被测刀具，如图 2.150 所示为钻削刀具。通过快速移动单键按钮 4 和微调旋钮 5 或 6，可调整刀柄夹持轴 2 在对刀仪平台 7 上的位置。当光源发射器 8 发光，将刀具刀刃放大投影到显示屏幕 1 上时，即可测得刀具在 X（径向尺寸）、Z（刀柄基准面到刀尖的长度尺寸）方向的尺寸。

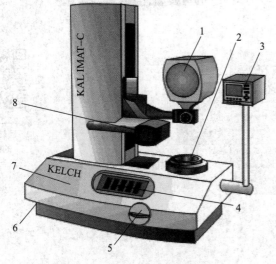

图 2.149　对刀仪的基本结构

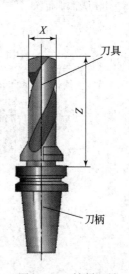

图 2.150　钻削刀具

（2）钻削刀具的对刀操作过程如下：

①将被测刀具与刀柄连接安装为一体；

②将刀柄插入对刀仪上的刀柄夹持轴2，并紧固；

③打开光源发射器8，观察刀刃在显示屏幕1上的投影；

④通过快速移动单键按钮4和微调旋钮5或6，调整刀刃在显示屏幕1上的投影位置，使刀具的刀尖对准显示屏幕1上的十字线中心，如图2.151所示；

⑤测得 X 为20，即刀具直径为20 mm，该尺寸可用作刀具半径补偿；

⑥测得 Z 为180.002，即刀具长度尺寸为180.002 mm，该尺寸可用作刀具长度补偿；

⑦将测得尺寸输入加工中心的刀具补偿页面；

⑧将被测刀具从对刀仪上取下后，即可装上加工中心使用。

（3）调整加工中心回转工作台。

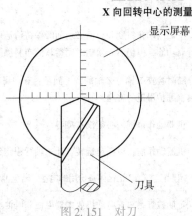

X 向回转中心的测量

图2.151　对刀

多数加工中心都配有回转工作台，以实现在零件一次安装中多个加工面的加工。如何准确测量加工中心回转工作台的回转中心，对被加工零件的质量有着重要的影响。下面以卧式加工中心为例，说明工作台回转中心的测量方法。

工作台回转中心在工作台上表面的中心点上，如图2.152所示。工作台回转中心的测量方法有多种，这里介绍一种较常用的方法，所用的工具有一根标准芯轴、百分表（千分表）、量块。

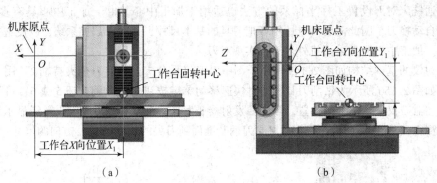

（a）　　　　　　　　　　　　　　（b）

加工中心
回转中心
的位置
（Y 向位置）

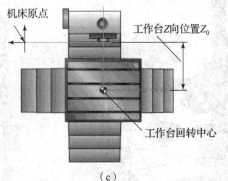

（c）

加工中心
回转中心
的位置
（Z 向位置）

图2.152　加工中心回转工作台回转中心的位置
（a）X 向位置；（b）Y 向位置；（c）Z 向位置

①X 向回转中心的测量。

测量原理：将主轴中心线与工作台回转中心重合，则此时 X 坐标的显示值就是工作台回转中心到 X 向机床原点的距离 X。工作台回转中心 X 向的位置如图 2.152（a）所示。

测量方法：

a. 如图 2.153 所示，将标准芯轴装在机床主轴上，在工作台上固定百分表，调整百分表的位置，使指针在标准芯轴最高点处指向零位。

b. 将芯轴沿 +Z 方向退出 Z 轴。

c. 将工作台旋转 180°，再将芯轴沿 -Z 方向移回原位。观察百分表指示的偏差然后调整 X 向机床坐标，反复测量，直到工作台旋转到 0° 和 180° 两个方向百分表的读数完全一样时，这时机床 CRT 上显示的 X 向坐标值即为工作台 X 向回转中心的位置。

工作台 X 向回转中心的准确性决定了掉头加工工件上孔的 X 向同轴度精度。

②Y 向回转中心的测量。

测量原理：找出工作台上表面到 Y 向机床原点的距离 Y_0，即为 Y 向工作台回转中心的位置。工作台回转中心位置如图 2.152（b）所示。

测量方法：如图 2.154 所示，先将主轴沿 Y 向移到预定位置附近，用手拿着量块轻轻塞入，调整主轴 Y 向位置，直到量块刚好塞入为止。

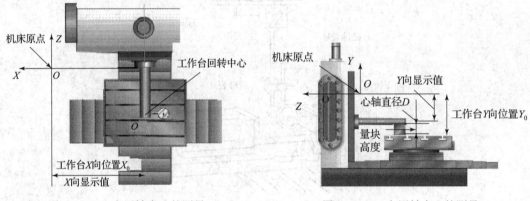

图 2.153　X 向回转中心的测量　　　　图 2.154　Y 向回转中心的测量

Y 向回转中心 = CRT 显示的 Y 向坐标（为负值） - 量块高度尺寸 - 标准芯轴半径。

工作台 Y 向回转中心影响工件上加工孔的中心高尺寸精度。

③Z 向回转中心的测量

测量原理：找出工作台回转中心到 Z 向机床原点的距离 Z_0，即为 Z 向工作台回转中心的位置。工作台回转中心的位置如图 2.152（c）所示。

测量方法：如图 2.155 所示，当工作台分别在 0° 和 180° 时，移动工作台以调整 Z 向坐标，使百分表的读数相同，则 Z 向回转中心 = CRT 显示的 Z 向坐标值。

Z 向回转中心的准确性，影响机床掉头加工工件时两端面之间的距离尺寸精度（在刀具长度测量准确的前提下）。反之，它也可修正刀具长度测量偏差。

机床回转中心在一次测量得出准确值以后，

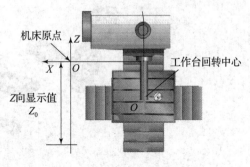

图 2.155　Z 向回转中心的测量

可以在一段时间内作为基准。但是，随着机床的使用，特别是在机床相关部分出现机械故障时，都有可能使机床回转中心出现变化。例如，机床在加工过程中出现撞车事故、机床丝杠螺母松动等。因此，机床回转中心必须定期测量，特别是在加工相对精度较高的工件之前应重新测量，以校对机床回转中心，从而保证工件加工的精度。

2. 操作数控铣床/加工中心

1）开机、关机

（1）开机步骤。

打开强电开关→检查机床风扇、机床导轨润滑油及气压是否正常→开启机床系统电源→（待机床登录系统后）旋开机床面板"急停"按钮→机床回参考点操作。

（2）关机步骤。

关闭机床连接外围设备（计算机）→按下机床面板"急停"按钮→关闭机床系统电源→关闭机床强电开关。

2）装夹工件

工件的安装应当根据工件的定位基准的形状和位置合理选择装夹定位方式，并选择简单实用但安全可靠的夹具。图2.156为常用的平口台虎钳。

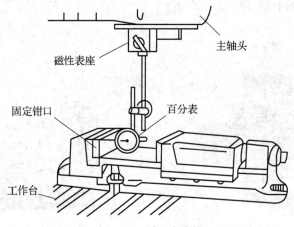

图 2.156 平口台虎钳

3）安装刀具

安装刀具如图2.157所示，常见的刀柄如图2.158所示。

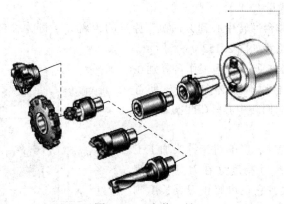

图 2.157 安装刀具

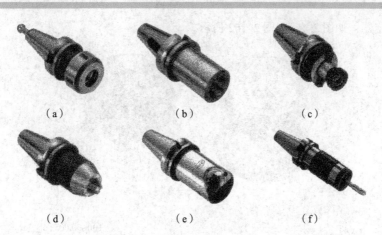

图 2.158　常用的刀柄

（a）圆柱铣刀刀柄；（b）锥柄钻头刀柄；（c）盘铣刀刀柄；（d）直柄钻头刀柄；（e）镗刀刀柄；（f）丝锥刀柄

4）操作界面功能键

数控铣床/加工中心各工作方式以及铣床面板各操作键与数控仿真加工系统基本相同。

注意：数控铣床/加工中心"急停"按钮按下后应重新进行回参考点操作。

5）传输程序

在实际加工过程中，机床与计算机加工程序之间的传输可通过特定的加工或传输软件来实现。

（1）打开系统传输软件，设置好传输参数，传送。

注意：传输软件传输参数必须与铣床上对应的传输参数一一对应。

（2）机床准备接收：数据方式下→程序→开始接收，输入程序名称，确定即可。

6）对刀

对刀的目的是通过刀具或对刀工具确定工件坐标系与机床坐标系之间的空间位置关系，并将对刀数据输入到相应的存储位置，是数控加工中最重要的操作内容，其准确性将直接影响零件的加工精度。可以采用铣刀接触工件或塞尺接触工件对刀的方法，但精度较低。加工中常用寻边器和 Z 向设定器对刀，效率高，能保证对刀精度。

对刀操作分为 X、Y、Z 向对刀。

（1）对刀方法。

根据现有条件和加工精度要求选择对刀方法，可采用试切法、寻边器对刀、机内对刀仪对刀、自动对刀等方法。其中，试切法对刀精度较低。

（2）对刀工具。

①寻边器，如图 2.159、图 2.160 所示。

图 2.159　偏心式寻边器

图 2.160　光电式寻边器

②Z轴设定器，如图2.161、图2.162所示。

图2.161　Z轴设定器

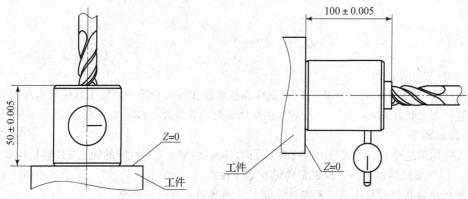

图2.162　Z轴设定器与刀具和工件的关系

3. 零件质量控制

1）测量

当零件粗加工完成后，利用测量量具对粗加工尺寸进行测量，并与粗加工后理论尺寸进行对比，两者的差距即为加工过程中刀具的磨损量。

2）计算

磨耗补正＝理论加工尺寸－实际测得尺寸。

3）补正

在运行零件精加工程序时，将刀具的磨耗值输入相应的半径补偿地址中，完成零件的整个加工，如图2.163所示。

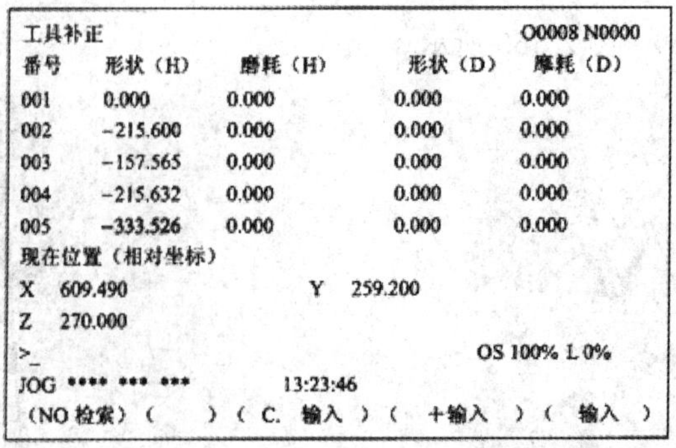

工具补正				O0008 N0000
番号	形状（H）	磨耗（H）	形状（D）	摩耗（D）
001	0.000	0.000	0.000	0.000
002	-215.600	0.000	0.000	0.000
003	-157.565	0.000	0.000	0.000
004	-215.632	0.000	0.000	0.000
005	-333.526	0.000	0.000	0.000

现在位置（相对坐标）
X　609.490　　　　　Y　259.200
Z　270.000
＞_　　　　　　　　　　　　　　OS 100% L 0%
JOG **** *** ***　　　13:23:46
（NO 检索）（　　）（C. 输入）（ ＋输入 ）（ 输入 ）

图2.163　工具补正数据设置界面

2.7.3 任务实施

1. 工艺分析

加工过程如下。

(1) 用已加工过的底面为定位基准,用通用台虎钳夹紧工件左右两侧面,台虎钳固定于铣床工作台上。

(2) 工序顺序。

①加工凸台内槽轮廓及底面(分粗、精铣)。

②加工外轮廓及底面(分粗、精铣)。

本例加工用层切的办法,应用子程序功能,由于内外轮廓相通,同时深度相同,故内槽轮廓与外轮廓在一个子程序中完成,主要注意设计好走刀路线即可。本例程序走刀轨迹如图 2.164 所示(1→2→3→4→5→6→7→8→9→10→11→12→13→1),仿真加工结果如图 2.165 所示。

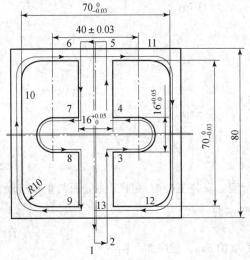

图 2.164 工件内外轮廓走刀轨迹

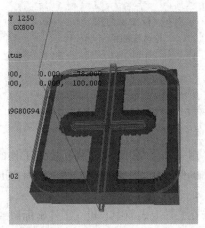

图 2.165 带槽凸台零件仿真加工结果

2. 刀具与工艺参数

数控加工刀具卡和工序卡分别如表 2.38、表 2.39 所示。

表 2.38 数控加工刀具卡

单 位		数控加工刀具卡片	产品名称			零件图号	
			零件名称			程序编号	
序号	刀具号	刀具名称	刀具规格/mm		补偿值/mm		序号
			直径	长度	半径	长度	半径	长度
1	T01	立铣刀	φ12		粗 D02 = 12.6/精 D01 = 12		
2							
3							

表 2.39　数控加工工序卡

单 位	数控加工工序卡片		产品名称	零件名称	材 料	零件图号
工序号	程序编号	夹具名称	夹具编号	设备名称	编制	审核
工步号	工步内容	刀具号	刀具规格/mm	主轴转速 S/ $(r \cdot min^{-1})$	进给速度 F/ $(mm \cdot min^{-1})$	背吃刀量 α_p/mm
1	粗加工内槽轮廓	T01	$\phi12$ 立铣刀	1 500	80	
2	粗加工外轮廓	T01	$\phi12$ 立铣刀	1 500	80	
3	精加工内槽轮廓与底面	T01	$\phi12$ 立铣刀	2 000	80	
4	精加工外轮廓与底面	T01	$\phi12$ 立铣刀	2 000	80	

3. 装夹方案

用平口台虎钳装夹工件，校正工件的表面平行度，安装工件时保证工件底面与垫块接触良好，确保零件加工精度。工件上表面高出钳口 8 mm 左右。

4. 程序编写

在工件上表面中心建立工件坐标系，安全高度为 10 mm，程序如下：

```
02700;                      //主程序名
G54G90G40G49G80G94;        //程序初始化
G00Z100;                    //设置换刀点
X0Y0;
T01;                        //调用1号立铣刀
M03S1500;                   //启动主轴
G00X0Y-50;                  //快速到下刀位置
Z10;                        //到安全高度
G01Z0.1F40D02;             //切削下刀到粗加工位置(底面留0.1 mm精加工余量),
                            //调2号刀补
M98P42701;                  //调 O2701 子程序 4 次粗加工
G01Z-3D01;                  //到精加工位置,调1号刀补
M03S2000;                   //变速准备精加工
M98P2701;                   //调 O2701 子程序 1 次精加工
```

```
G01Z10F100;                        //抬刀
G00Z100;                           //Z轴返回换刀点
X0Y0;                              //XY轴返回换刀点
M05;                               //主轴停
M30;                               //程序结束返回


O2701;                             //子程序名
G91G01Z-1F40;                      //增量下刀1mm
G90G41G01X8F80;                    //建刀补(1→2)
G01Y-8;                            //准备加工内轮廓(2→3)
X20;                               //(2→3)
G03Y8R8;
G01X8;
Y50;
X-8;
Y8;
X-20;
G03Y-8R8;
G01X-8;
Y-35;                              //到达外轮廓加工位置
X-25;
G02X-35Y-25R10;
G01Y25;
G02X-25Y35R10;
G01X25;
G02X35Y25R10;
G01Y-25;
G02X25Y-35R10;
G01X0;                             //外轮廓加工结束(12→13)
G40G01Y-50;                        //取消刀补(13→1)
M99;                               //子程序结束并返回主程序
```

习 题

1. 数控铣床/加工中心基本操作练习。

2. 数控铣床/加工中心编程加工操作, 任务描述: 编写如图2.166所示零件的数控铣削加工程序, 加工出该零件, 并完成表2.40、表2.41的填写。

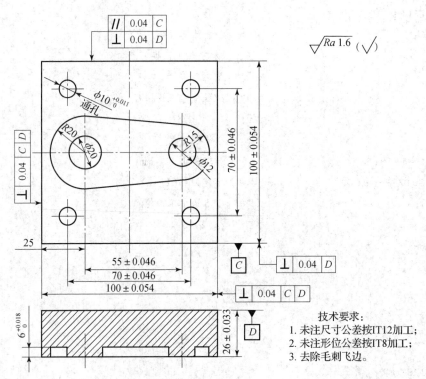

技术要求：
1. 未注尺寸公差按IT12加工；
2. 未注形位公差按IT8加工；
3. 去除毛刺飞边。

图 2.166　双圆形模板数控铣床/加工中心编程加工操作

表 2.40　数控加工刀具卡

单　位		数控加工刀具卡片	产品名称			零件图号	
			零件名称			程序编号	
序号	刀具号	刀具名称	刀具规格/mm		补偿值/mm		序号
			直径	长度	半径	长度	半径	长度
1	T01							
2	T02							
3	T03							
4	T04							

表 2.41　数控加工工序卡

单　位	数控加工工序卡片		产品名称	零件名称	材　料	零件图号
工序号	程序编号	夹具名称	夹具编号	设备名称	编制	审核

续表

工步号	工步内容	刀具号	刀具规格	主轴转速 $S/(\mathrm{r} \cdot \min^{-1})$	进给速度 $F/$ $(\mathrm{mm} \cdot \min^{-1})$	背吃刀量 $\alpha_\mathrm{p}/\mathrm{mm}$
1		T01				
2		T02				
3		T03				
4		T04				
5		T05				

本章小结
BENZHANGXIAOJIE

  数控铣床是世界上最早研制出来的数控机床，是一种功能很强的机床。它加工范围广，工艺复杂，涉及的技术领域广。目前迅速发展起来的加工中心和柔性制造单元等都是在数控铣床的基础上发展起来的。与普通铣床相比，数控铣床的加工精度高、精度稳定性好、适应性强、操作劳动强度低，特别适用于板类、盘类、壳具类、模具类等复杂形状零件的铣削加工以及孔加工或对精度保持性要求较高的中、小批量零件的加工。

  加工中心是高效、高精度的数控机床，可实现工件在一次装夹中完成多道工序的加工，同时还备有刀具库，并且有自动换刀功能。加工中心所具有的这些丰富的功能，决定了其程序的复杂性。

  数控铣床/加工中心基本编程指令含义与数控车床基本指令相同，但应用时有一定的区别，同时要注意循环指令的使用方法以及加工中心换到指令的编写，确定轮廓铣削的走刀路线。正确的刀轨是铣削加工零件的关键，编程时应正确应用刀具补偿功能，要灵活应用编程指令加工轮廓类、型腔类、孔类、综合类零件程序的编写步骤与方法。

  操作数控铣床/加工中心与操作数控车床过程类似，应严格按照操作规程安全操作。

数控加工技能强化

知识目标	技能目标	素质目标
1. 了解数控机床结构原理、安全操作规程、维护保养等知识； 2. 掌握数控机床加工工艺与编程； 3. 掌握有关数控机床国家职业技能标准	1. 数控机床加工工艺分析、程序编制和调试能力； 2. 数控机床操作技能； 3. 测量工件和控制质量能力； 4. 具备数控机床安全操作、维护保养等技能	1. 培养学生严谨、细心、全面、追求高效的品质； 2. 培养学生团队精神、沟通协调能力； 3. 培养学生踏实肯干、勇于创新的工作态度； 4. 培养学生大国工匠精神，立志学号本领，建设祖国的意志品质

技能目标

1. 具备数控机床加工工艺分析、程序编写和调试的能力；
2. 具备数控机床操作技能；
3. 具备测量工件和控制质量的能力；
4. 具备数控机床安全操作、维护保养等技能。

知识目标

1. 了解数控机床结构原理、安全操作规程、维护保养等知识；
2. 掌握数控机床加工工艺与编程；
3. 掌握有关数控机床国家职业技能标准。

项目导读

本项目在熟练操作数控车床、数控铣床或加工中心仿真软件及掌握数控机床操作方法的基础上，针对数控机床有关国家职业技能规范进行强化训练。学生可以根据自己的兴趣选择数控车床、数控铣床或加工中心其中的一种，数控车床针对典型的轴类与套类零件等进行加工强化训练，时间约为2周；数控铣床/加工中心主要针对典型的凸台孔板类、型腔类零件等进行强化考证训练，时间约为2周，并在2周后进行数控机床中级技能鉴定。

本项目精选企业加工案例，参照有关国家职业技能规范，借助数控仿真软件、数控机床同步教学，针对性极强，突出技能训练，使学生达到中级及以上技能操作水平。学习过程：分析工艺→编写数控程序→仿真加工验证→实际机床加工→鉴定。

任务3.1 数控车削加工技能强化——加工轴类零件

知识目标	技能目标	素质目标
1. 掌握外圆、槽和螺纹的加工工艺知识； 2. 掌握制订刀具卡和工序卡等知识； 3. 掌握装夹刀具和工件知识； 4. 中午应用游标卡尺、外径千分尺测量工件等知识； 5. 掌握应用外圆、槽和螺纹的加工编程指令； 6. 掌握数控车床相关国家职业技能规范	1. 具有测量外形和槽尺寸和设置刀具补偿的能力； 2. 具有分析零件质量的能力； 3. 能够编制和调试外圆、槽和螺纹加工程序； 3. 具备数控车床操作技能； 4. 养成安全文明生产的好习惯	1. 培养学生产品质量意识、严谨、细心、全面、追求高效的品质； 2. 培养学生团队精神、沟通协调能力； 3. 培养学生踏实肯干、勇于创新的工作态度

技能目标

1. 能够测量外形和槽尺寸、设置刀具补偿、分析零件质量；
2. 能够编写和调试外圆、槽和螺纹加工程序；
3. 具备数控车床操作技能；
4. 养成安全文明生产的好习惯。

知识目标

1. 掌握外圆、槽和螺纹的加工工艺，制作刀具卡和工序卡的方法，装夹刀具和工件的方法，应用游标卡尺、外径千分尺测量工件的方法；
2. 掌握应用外圆、槽和螺纹的加工编程指令；
3. 了解数控车床相关国家职业技能规范。

3.1.1 任务导入：加工球形三角螺纹轴

任务描述：加工如图3.1所示的球形三角螺纹轴零件。试编写其轮廓加工程序并进行加工。毛坯尺寸为 $\phi 30\ mm \times 80\ mm$，材料为45钢。

3.1.2 知识链接

1. 数控车工国家职业标准

1）基本要求

（1）职业道德。

①职业道德基本知识。

②职业守则。

a. 遵守国家法律、法规和有关规定。

b. 具有高度的责任心，爱岗敬业、团结合作。

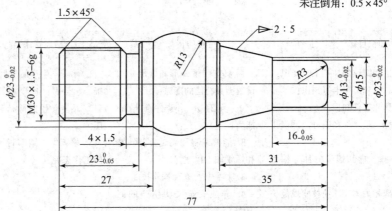

$\sqrt{Ra\,1.6}$ $(\sqrt{})$

毛坯: $\phi30\ mm \times 80\ mm$
未注倒角: $0.5 \times 45°$

技术要求:
1. 未注形状公差应符合GB/T 1181—1998的要求;
2. 未注长度尺寸允许长度偏差 $\pm 0.05\ mm$;
3. 严禁使用砂布、锉刀等工具进行修光。

图 3.1　球形三角螺纹轴零件

c. 严格执行相关标准、工作程序与规范、工艺文件和安全操作规程。

d. 学习新知识、新技能,勇于开拓和创新。

e. 爱护设备、系统、工具、夹具、量具。

f. 着装整洁,符合规定,保持工作环境清洁有序,文明生产。

(2) 基础知识。

①基础理论知识。

a. 机械制图知识。

b. 工程材料及金属热处理知识。

c. 机电控制知识。

d. 计算机基础知识。

e. 专业英语基础知识。

②机械加工基础知识。

a. 机械原理。

b. 常用设备知识（分类、用途、基本结构及维护保养方法）。

c. 常用金属切削刀具知识。

d. 典型零件加工工艺。

e. 设备润滑和冷却液的使用方法。

f. 工具、夹具、量具的使用与维护知识。

g. 普通车床、钳工的基本操作知识。

③安全文明生产与环境保护知识。

a. 安全操作与劳动保护知识。

b. 文明生产知识。

c. 环境保护知识。

④质量管理知识。

a. 企业的质量方针。

b. 岗位质量要求。

c. 岗位质量保证措施与责任。

⑤相关法律、法规知识。

a. 劳动法相关知识。

b. 环境保护法相关知识。

c. 知识产权保护法相关知识。

2）工作要求

本标准为中级数控车工国家职业标准的工作要求，如表3.1所示。

表 3.1　中级数控车工国家职业标准的工作要求

职业功能	工作内容	技能要求	相关知识
1. 加工准备	（1）读图与绘图	①能读懂中等复杂程度的零件图（如曲轴的零件图）； ②能绘制简单的轴类、盘类零件图； ③能读懂进给机构、主轴系统的装配图	①复杂零件的表达方法； ②简单零件图的画法； ③零件三视图、局部视图和剖视图的画法； ④装配图的画法
	（2）制定加工工艺	①能读懂复杂零件的数控车床加工工艺文件； ②能编写简单零件（轴、盘）的数控车床加工工艺文件	数控车床加工工艺文件的制定
	（3）零件定位与装夹	能使用通用夹具（如三爪自定心卡盘、四爪单动卡盘）进行零件装夹与定位	①数控车床常用夹具的使用方法； ②零件定位、装夹的原理和方法
	（4）刀具准备	①能根据数控车床加工工艺文件选择、安装和调整数控车床常用刀具； ②能刃磨常用车削刀具	①金属切削与刀具磨损知识； ②数控车床常用刀具的种类、结构和特点； ③数控车床、零件材料、加工精度和工作效率对刀具的要求
2. 数控编程	（1）手工编程	①能编写由直线、圆弧组成的二维轮廓数控加工程序； ②能编写螺纹加工程序； ③能运用固定循环、子程序进行零件的加工程序编写	①数控编程知识； ②直线插补和圆弧插补的原理； ③坐标点的计算方法
	（2）计算机辅助编程	①能使用计算机绘图设计软件绘制简单零件（轴、盘、套）的零件图； ②能利用计算机绘图软件计算节点	计算机绘图软件（二维）的使用方法

职业功能	工作内容	技能要求	相关知识
3. 数控车床操作	（1）操作面板	①能按照操作规程启动及停止机床；②能使用操作面板上的常用功能键（如回零、手动、MDI、修调等）	①熟悉数控车床操作说明书；②数控车床操作面板的使用方法
	（2）程序输入与编辑	①能通过各种途径（如DNC、网络等）输入加工程序；②能通过操作面板编辑加工程序	①数控加工程序的输入方法；②数控加工程序的编辑方法；③网络知识
	（3）对刀	①能进行对刀并确定相关坐标系；②能设置刀具参数	①对刀的方法；②坐标系的知识；③刀具偏置补偿、半径补偿与刀具参数的输入方法
	（4）程序调试与运行	能够对程序进行校验、单步执行、空运行并完成零件试切	程序调试的方法
4. 零件加工	（1）轮廓加工	（1）能进行轴、套类零件加工，并达到以下要求：①尺寸公差等级达IT6；②形位公差等级达IT8；③表面粗糙度达 $Ra\,1.6\,\mu m$。（2）能进行盘类、支架类零件加工，并达到以下要求：①轴径公差等级达IT6；②孔径公差等级达IT7；③形位公差等级达IT8；④表面粗糙度达 $Ra\,1.6\,\mu m$	①内外径的车削加工方法、测量方法；②形位公差的测量方法；③表面粗糙度的测量方法
	（2）螺纹加工	能进行单线等节距的普通三角螺纹、锥螺纹的加工，并达到以下要求：①尺寸公差等级达IT6~IT7；②形位公差等级达IT8；③表面粗糙度达 $Ra\,1.6\,\mu m$	①常用螺纹的车削加工方法；②螺纹加工中的参数计算
	（3）槽类加工	能进行内径槽、外径槽和端面槽的加工，并达到以下要求：①尺寸公差等级达IT8；②形位公差等级达IT8；③表面粗糙度达 $Ra\,3.2\,\mu m$	内径槽、外径槽和端槽的加工方法
	（4）孔加工	能进行孔加工，并达到以下要求：①尺寸公差等级达IT7；②形位公差等级达IT8；③表面粗糙度达 $Ra\,3.2\,\mu m$	孔的加工方法
	（5）零件精度检验	能进行零件的长度、内径、外径、螺纹、角度精度检验	①通用量具的使用方法；②零件精度检验及测量方法

续表

职业功能	工作内容	技能要求	相关知识
5. 数控车床维护和故障诊断	（1）数控车床日常维护	能根据说明书完成数控车床的定期及不定期维护保养，包括机械、电、气、液压、冷却数控系统检查和日常保养等	①数控车床说明书；②数控车床日常保养方法；③数控车床操作规程；④数控系统（进口与国产数控系统）使用说明书
	（2）数控车床故障诊断	①能读懂数控系统的报警信息；②能发现并排除由数控程序引起的数控车床的一般故障	①使用数控系统报警信息表的方法；②数控机床的编程和操作故障诊断方法
	（3）数控车床精度检查	能进行数控车床水平的检查	①水平仪的使用方法；②机床垫铁的调整方法

3）比重表

（1）理论知识，如表3.2所示。

表3.2 中级数控车工国家职业标准理论知识比重表

项目		中级/%	高级/%	技师/%	高级技师/%
基本要求	职业道德	5	5	5	5
	基础知识	20	20	15	15
相关知识	加工准备	15	15	30	—
	数控编程	20	20	10	—
	数控车床操作	5	5	—	—
	零件加工	30	30	20	15
	数控车床维护与精度检验	5	5	10	10
	培训与管理	—	—	10	15
	工艺分析与设计	—	—	—	40
合计		100	100	100	100

（2）技能操作，如表3.3所示。

表3.3 中级数控车工国家职业标准技能操作比重表

项目		中级/%	高级/%	技师/%	高级技师/%
技能要求	加工准备	10	10	20	—
	数控编程	20	20	30	—
	数控车床操作	5	5		

续表

项目		中级/%	高级/%	技师/%	高级技师/%
技能要求	零件加工	60	60	40	45
	数控车床维护与精度检验	5	5	5	10
	培训与管理	—	—	5	10
	工艺分析与设计	—	—	—	35
	合计	100	100	100	100

2. 数控车床常见的操作故障

数控车床的故障种类较多，有电气、电路、机械、数控系统、液压、气动等部件的故障，产生的原因也比较复杂，但大部分故障是由操作人员操作机床不当引起的，数控车床常见的操作故障如下。

（1）防护门未关，机床不能运转。

（2）有回零要求的机床开机后未回零。

（3）主轴转速 S 超过最高转速限定值。

（4）加工程序内没有设置 F 或 S 值。

（5）进给修调或主轴修调开关设为空挡。

（6）回零时离零点太近或回零速度太快，引起超程。

（7）程序中 G00 位置超过限定值。

（8）刀具补偿测量设置错误。

（9）刀具换刀位置不正确（换刀点离工件太近）。

（10）G40 撤销不当，引起刀具切入已加工表面。

（11）程序中使用了非法代码。

（12）刀具半径补偿方向搞错。

（13）切入、切出方式不当。

（14）切削用量太大。

（15）刀具安装不正确或刀具钝化。

（16）工件材质不均匀，引起振动。

（17）机床被机械锁定未解除（工作台不动）。

（18）工件未夹紧或伸出量不符合要求。

（19）对刀位置不正确，工件坐标系设置错误。

（20）使用了不合理的 G 功能指令。

（21）机床处于报警状态。

（22）断电后或报过警的机床，没有重新回零。

（23）加工程序不正确；传输程序时乱码或中断。

【应用实例】 任务描述：加工如图 3.2 所示的轴类零件。

（1）编程与加工步骤。

如图 3.2 所示，该工件为简单的轴类零件，只有外形轮廓和长度的尺寸要求，所以控制零件的外圆尺寸和长度尺寸是关键，未注倒角 C0.5。编程零点设置在零件右端面的轴心线上。

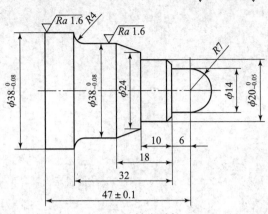

图3.2 轴类零件

（2）加工步骤。

①夹持零件毛坯，伸出卡爪80 mm。

②车右端面。

③粗、精车零件外轮廓至图样要求。

④切断零件，保证总长。

⑤回换刀点，程序结束。

（3）操作注意事项。

①检查机床运行是否正常。

②检查工件与刀具装夹是否牢靠。

③检查程序是否正确，确认车刀与程序中的刀号一致。

④对刀后，可在MDI方式下，检查对刀的精度。

⑤开始加工时，按下单步运行按钮，待运行正常后，再取消单步运行。

（4）工量具准备清单。

（5）加工参考程序如下：

```
O0017;
N05 G54 G99 G00 X100 Z100;
N10 M03 S600;
N15 T0101;
N20 G00 X42 Z2;
N25 G71 U1R1;                          //外圆粗车循环
N30 G71 P35 Q95 U0.3 W0.1 F0.3;        //外圆粗车循环
N35 G00 X0;
N40 G01 Z0 F0.1;
N45 G03 X14 Z-7R7;
N50 G01Z-13;
N55 X17;
N60 X20 Z-14.5;
N65 Z-23;
```

```
N70 X24;
N75 X30 Z -31;
N80 Z -41;
N85 G02 X38 Z -45R4;
N90 G01Z -58;
N95 X42;
N100 G00 X100 Z100;
N105 G55 T0202;
N110 G00 X42 Z2;
N110 M03 S1000;
N115 G70 P35 Q95;                    //外圆精车循环
N120 G00 X100 Z100;
N125 G56 T0303 S400;
N130 G00 X42 Z -58;
N135 G01 X0 F0.1;                    //切断
N140 X42 F0.5;
N145 G00 X100 Z100;
N150 M05;
N155 M30;
```

3.1.3 任务实施

1. 工艺分析

加工过程如下：

(1) 粗车右端端面和外圆，留精加工余量 0.3 mm；

(2) 精车右端各表面，达到图纸要求，重点保证外圆尺寸；

(3) 车螺纹退刀槽并完成槽口倒角；

(4) 螺纹粗、精加工达到图纸要求；

(5) 切断，保证零件长度；

(6) 去毛刺，检测工件各项尺寸要求。

2. 刀具与工艺参数选择

数控加工刀具卡和工序卡分别如表 3.4 和表 3.5 所示。

表 3.4　数控加工刀具卡

单位			零件名称		零件图号	
序号	刀具号	刀具名称及规格	刀尖半径/mm	数量	加工表面	备注
1	T0101	93°粗、精车右偏外圆刀	0.8	1	外轮廓、端面	55°菱形刀片
2	T0202	切槽刀	0.4	1	螺纹退刀槽	刀宽 4 mm
3	T0303	螺纹车刀		1	螺纹	

3. 装夹工件

用三爪自定心卡盘夹紧定位。

表3.5　数控加工工序卡

材料	45 钢	零件图号		系统	FANUC	工序号	
操作序号	工步内容（走刀路线）	G 功能	T 刀具	切削用量			
				转速 S /(r·min^{-1})	进给速度 F /(mm·r^{-1})	背吃刀量 α_p/mm	
程序	夹住棒料一头，留出长度大约75 mm（手动操作），车端面，对刀，调用程序						
1	粗车外轮廓	G73	T0101	1 500	0.1	0.5	
2	精车外轮廓	G73	T0101	2 500	0.05	0.2	
3	切螺纹退刀槽	G01	T0202	600	0.05	4	
4	螺纹加工	G76	T0303	800			
5	切断	G01	T0202	600	0.05	4	
6	检测、校核						

4. 程序编写

程序如下：

```
O0019;
N010 G54 G99 G00 X100 Z100;          //建立工件坐标系/每转进给/设置换刀点
N020 M03 S1500;
N030 T0101 M08;
N040 G00 X35 Z5;
N050 G73 U10 W8 R16;                 //外圆粗车封闭循环
N060 G73 P70 Q210 U0.4 W0.2 F0.2;    //外圆粗车封闭循环
N070 G00 X0;
N080 G01 Z0 F0.05;
N090 X7;
N100 G03 X13 Z-3;
N110 G01 Z-16;
N120 X15;
N130 X21 Z-31;
N140 X22;
N150 X23 Z-31.5;
N160 Z-35;
N170 G03 Z-50 R13;
N180 G01 Z-54;
N190 X20 Z-58;
N200 Z-85;
N210 X31;
N220 M03 S2500;
```

```
N230 G70 P70 Q210;                    //外圆精车封闭循环
N240 G00 X100 Z100;
N250 G55 T0202;
N260 G00 X35 Z −58;
N270 M03 S600;
N280 G01 X23 Z −57.5 F0.2;
N290 X22 Z −58 F0.05;                 //槽4 X1.5 右边倒角
N300 X17;
N310 G04 X2;
N320 G01 X25 F0.2;
N330 X20 Z −59.5;
N340 X17 Z −58 F0.05;                 //槽4 X1.5 左边倒角
N350 G04 X2;
N360 G01 X35 F0.2;
N370 G00 Z −81;
N380 G01 X20 Z −79.5 F0.2;
N390 X17 Z −81 F0.05;                 //螺纹左边倒角
N400 X35 F0.2;
N410 G00 X100 Z100;
N420 G56 T0303;
N430 G00 X35 Z −56 S800;
N440 G76 P020160 R0.1;                //螺纹复合循环
N450 G76 X18 Z −79 P1 Q0.2 F1.5;      //螺纹复合循环
N460 G00 X100 Z100;
N470 G55 T0202;
N480 G00 X35 Z −81;
N490 M03 S600;
N500 G01 X2 F0.05;                    //切断,保留直径2 mm
N510 X35 F0.2;
N520 G00 X100 Z100 M09;
N530 M05;
N540 M30;
```

任务 3.2   数控车削加工技能强化——加工套类零件

知识目标	技能目标	素质目标
1. 掌握外圆、槽、螺纹和内孔的加工工艺、制订刀具卡和工序卡、装夹刀具和工件、应用游标卡尺、内径千分尺测量工件等知识; 2. 掌握内孔编程指令; 3. 掌握数控车床有关国家职业技能规范	1. 能分析套类零件车削工艺、能测量内孔尺寸和设置刀具补偿的能力; 2. 会编制和调试外圆、槽、螺纹和内孔加工程序; 3. 具备数控车床熟练操作技能和工件调头装夹找正技能	1. 培养学生严谨、细心、全面、追求高效、精益求精的职业素质,强化产品质量意识; 2. 培养学生具有一定的计划、决策、组织、实施和总结的能力; 3. 培养学生踏实肯干、勇于创新的工作态度; 4. 培养学生大国工匠精神

技能目标

1. 能够分析套类零件车削工艺、测量内孔尺寸和设置刀具补偿；

2. 能够编写和调试外圆、槽、螺纹和内孔加工程序；

3. 具备数控车床熟练操作技能和工件调头装夹找正技能。

知识目标

1. 掌握外圆、槽、螺纹和内孔的加工工艺，制作刀具卡和工序卡、装夹刀具和工件的方法，应用游标卡尺、内径千分尺测量工件的方法；

2. 掌握应用内孔的加工编程指令；

3. 掌握数控车床相关国家职业技能规范。

3.2.1　任务导入：加工套类零件

任务描述：加工如图 3.3 所示零件，试编写其轮廓加工程序并进行加工。毛坯尺寸为 $\phi 50$ mm × 50 mm，材料为 45 钢。

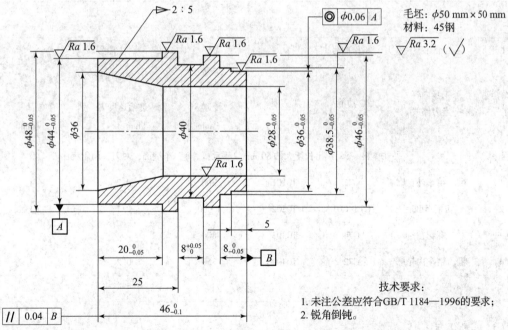

图 3.3　套类零件加工

3.2.2　任务实施

1. 工艺分析

加工过程如下：

（1）粗精加工左端面、外圆面 $\phi 44$ mm、$\phi 48$ mm 至尺寸要求；

（2）钻孔 $\phi 20$ mm；

（3）粗、精加工内部轮廓至尺寸要求；

（4）切断，保证长度；

（5）掉头切右端面及外圆至尺寸要求；

（6）切宽 8 mm 槽；

（7）去毛刺，检测工件各项尺寸要求。

2. 选择刀具与工艺参数

数控加工刀具卡和工序卡分别如表 3.6 和表 3.7 所示。

表 3.6　数控加工刀具卡

单位			零件名称		零件图号		
序号	刀具号	刀具名称及规格	刀尖半径 /mm	数量	加工表面	备注	
1	T0101	93°粗、精车右偏外圆刀	0.8	1	外轮廓、端面	55°菱形刀片	
2	T0202	割刀		1	槽/切断	刀宽 3 mm	
3	T0303	麻花钻		1	钻孔	孔直径 20 mm	
4	T0404	内镗孔刀（粗、精）	0.4	1	内孔轮廓		

表 3.7　数控加工工序卡

材料	45 钢	零件图号		系统	FANUC	工序号	
操作序号	工步内容（走刀路线）	G 功能	T 刀具	切削用量			
				转速 S /(r·min^{-1})	进给速度 F /(mm·r^{-1})	背吃刀量 α_p /mm	
程序	夹住棒料一头，留出长度大约 60 mm（手动操作），车端面，对刀，调用程序						
（1）	粗、精车外轮廓	G71	T0101	300	0.2	1	
（2）	切槽/切断	G75/G01	T0202	1 000	0.1	1	
（3）	麻花钻	G74	T0303	800			
（4）	粗、精车内轮廓	G72	T0404	350	0.2	4	
（5）	检测、校核						

3. 装夹工件

用三爪自定心卡盘夹紧定位。

4. 程序编写

（1）左端外圆内孔程序如下：

```
O0021;
N010 G54 G99 G00 X100 Z100;
N020 M03 S1500;
```

```
N030 T0101 M08;
N040 G00 X55 Z5;
N050 G71 U1 R1;                          //左端外圆粗车循环
N060 G71 P70 Q130U0.4 W0.2 F0.2;         //左端外圆粗车循环
N070 G00 X0;
N080 G01 Z0 F0.05;
N090 X44;
N100 Z-20;
N110 X48;
N120 Z-51;
N130 X51;
N140 M03 S2000;
N150 G70 P70 Q140;                       //左端外圆精车循环
N160 G00 X100 Z100;
N170 G56 T0303;
N180 G00 X0Z5 S800;
N190 G74 R2;                             //钻孔循环
N200 G74 Z-50 Q2000 F0.1;                //钻孔循环
N210 G00 X100 Z100;
N220 G57 T0404;
N230 M03 S1000;
N240 G72 W1.2 R1;                        //内孔粗车循环
N250 G72 P260 Q290 U-0.2 W0.1 F0.2;      //内孔粗车循环
N260 G00 Z-47;
N270 G01 X40 F0.1;
N280 Z-20;
N290 X31 Z2;
N300 M03 S1500;
N310 G70 G72 P260 Q290;                  //内孔精车循环
N320 G00 X100 Z100;
N330 G55 T0202;
N340 G00 X55 Z-49;
N350 M03 S500;
N360 G01 X2 F0.1;                        //切断,保留直径2 mm
N370 X55 F0.2;
N380 G00 X100 Z100 M09;
N390 M05;
N400 M30;
```

（2）右端外圆程序如下：

```
O0022;
N010 G54 G99 G00 X100 Z100;
N020 M03 S1500;
N030 T0101 M08;
```

```
N040 G00 X55 Z5;
N050 G71 U1 R1;                       //右端外圆粗车循环
N060 G71 P70 Q170 U0.4 W0.2 F0.2;     //右端外圆粗车循环
N070 G00 X18;
N080 G01 Z0 F0.05;
N090 X36;
N100 Z -5;
N110 X38;
N120 Z -8;
N130 X46;
N140 Z -21;
N150 X48;
N160 Z -30;
N170 X51;
N180 M03 S2000;
N190 G70 P70 Q170;                    //右端外圆精车循环
N200 G00 X100 Z100;
N210 G55 T0202;
N220 G00 X55 Z -16;
N230 M03 S500;
N240 G75 R1;                          //切槽循环
N250 G75 X40 Z -21 P2000 Q1000 F0.1;  //切槽循环
N260 G00 X100 Z100 M09;
N270 M05;
N280 M30;
```

习　　题

1. 任务描述：加工如图 3.4 所示的阶梯轴零件，试编写其轮廓加工程序并进行加工。毛坯尺寸为 $\phi35$ mm $\times$ 125 mm，材料为 45 钢。加工准备清单如表 3.8 所示，加工完成后，请在表 3.9 中对加工结果进行评分。

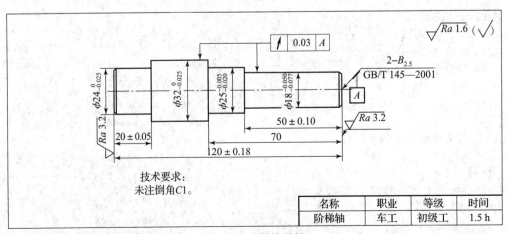

图 3.4　阶梯轴零件

表3.8　数控车工初级工量具、刃具及毛坯准备清单

序号	名称	规格	精度	数量	序号	名称	规格	精度	数量
1	游标卡尺	0～200	0.02	1	11	薄铜皮			若干
2	外径千分尺	0～25	0.01	1	12				
3	外径千分尺	25～50	0.01	1	13				
4	中心钻	$B_{2.5}$		1	14				
5	带柄钻夹头			1	15				
6	活顶尖			1	16				
7	鸡心夹头			1	17				
8	外圆车刀	90°		1	18				
9	外圆车刀	45°		1	19				
10	活动扳手			1	20				
毛坯尺寸		$\phi 35$ mm×125 mm			材料		45钢		

表3.9　数控车工初级工操作考件评分表

考件编号：_____　　　　总分：_____

考核项目	考核要求	配分	评分标准	检测结果		扣分	得分
				尺寸精度	粗糙度		
外圆	$\phi 18^{-0.050}_{-0.077}$	22	超差无分				
	$\phi 24^{0}_{-0.025}$	7	超差无分				
	$\phi 25^{+0.005}_{-0.020}$	11	超差无分				
	$\phi 32^{0}_{-0.025}$	6	超差无分				
长度	20±0.05	8	超差无分				
	50±0.10	10	超差无分				
	120±0.18	8	超差无分				
其他	70（IT12）	2	超差无分				
表面	Ra 1.6（七处）	10	Ra 值大 I 级扣 2 分				
形位公差	／ 0.03 A（两处）	16	超差 0.01 扣 3 分				
安全文明	安全文明有关规定		违反有关规定，酌情扣总分 1～50 分				
备注			每处尺寸超差大于或等于 1 mm，酌情扣考件总分 5～10 分				

2. **任务描述**：加工如图 3.5 所示的锥度芯棒零件，试编写其轮廓加工程序并进行加工。毛坯尺寸为 $\phi35$ mm×85 mm，材料为 45 钢。加工准备清单如表 3.10 所示，加工完成后，请在表3.11 中对加工结果进行评分。

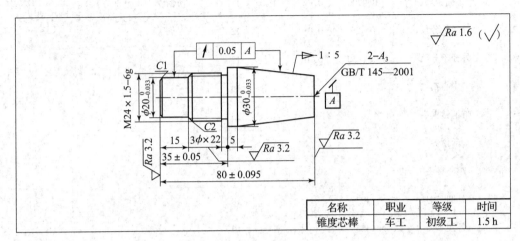

图 3.5　锥度芯棒零件

表 3.10　数控车工初级工工具、量具、刃具及毛坯准备清单

序号	名称	规格	精度	数量	序号	名称	规格	精度	数量
1	游标卡尺	0～150	0.02	1	11	切断刀	$t=3$		1
2	外径千分尺	0～25、25～50	0.01	各1	12	螺纹车刀	60°		1
3	螺纹千分尺	0～25	0.01	1	13	中心钻	A_3		1
4	深度游标卡尺	0～200	0.02	1	14	带柄钻夹头			
5	螺距规	公制		1	15	鸡心夹头			1
6	中心规	60°		1	16	活扳手			1
7	万能角度尺	0～320°	2′	1	17	薄铜皮			若干
8	活顶尖			1	18				
9	外圆车刀	90°		1	19				
10	外圆车刀	45°		1	20				
毛坯尺寸		$\phi35$ mm×85 mm			材料		45 钢		

3. **任务描述**：加工如图 3.6 所示锁紧套零件，试编写其轮廓加工程序并进行加工。毛坯尺寸为 $\phi45$ mm×65 mm，材料为 45 钢。加工准备清单如表 3.12 所示，加工完成后，请在表 3.13中对加工结果进行评分。

表 3.11　数控车工初级工操作考件评分表

考件编号：＿＿＿＿＿　　　　　总分：＿＿＿＿＿

考核项目	考核要求	配分	评分标准	检测结果		扣分	得分
				尺寸精度	粗糙度		
外圆	$\phi 20_{-0.033}^{0}$	9.5	超差 0.01 扣 3 分				
	$\phi 30_{-0.033}^{0}$	6.5	超差 0.01 扣 3 分				
锥度	锥度 $1:5$、$\alpha \pm 15'$	12	超差无分				
螺纹	$\phi 24_{-0.268}^{-0.032}$	5	超差无分				
	$\phi 23.026_{-0.182}^{-0.032}$	15	超差无分				
	$60°$、$P=1.5$	5	牙形角、螺距不对无分				
长度	5	5	超差无分				
	35 ± 0.05	5	超差无分				
	80 ± 0.095	4	超差无分				
其他	3 项（IT12）	3	超差无分				
表面	$Ra\ 1.6$（五处）	10	Ra 值大 1 级扣 1 分				
形位公差	↗ 0.05 A	20	超差 0.01 扣 5 分				
安全文明	安全文明有关规定		违反有关规定，酌情扣总分 1~50 分				
备注			每处尺寸超差大于或等于 1 mm，酌情扣考件总分 5~10 分				

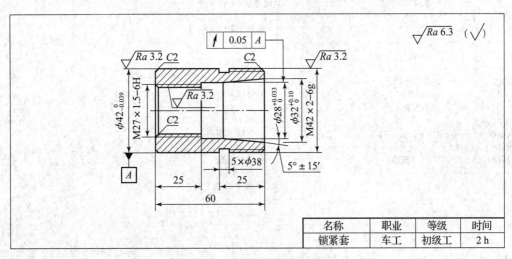

图 3.6　锁紧套零件

表 3.12　数控车工初级工工具、量具、刃具及毛坯准备清单

序号	名称	规格	精度	数量	序号	名称	规格	精度	数量
1	游标卡尺	0 ~ 150	0.02	1	11	内螺纹车刀	60°		1
2	外径千分尺	25 ~ 50	0.01	1	12	内孔车刀	45°、90°		各 1
3	螺纹千分尺	25 ~ 50	0.01	1	13	切断刀			1
4	内径百分表	18 ~ 35	0.01	1	14	中心钻			1
5	螺纹塞规	M27 X1.5 - 6H		1	15	带柄钻夹头			1
6	万能角度尺	0 ~ 320°	2′	1	16	麻花钻	φ3		1
7	中心规、螺距规	60°、公制		各 1	17	莫氏变径套	3#、4#		各 1
8	螺纹样板	60°		1	18	薄铜皮			若干
9	外圆车刀	45°、90°		各 1	19				
10	螺纹车刀	60°		1	20				
毛坯尺寸		φ45 mm × 65 mm			材料		45 钢		

表 3.13　数控车工初级工操作考件评分表

考件编号：＿＿＿＿＿　　　总分：＿＿＿＿＿

考核项目	考核要求	配分	评分标准	检测结果		扣分	得分
				尺寸精度	粗糙度		
外圆	$\phi 42_{-0.039}^{0}$	10	超差 0.01 扣 4 分				
内孔	$\phi 28_{0}^{+0.033}$	12	超差 0.01 扣 5 分				
内锥	$\phi 32_{0}^{+0.10}$	9	超差 0.01 扣 3 分				
	$5° \pm 15′$	10	超差 1′ 扣 2 分				
螺纹	$\phi 42_{-0.18}^{0}$						
	$\phi 40.701_{-0.41}^{-0.11}$	16	不合格不得分				
	$60°、P = 2$						
内螺纹	M27 × 1.5 - 6H	21	不合格不得分				
其他	5 项（IT12）	5	超差无分				
表面	Ra 3.2（七处）	7	Ra 值大 1 级扣 1 分				
形位公差	⟋ 0.05 A	10	超差无分				
安全文明	安全文明有关规定		违反有关规定，酌情扣总分 1 ~ 50 分				
备注			每处尺寸超差大于或等于 1 mm，酌情扣考件总分 5 ~ 10 分				

4. 任务描述：加工如图 3.7 所示的定心轴零件，试编写其轮廓加工程序并进行加工。毛坯尺寸为 $\phi35$ mm × 130 mm，材料为 45 钢。加工准备清单如表 3.14 所示，加工完成后，请在表 3.15 中对加工结果进行评分。

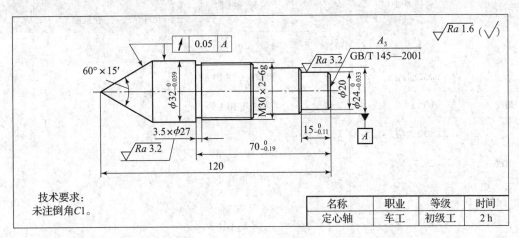

图 3.7　定心轴

表 3.14　数控车工初级工工具、量具、刃具及毛坯准备清单

序号	名称	规格	精度	数量	序号	名称	规格	精度	数量
1	游标卡尺	0～150	0.02	1	11	带柄钻夹头			1
2	外径千分尺	0～25、25～50	0.01	各1	12	活顶尖			1
3	万能角度尺	0°～320°	2′	1	13	鸡心夹头			1
4	螺纹千分尺	25～50	0.01	1	14	活动扳手			1
5	中心规、螺距规	60°、公制		各1	15	薄铜皮			若干
6	外圆车刀	45°、90°		各1	16	磁性表座			1
7	切断刀	$T=3.5$		1	17				
8	中心钻	A_3		1	18				
9	螺纹车刀	60°		1	19				
10	百分表	0～10	0.01	1	20				
	毛坯尺寸	$\phi35$ mm × 130 mm			材料		45 钢		

5. 任务描述：加工如图 3.8 所示的锁紧螺母零件，试编写其轮廓加工程序并进行加工。毛坯尺寸为 $\phi50$ mm × 65 mm，材料为 45 钢。加工准备清单如表 3.16 所示，加工完成后，请在表 3.17 中对加工结果进行评分。

表 3.15　数控车工初级工操作考件评分表

考件编号：_____　　　　总分：_____

考核项目	考核要求	配分	评分标准	检测结果		扣分	得分
				尺寸精度	粗糙度		
外圆	$\phi 24 {}^{0}_{-0.033}$	10	超差 0.01 扣 3 分				
	$\phi 32 {}^{0}_{-0.039}$	8	超差 0.01 扣 3 分				
角度	$60° \pm 15'$	17	超差 1′ 扣 4 分				
螺纹	$\phi 30 {}^{-0.038}_{-0.318}$						
	$\phi 28.7 {}^{-0.038}_{-0.318}$	30	不合格不得分				
	$60°$、$P = 2$						
长度	$\phi 15 {}^{0}_{-0.11}$	5	超差无分				
	$\phi 7 {}^{0}_{-0.19}$	5	超差无分				
其他	5 项（IT12）	5	超差无分				
表面	$Ra 1.6$（五处）	10	Ra 值大 1 级扣 1 分				
形位公差	⌀ 0.05 A	10	超差无分				
安全文明	安全文明有关规定		违反有关规定，酌情扣总分 1～50 分				
备注			每处尺寸超差大于或等于 1 mm，酌情扣考件总分 5～10 分				

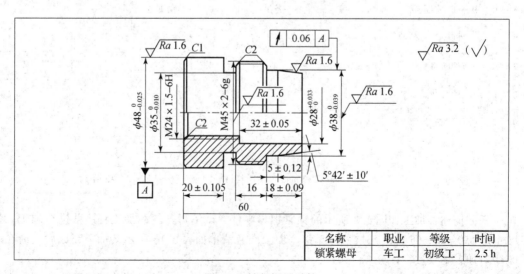

图 3.8　锁紧螺母零件

表 3.16　数控车工初级工工具、量具、刃具及毛坯准备清单

序号	名称	规格	精度	数量	序号	名称	规格	精度	数量
1	游标卡尺	0~150	0.02	1	11	内、外螺纹车刀	60°		
2	外径千分尺	25~50	0.01	1	12	切断刀			1
3	深度游标尺	0~200	0.02	1	13	中心钻及钻夹头			各1
4	螺纹千分尺	25~50	0.01	1	14	麻花钻	ϕ20		1
5	百分表及磁性表座	0~5	0.01	各1	15	莫氏变径套			1套
6	螺纹塞规	M24×1.5 – 6H		1	16	薄铜皮			若干
7	万能角度尺	0°~320°	2′	1	17	活扳手			1
8	中心规、螺距规	60°、公制		各1	18				
9	外圆车刀	45°、90°		各1	19				
10	内孔车刀	45°、90°		各1	20				
毛坯尺寸		ϕ50 mm×65 mm			材料		45 钢		

表 3.17　数控车工初级工操作考件评分表

考件编号：_____　　　　总分：_____

考核项目	考核要求	配分	评分标准	检测结果		扣分	得分
				尺寸精度	粗糙度		
外圆	$\phi48_{-0.025}^{0}$、$\phi38_{-0.039}^{0}$	6	超差无分				
	$\phi35_{-0.10}^{0}$	3	超差无分				
内孔	$\phi28_{0}^{+0.033}$	6	超差无分				
角度	5°42′±10′	10	超差1，扣2分				
螺纹	$\phi45_{-0.18}^{0}$、$\phi44.026_{-0.41}^{-0.11}$　60°、$P=2$	13	不合格不得分				
内螺纹	M24×1.5 – 6H	28	不合格不得分				
长度	20±0.105、18±0.09	8	超差无分				
	32±0.05、5±0.12	12	超差无分				
其他	2项（IT12）	2	超差无分				
表面	Ra 1.6（四处）	4	Ra 值大1级扣1分				
形位公差	⌀ 0.06 A	8	超差0.01扣2分				
安全文明	安全文明有关规定		违反有关规定，酌情扣总分1~50分				
备注			每处尺寸超差大于或等于1 mm，酌情扣考件总分5~10分				

275

6. 中级数控车工加工习题，任务描述：加工如图 3.9（a）~（q）所示的零件，试编写其加工程序并进行加工。

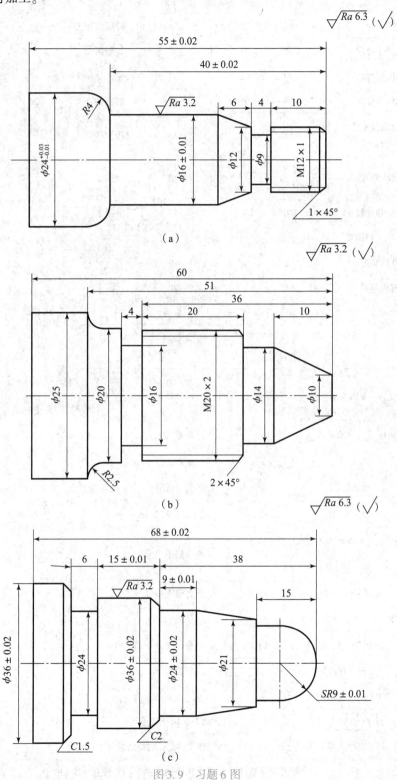

图 3.9 习题 6 图

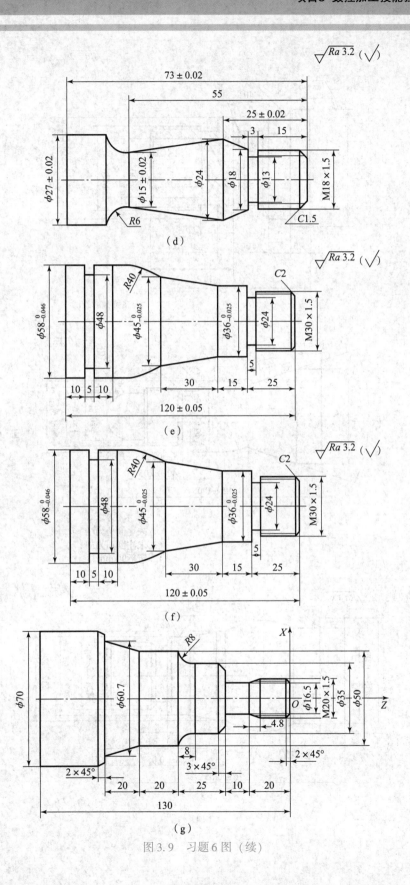

图 3.9 习题 6 图 (续)

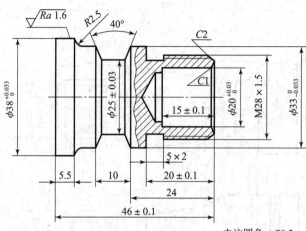

（h）

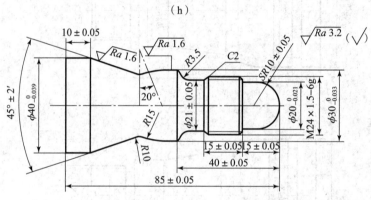

技术要求：
1. 未注倒角为C1；
2. 未注倒圆为R1；
3. 定额90 min。

（i）

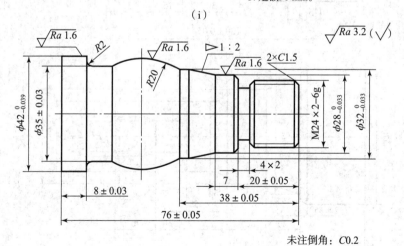

（j）

图3.9 习题6图（续）

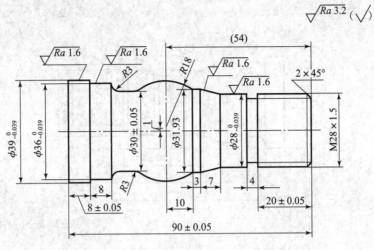

未注圆角：R0.2

（k）

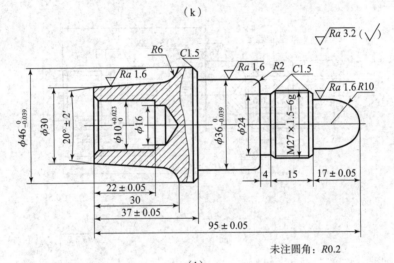

未注圆角：R0.2

（l）

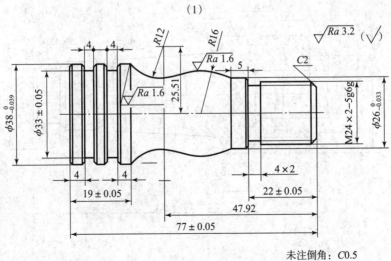

未注倒角：C0.5

（m）

图 3.9　习题 6 图（续）

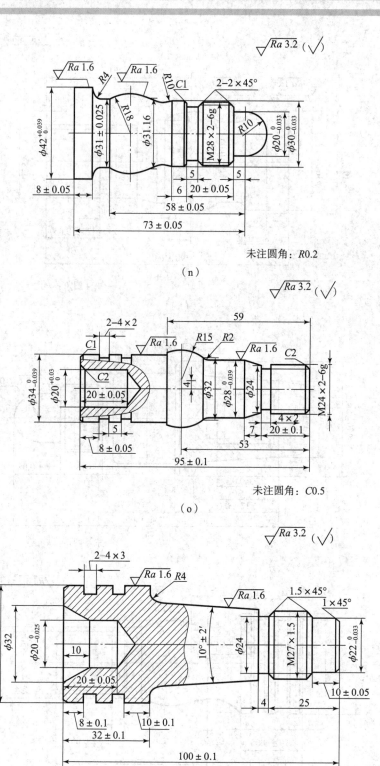

未注圆角：R0.2

（n）

未注圆角：C0.5

（o）

未注倒角：C0.5

（p）

图 3.9　习题 6 图（续）

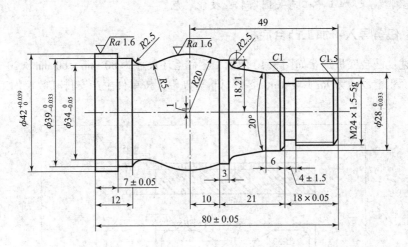

未注倒角：C0.2

(q)

图 3.9 习题 6 图（续）

任务 3.3 数控铣削加工技能强化——加工凸台底板

知识目标	技能目标	素质目标
1. 掌握外形和型腔的加工工艺、制订刀具卡和工序卡、装夹刀具和工件知识、应用游标卡尺、外径千分尺测量工件等知识； 2. 掌握相关加工编程指令； 3. 掌握数控铣床/加工中心有关国家职业技能规范	1. 具有分析数控铣床/加工中心加工工艺、能测量外形和槽尺寸与控制质量能力； 2. 能编制和调试外形和型腔加工程序； 3. 数控铣床/加工中心熟练操作技能、设置刀具补偿技能、并养成安全文明生产的好习惯	1. 培养学生严谨、细心、一丝不苟学习态度； 2. 培养学生自主学习能力； 3. 培养学生团结友爱、团队合作精神； 4. 培养学生大国工匠精神

技能目标

1. 能分析数控铣床/加工中心加工工艺、能测量外形和槽的尺寸、有控制质量的能力；

2. 能编写和调试外形与型腔的加工程序；

3. 熟练掌握数控铣床/加工中心操作技能、设置刀具补偿技能，并养成安全文明生产的好习惯。

知识目标

1. 掌握外形和型腔的加工工艺，制定刀具卡和工序卡的方法，装夹刀具和工件知识的方法，应用游标卡尺、外径千分尺测量工件的方法；

    2. 掌握相关加工编程指令；

    3. 掌握数控铣床/加工中心有关国家职业技能规范。

3.3.1 任务导入：加工凸台底板

任务描述：凸台底板形状如图 3.10 所示，零件毛坯尺寸为 80 mm × 80 mm × 20 mm；六面已加工过，表面粗糙度值为 $Ra\,1.6\,\mu m$，零件材料为硬铝，按单件生产安排其数控加工工艺，编写出加工程序。

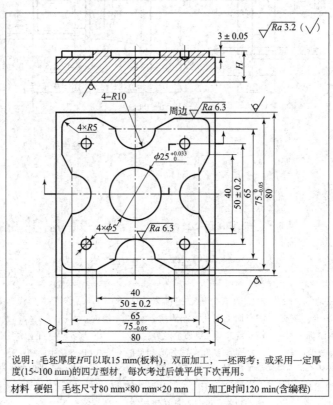

图 3.10　凸台底板

3.3.2 知识链接

1. 数控铣工国家职业标准

1) 基本要求

(1) 职业道德。

①职业道德基本知识。

②职业守则。

a. 遵守国家法律、法规和有关规定。

b. 具有高度的责任心，爱岗敬业、团结合作。

c. 严格执行相关标准、工作程序与规范、工艺文件和安全操作规程。

d. 学习新知识、新技能，勇于开拓和创新。

e. 爱护设备、系统、工具、夹具、量具。

f. 着装整洁，符合规定，保持工作环境清洁有序，文明生产。

（2）基础知识。

①基础理论知识。

a. 机械制图知识。

b. 工程材料及金属热处理知识。

c. 机电控制知识。

d. 计算机基础知识。

e. 专业英语基础知识。

②机械加工基础知识。

a. 机械原理。

b. 常用设备知识（分类、用途、基本结构及维护保养方法）。

c. 常用金属切削刀具知识。

d. 典型零件加工工艺。

e. 设备润滑和冷却液的使用方法。

f. 工具、夹具、量具的使用与维护知识。

g. 铣工、镗工基本操作知识。

③安全文明生产与环境保护知识。

a. 安全操作与劳动保护知识。

b. 文明生产知识。

c. 环境保护知识。

④质量管理知识。

a. 企业的质量方针。

b. 岗位质量要求。

c. 岗位质量保证措施与责任。

⑤相关法律、法规知识。

a. 劳动法的相关知识。

b. 环境保护法的相关知识。

c. 知识产权保护法的相关知识。

2）工作要求

本标准为中级数控铣工国家职业标准的工作要求，如表3.18所示。

表3.18　中级数控铣工国家职业标准的工作要求

职业功能	工作内容	技能要求	相关知识
1. 加工准备	（1）读图与绘图	①能读懂中等复杂程度的零件图（如凸轮、壳体、板状、支架的零件图）； ②能绘制有沟槽、台阶、斜面、曲面的简单零件图； ③能读懂分度头尾架、弹簧夹头套筒、可转位铣刀结构等简单机构装配图	①复杂零件的表达方法； ②简单零件图的画法； ③零件三视图、局部视图和剖视图的画法
	（2）制定加工工艺	①能读懂复杂零件的铣削加工工艺文件； ②能编写由直线、圆弧等构成的二维轮廓零件的铣削加工工艺文件	①数控加工工艺知识； ②数控加工工艺文件的制定方法

续表

职业功能	工作内容	技能要求	相关知识
1. 加工准备	（3）零件定位与装夹	①能使用铣削加工常用夹具（如压板、虎钳、平口钳等）装夹零件； ②能够选择定位基准，并找正零件	①常用夹具的使用方法； ②定位与夹紧的原理和方法； ③零件找正的方法
	（4）刀具准备	①能够根据数控加工工艺文件选择、安装和调整数控铣床常用刀具； ②能根据数控铣床特性、零件材料、加工精度、工作效率等选择刀具和刀具几何参数，并确定数控加工需要的切削参数和切削用量； ③能够利用数控铣床的功能，借助通用量具或对刀仪测量刀具的半径及长度； ④能选择、安装和使用刀柄； ⑤能够刃磨常用刀具	①金属切削与刀具磨损知识； ②数控铣床常用刀具的种类、结构、材料和特点； ③数控铣床、零件材料、加工精度和工作效率对刀具的要求； ④刀具长度补偿、半径补偿等刀具参数的设置知识； ⑤刀柄的分类和使用方法； ⑥刀具刃磨的方法
2. 数控编程	（1）手工编程	①能编写由直线、圆弧组成的二维轮廓数控加工程序； ②能够运用固定循环、子程序进行零件的加工程序编写	①数控编程知识； ②直线插补和圆弧插补的原理； ③节点的计算方法
	（2）计算机辅助编程	①能够使用 CAD/CAM 软件绘制简单零件图； ②能够利用 CAD/CAM 软件完成简单平面轮廓的铣削程序	①CAD/CAM 软件的使用方法； ②平面轮廓的绘图与加工代码生成方法
3. 数控铣床操作	（1）操作面板	①能够按照操作规程启动及停止机床； ②能正确使用操作面板上的常用功能键（如回零、手动、MDI、修调等）	①数控铣床操作说明书； ②数控铣床操作面板的使用方法
	（2）程序输入与编辑	①能够通过各种途径（如 DNC、网络）输入加工程序； ②能够通过操作面板输入和编辑加工程序	①数控加工程序的输入方法； ②数控加工程序的编辑方法
	（3）对刀	①能进行对刀并确定相关坐标系； ②能设置刀具参数	①对刀的方法； ②坐标系的知识； ③建立刀具参数表或文件的方法
	（4）程序调试与运行	能够进行程序检验、单步执行、空运行并完成零件试切	程序调试的方法
	（5）参数设置	能够通过操作面板输入有关参数	数控系统中相关参数的输入方法
4. 零件加工	（1）平面加工	能够运用数控加工程序进行平面、垂直面、斜面、阶梯面等的铣削加工，并达到如下要求： ①尺寸公差等级达 IT7； ②形位公差等级达 IT8； ③表面粗糙度达 Ra 3.2 μm	①平面铣削的基本知识； ②刀具端刃的切削特点

续表

职业功能	工作内容	技能要求	相关知识
4. 零件加工	（2）轮廓加工	能够运用数控加工程序进行由直线、圆弧组成的平面轮廓铣削加工，并达到如下要求： ①尺寸公差等级达 IT8； ②形位公差等级达 IT8； ③表面粗糙度达 Ra 3.2 μm	①平面轮廓铣削的基本知识； ②刀具侧刃的切削特点
	（3）曲面加工	能够运用数控加工程序进行圆锥面、圆柱面等简单曲面的铣削加工，并达到如下要求： ①尺寸公差等级达 IT8； ②形位公差等级达 IT8； ③表面粗糙度达 Ra 3.2 μm	①曲面铣削的基本知识； ②球头刀具的切削特点
	（4）孔类加工	能够运用数控加工程序进行孔加工，并达到如下要求： ①尺寸公差等级达 IT7； ②形位公差等级达 IT8； ③表面粗糙度达 Ra 3.2 μm	麻花钻、扩孔钻、丝锥、镗刀及铰刀的加工方法
	（5）槽类加工	能够运用数控加工程序进行槽、键槽的加工，并达到如下要求： ①尺寸公差等级达 IT8； ②形位公差等级达 IT8； ③表面粗糙度达 Ra 3.2 μm	槽、键槽的加工方法
	（6）精度检验	能够使用常用量具进行零件的精度检验	①常用量具的使用方法； ②零件精度检验及测量方法
5. 维护与故障诊断	（1）机床日常维护	能够根据说明书完成数控铣床的定期及不定期维护保养，包括：机械、电、气、液压、数控系统检查和日常保养等	①数控铣床说明书； ②数控铣床日常保养方法； ③数控铣床操作规程； ④数控系统（进口、国产数控系统）说明书
	（2）机床故障诊断	①能读懂数控系统的报警信息； ②能发现数控铣床的一般故障	①数控系统的报警信息； ②机床的故障诊断方法
	（3）机床精度检查	能进行机床水平的检查	①水平仪的使用方法； ②机床垫铁的调整方法

3）比重表

（1）理论知识，如表3.19所示。

表3.19　中级数控铣工国家职业标准理论知识比重表

项目		中级/%	高级/%	技师/%	高级技师/%
基本要求	职业道德	5	5	5	5
	基础知识	20	20	15	15

	项目	中级/%	高级/%	技师/%	高级技师/%
相关知识	加工准备	15	15	25	—
	数控编程	20	20	10	—
	数控铣床操作	5	5	5	—
	零件加工	30	30	20	15
	数控铣床维护与精度检验	5	5	10	10
	培训与管理	—	—	10	15
	工艺分析与设计	—	—	—	40
合计		100	100	100	100

（2）技能操作，如表 3.20 所示。

表 3.20　中级数控铣工国家职业标准技能操作比重表

	项目	中级/%	高级/%	技师/%	高级技师/%
技能要求	加工准备	10	10	10	
	数控编程	30	30	30	
	数控铣床操作	5	5	5	—
	零件加工	50	50	45	45
	数控铣床维护与精度检验	5	5	5	10
	培训与管理	—	—	5	10
	工艺分析与设计	—	—	—	35
合计		100	100	100	100

2. 中级加工中心操作工国家职业标准

1）基本要求

（1）职业道德。

加工中心操作工应具有良好的思想道德和业务素质。

①爱岗敬业、忠于职守。

②努力钻研业务、刻苦学习、勤于思考、善于观察。

③具有工作细心、一丝不苟、踏踏实实的良好工作作风。

④严格按照操作规程进行工作，树立"安全第一"的思想，确保人身及设备安全。

⑤团结同志、互相帮助、积极协同工作。

⑥着装整洁、爱护设备、保持工作环境的清洁有序，做到文明生产。

（2）基础知识。

①数控应用技术基础。

a. 数控机床工作原理（组成结构、插补原理、控制原理、伺服系统）。

b. 编程方法（常用指令代码、程序格式、子程序、固定循环）。

②安全卫生、文明生产。

a. 安全操作规程。

b. 事故防范、应变措施及记录。

c. 环境保护（车间粉尘、噪声、强光、有害气体的防范）。

2）工作要求

中级加工中心中级操作工国家职业标准工作要求如表3.21所示。

表3.21　中级加工中心中级操作工国家职业标准工作要求

职业功能	工作内容	技能要求	相关知识
1. 工艺准备	（1）读图	①能够读懂机械制图中的各种线型和标注尺寸； ②能够读懂标准件和常用件的表示法； ③能够读懂一般零件的三视图、局部视图和剖视图； ④能够读懂零件的材料、加工部位、尺寸公差及技术要求	①机械制图国家标准； ②标准件和常用件的规定画法； ③零件三视图、局部视图和剖视图的表达方法； ④公差配合的基本概念； ⑤形状、位置公差与表面粗糙度的基本概念； ⑥金属材料的性质
	（2）编制简单加工工艺	①能够制定简单的加工工艺； ②能够合理选择切削用量。	①加工工艺的基本概念； ②钻、铣、扩、铰、镗、攻丝等工艺特点； ③切削用量的选择原则； ④加工余量的选择方法
	（3）工件的定位和装夹	①能够正确使用台钳、压板等通用夹具； ②能够正确选择工件的定位基准； ③能够用量表找正工件； ④能够正确夹紧工件	①定位夹紧原理； ②台钳、压板等通用夹具的调整及使用方法； ③量表的使用方法
	（4）刀具准备	①能够依据加工工艺卡选取刀具； ②能够在主轴或刀库上正确装卸刀具； ③能够用刀具预调仪或在机内测量刀具的半径及长度； ④能够准确输入刀具有关参数	①刀具的种类及用途； ②刀具系统的种类及结构； ③刀具预调仪的使用方法； ④自动换刀装置及刀库的使用方法； ⑤刀具长度补偿值、半径补偿值及刀号等参数的输入方法
2. 编制程序	（1）编写孔类零件的加工程序	①能够手工编制钻、扩、铰（镗）等孔类零件的加工程序； ②能够使用固定循环及子程序	①常用数控指令（G代码、M代码）的含义； ②S指令、T指令和F指令的含义； ③数控指令的结构与格式； ④固定循环指令的含义； ⑤子程序的嵌套
	（2）编写二维轮廓加工程序	①能够手工编写平面铣削程序； ②能够手工编写含直线插补、圆弧插补二维轮廓的加工程序	①几何图形中直线与直线、直线与圆弧、圆弧与圆弧交点的计算方法； ②刀具半径补偿的作用

职业功能	工作内容	技能要求	相关知识
3. 基本操作及日常维护	（1）基本操作	①能够按照操作规程启动及停止机床； ②能够正确使用操作面板上的各种功能键； ③能够通过操作面板手动输入加工程序及有关参数； ④能够通过纸带阅读机、磁带机及计算机等输入加工程序； ⑤能够进行程序的编辑、修改； ⑥能够设定工件坐标系； ⑦能够正确调入调出所选刀具； ⑧能够正确进行机内对刀； ⑨能够进行程序单步运行、空运行； ⑩能够进行加工程序试切削并作出正确判断； ⑪能够正确使用交换工作台	①加工中心机床操作手册； ②操作面板的使用方法； ③各种输入装置的使用方法； ④机床坐标系与工件坐标系的含义及其关系； ⑤相对坐标系、绝对坐标的含义； ⑥找正器（寻边器）的使用方法； ⑦机内对刀方法； ⑧程序试运行的操作方法
	（2）日常维护	①能够做到加工前电、气、液、开关等的常规检查； ②能够做到加工完毕后，清理机床及周围环境	①加工中心操作规程； ②日常保养的内容加工中心机床操作手册
4. 工件加工	（1）孔加工	能够对单孔进行钻、扩、铰切削加工	麻花钻、扩孔钻及铰刀的功用
	（2）平面铣削	能够铣削平面、垂直面、斜面、阶梯面等，尺寸公差等级达 IT9，表面粗糙度达 $Ra\,6.3\,\mu m$	①铣刀的种类及功用； ②加工精度的影响因素； ③常用金属材料的切削性能
	（3）平面内、外轮廓铣削	能够铣削二维直线、圆弧轮廓的工件，且尺寸公差等级达 IT9，表面粗糙度达 $Ra\,6.3\,\mu m$	直线与圆弧进刀与退刀轨迹设计
	（4）运行给定程序	能够检查及运行给定的三维加工程序	①三维坐标的概念； ②程序检查与运行方法
5. 精度检验	（1）内、外径检验	①能够使用游标卡尺测量工件内、外径； ②能够使用内径百（千）分表测量工件内径； ③能够使用外径千分尺测量工件外径	①游标卡尺的使用方法； ②内径百（千）分表的使用方法； ③外径千分尺的使用方法
	（2）长度检验	①能够使用游标卡尺测量工件长度； ②能够使用外径千分尺测量工件长度	加工精度的控制

职业功能	工作内容	技能要求	相关知识
5. 精度检验	（3）深（高）度检验	能够使用游标卡尺或深（高）度尺测量深（高）度	①深度尺的使用方法；②高度尺的使用方法
	（4）角度检验	能够使用角度尺检验工件角度	角度尺的使用方法
	（5）机内检测	能够利用机床的位置显示功能自检工件的有关尺寸	机床坐标的位置显示功能

3）中级加工中心国家职业标准比重表

（1）理论知识，如表 3.22 所示。

表 3.22 中级加工中心国家职业标准理论比重表

项目		中级/%	高级/%	技师/%
基本要求	职业道德	5	5	5
	基础知识	25	15	10
相关知识	工艺准备	20	25	25
	编制程序	20	25	20
	机床操作及维护	5	5	10
	工件加工	15	15	10
	精度检验	10	10	10
	培训指导	—	—	5
	管理工作	—	—	5
总计		100	100	100

（2）技能操作，如表 3.23 所示。

表 3.23 中级加工中心国家职业标准技能操作比重表

项目		中级/%	高级/%	技师/%
技能要求	工艺准备	10	10	10
	编写程序	15	20	25
	机床操作及维护	10	5	—
	工件加工	60	60	60
	精度检验	5	5	5
总计		100	100	100

【应用实例】 任务描述：内外轮廓凸台形状如图 3.11 所示，零件毛坯尺寸为 80 mm × 80 mm × 20 mm；六面已加工过，粗糙度为 Ra 1.6 μm，零件材料为硬铝，按单件生产安排其数控加工工艺，编写出加工程序。

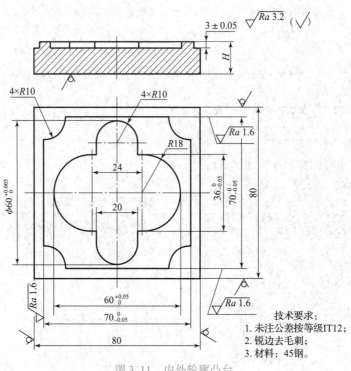

图 3.11　内外轮廓凸台

（1）分析工艺。

①用平口台虎钳安装，保证精度。

②内、外轮廓采取层切的办法，内、外轮廓用子程序编写，底面保留 0.2 mm 精加工余量。同时，内、外轮廓应用不同刀补功能实现粗、精加工分开，轮廓精加工余量 0.3 mm。刀具参数选择如下：T01 为 φ12 mm 立铣刀，粗加工应用 D02 = φ12.6 mm 刀补，精加工应用 D01 = φ12 mm 刀补。

③内外轮廓凸台仿真加工结果如图 3.12 所示。

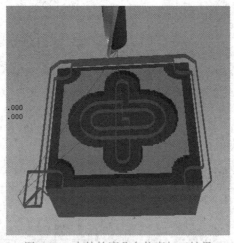

图 3.12　内外轮廓凸台仿真加工结果

（2）编写铣床程序如下：

```
O8800;                         //主程序名
G54 G90 G40 G49 G00 Z50;      //程序初始化,设置铣床换刀点
X0 Y0;
M03 S2000;                     //启动主轴
T01 M08;                       //应用1号刀具,打开切削液
G00 Z10;                       //快速到安全高度
G01 Z0.2 F100 D02;             //切削到内轮廓粗加工位置,调2号刀补
M98 P68801;                    //调用O8801子程序6次,粗加工内轮廓,底面留0.2 mm
                               //精加工余量
G01 Z-2.5 F60 D01;             //到内轮廓精加工位置,调1号刀补
M03 S2500;                     //变速准备精加工
M98 P8801;                     //调用O8801子程序1次,精加工内轮廓
G00 Z10;                       //快速抬刀
X-50 Y-50;                     //到外轮廓加工位置
G01 Z0.2 F100 D02;             //切削到外轮廓粗加工位置,调2号刀补
M03 S2000;                     //变速准备粗加工
M98 P68802;                    //调用O8802子程序6次,粗加工内轮廓,底面留0.2 mm
                               //精加工余量
G01 Z-2.5 F60 D01;             //到外轮廓精加工位置,调1号刀补
M03 S2500;                     //变速准备精加工
M98 P8802;                     //调用O8802子程序1次,精加工外轮廓
G00 Z10 M09;                   //快速抬刀,关闭切削液
X0 Y0 Z50;                     //快速返回
M05;                           //主轴停
M30;                           //程序结束返回


O8801;                         //内轮廓子程序名
G91 G01 Z-0.5 F100;            //增量下刀0.5 mm
G90 G41 G01 Y12;               //建刀补,去除内部余料
X-12;
G03 Y-12 R12;
G01 X12;
G03 Y12 R12;
G01 X0;
G40 G01 Y0;                    //取消刀补

G41 G01 Y18;                   //建刀补,加工内部轮廓
X-12;
G03 Y-18 R18;
G01 X12;
G03 Y18 R18;
G01 X10;
```

```
Y23；
G03 X－10 R10；
G01 Y－23；
G03 X10 R10；
G01 Y0；
G40 G01 X0；              //取消刀补
M99；                     //子程序结束并返回主程序


O8802；                   //外轮廓子程序名
G91 G01 Z－0.5 F100；     //内轮廓子程序名
G90 G41 G01 X－38；       //建刀补,去除周边余料
G01 Y36；
X－36 Y38；
X36；
X38 Y36；
Y－36；
X36 Y－38；
X－36；
X－38 Y－36；
G40 G01 X－50 Y－50；      //取消刀补


G41 G01 X－35；           //建刀补,加工外部轮廓
Y25；
G03 X－25 Y35 R10；
G01 X25；
G03 X35 Y25 R10；
G01 Y－25；
G03 X25 Y－35 R10；
G01 X－25；
G03 X－35 Y－25 R10；
G01 X－50；
G40 G01 Y－50；           //取消刀补
M99；                     //子程序结束并返回主程序
```

3.3.3 任务实施

1. 工艺分析

具体加工过程如下。

1）加工内、外轮廓

（1）用平口台虎钳装夹工件，工件上表面高出钳口 12 mm 左右，用百分表找正。

（2）安装寻边器，确定工件零点为坯料上表面的中心，设定零点偏置。

（3）安装 φ12 mm 立铣刀并对刀，选择程序，应用子程序及不同刀具半径补偿粗、精加工内、外轮廓。

2）粗、精铣 75 mm×75 mm 及 4 个 R15 圆角

（1）调头装夹，钳口夹持 9 mm 左右，用百分表找正。

（2）安装寻边器，确定工件零点为坯料上表面的中心，设定零点偏置。

（3）安装 ϕ20 mm 立铣刀并对刀，选择程序，粗、精铣 75 mm×75 mm 及 4 个 R5 圆角至要求尺寸。

3）钻孔

（1）手工更换 ϕ5 mm 麻花钻。

（2）重新对刀。

（3）应用钻孔循环加工 4 个小孔。

2. 刀具与工艺参数

数控加工刀具卡和工序卡分别如表 3.24 和表 3.25 所示。

表 3.24　数控加工刀具卡

单位		数控加工 刀具卡片	产品名称			零件图号	
			零件名称			程序编号	
序号	刀具号	刀具名称	刀具		补偿值		刀补号	
			直径/mm	长度	半径	长度	半径	长度
1	T01	立铣刀	ϕ12		6		D01	
2	T02	麻花钻	ϕ5		6.3		D02	

表 3.25　数控加工工序卡

单位		数控加工 工序卡片	产品名称	零件名称	材料	零件图号
工序号	程序编号	夹具名称	夹具编号	设备名称	编制	审核
工步号	工步内容	刀具号	刀具规格/mm	主轴转速 $S/(r \cdot min^{-1})$	进给速度 $F/(mm \cdot min^{-1})$	背吃刀量 α_p/mm
1	粗精加工内圆轮廓	T01	ϕ12 立铣刀	1 500	20/15	
2	粗精加工外轮廓	T01	ϕ12 立铣刀	2 000	20/15	
3	钻孔	T02	ϕ5 麻花钻	1 000	20	

3. 装夹工件

用平口台虎钳装夹工件，由于工件需要掉头加工，因此在安装时必须将底面垫实、夹紧，校正固定钳口的平行度以及工件上表面的平行度，确保形位公差要求。

4. 程序编写

在工件中心建立工件坐标系，Z 轴原点设在工件上表面。实际加工结果如图 3.13 所示。

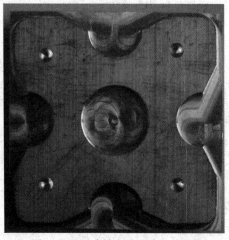

图 3.13　凸台底板实际加工结果

（1）主程序如下：

```
O0080;                                    //主程序名
G54 G90 G94 G40 G49 G00 Z100;             //程序初始化
G00 X0 Y0;
M03 S1000;                                //启动主轴
T01;                                      //使用1号刀具
G00 Z5;                                   //快速到安全高度
G01 Z0 F20 D02;                           //切削下刀,调用2号刀补
M98 P60081;                               //调用子程序6次,粗加工内圆轮廓
G01 Z-2.5 F20;                            //到精加工位置
M03 S2000 F15 D01;                        //变速,调用1号刀补
M98 P0081;                                //调用子程序1次,精加工内圆轮廓
G00 Z5;                                   //快速到安全高度
X-50 Y-50;                                //定位
G01Z0 F20 D02;                            //切削下刀,调用2号刀补
M98 P60082;                               //调用子程序6次,粗加工外轮廓
G01 Z-2.5 F20;                            //到精加工位置
M03 S2000 F15 D01;                        //变速,调用1号刀补
M98 P0082;                                //调用子程序1次,精加工外轮廓
G00 Z5;                                   //快速到安全高度
X0 Y0 Z100;                               //快速返回
M05;                                      //主轴停
M00;                                      //程序暂停
T02;                                      //手工换2号刀具
M03 S1000;                                //启动主轴
G00 Z20;                                  //快速到起始点
G99 G83 X-25 Y-25 Z-5 R10 Q2 F50;         //钻孔循环,结束后返回R点
X25;
Y25;
```

```
G98 X -25;                          //钻孔,结束后返回起始点
G00 G80 X0 Y0 Z100;                 //取消循环,快速返回
M05;                                //主轴停
M30;                                //程序结束并返回
```

（2）子程序如下：

```
O0081;                              //内圆轮廓子程序名
G91 G01 Z -0.5 F20;                 //增量下刀0.5 mm
G90 G42 G01 X2.5 Y10;               //建刀补
G02 X12.5 Y0 R10;                   //圆弧切入
G02 X12.5 Y0 I -12.5 J0;            //切内圆轮廓
G02 X2.5 Y -10 R10;                 //圆弧切出
G40 G01 X0 Y0;                      //取消刀补
M99;                                //子程序结束并返回主程序

O0082;                              //外轮廓子程序名
G91 G01 Z -0.5 F20;                 //增量下刀0.5 mm
G90 G41 G01 X -37.5;                //建刀补
Y -20;
X -32.5 Y -10;
G03 Y10 R10;
G01 X -37.5 Y20;
Y32.5;
G02 X -32.5 Y37.5 R5;
G01 X -20;
X -10 Y32.5;
G03 X10 R10;
G01 X20 Y37.5;
X32.5;
G02 X37.5 Y32.5 R5;
G01 Y20;
X32.5 Y10;
G03 Y -10 R10;
G01 X37.5 Y -20;
Y -32.5;
G02 X32.5 Y -37.5 R5;
G01 X20;
X10 Y -32.5;
G03 X -10 R10;
G01 X -20 Y -37.5;
X -32.5;
G02 X -37.5 Y -32.5 R5;
G01 Y0;
```

```
G40 X-50 Y-50;                        //取消刀补
M99;                                  //子程序结束并返回主程序
```

任务 3.4　数控铣削加工技能强化——加工轮廓孔板

知识目标	技能目标	素质目标
1. 掌握轮廓类零件的加工工艺、制订刀具卡和工序卡、装夹刀具和工件知识、应用游标卡尺、外径千分尺测量工件等知识； 2. 掌握相关加工编程指令； 3. 掌握数控铣床/加工中心有关国家职业技能规范	1. 分析数控铣床/加工中心加工工艺、能测量零件与控制质量能力； 2. 能编制和调试加工程序； 3. 具备数控铣床/加工中心熟练操作技能、设置刀具补偿技能、并养成安全文明生产的好习惯	1. 立德树人，培养大国工匠精神； 2. 培养学生严谨、细心、全面、追求高效、精益求精的职业素质，强化产品质量意识； 3. 培养学生具有一定的计划、决策、组织、实施和总结的能力； 4. 培养学生踏实肯干、勇于创新的工作态度

▲ 技能目标

1. 能够分析数控铣床/加工中心加工工艺，具备测量零件与控制质量的能力；
2. 能编写和调试加工程序；
3. 具备数控铣床/加工中心熟练操作技能、设置刀具补偿技能，并养成安全文明生产的好习惯。

▲ 知识目标

1. 掌握轮廓类零件的加工工艺，制定刀具卡和工序卡、装夹刀具和工件的方法，应用游标卡尺、外径千分尺测量工件的方法；
2. 掌握相关加工编程指令；
3. 掌握数控铣床/加工中心有关国家职业技能规范。

3.4.1　任务导入：加工轮廓孔板零件

任务描述：轮廓孔板形状如图 3.14 所示，按单件生产安排其数控铣削工艺，编写出加工程序（底面、四方轮廓已加工）。毛坯尺寸为 82 mm×82 mm×15 mm。上下两平面的平行度要求为 0.04，工件材料 45 钢，表面粗糙度为 Ra 3.2 μm。考核要求如表 3.26 所示、工件评分标准如表 3.27 所示。

3.4.2　任务实施

1. 工艺分析

加工过程如下。

（1）先进行孔粗、精加工，同时为内轮廓铣刀下刀提供方便。

（2）外轮廓采取层切的办法完成深度加工，深度不留精加工余量。外轮廓采用刀补办法进行粗、精加工，加工余量保留 0.3 mm。

（3）内轮廓均采取层切的办法完成深度加工，深度不留精加工余量。内轮廓采用刀补办法进行粗、精加工，加工余量保留 0.3 mm。

本例毛坯已经加工。

2. 刀具与工艺参数

刀具与工艺参数分别如表 3.28 和表 3.29 所示。

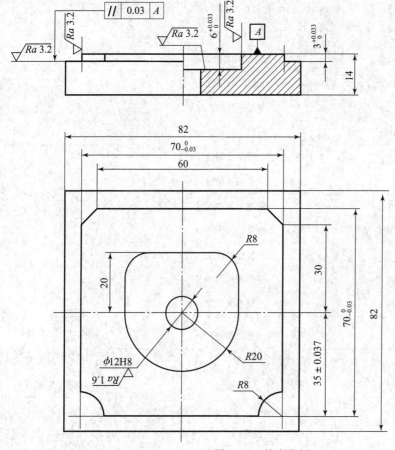

图 3.14 轮廓孔板

技术要求：
1. 毛坯尺寸为 82 mm×82mm×15mm；
2. 底面及四周不加工。

表 3.26 考核要求

工作单位		名称	多边体
姓 名		材料规格/mm	铝 82×82×14
准考证号		刀具	T01——φ10 mm 立铣刀
工 时	3 h（含编程）		T02——φ11.8 mm 麻花钻
考试时间	点 至 点		T03——φ12H7 铰刀

表 3.27　工件评分标准

工作单位			姓　名		总分	
准考证号			考件号			
序号	检测内容	配分	评分标准	检测结果	得分	备注
1	两处 70 ± 0.03	8	超差 0.01 扣 1 分			
2	孔距 35 ± 0.037	6	超差 0.012 扣 2 分			
3	凸台高 $3^{+0.033}_{0}$	6	超差 0.011 扣 1 分			
4	凹槽 $6^{+0.033}_{0}$	6	超差 0.011 扣 2 分			
5	平行度 0.03	6	超差 0.01 扣 1 分			
6	$\phi 12H8$	8	超差 0.01 扣 1 分			
7	60、30、20	6	每错一处扣 1 分			
8	四处 $R8$	12	每错一处扣 2 分			
9	$R20$	4	错误不得分			
10	$Ra\,1.6$	6	错误不得分			
11	四处 $Ra\,3.2$	12	每错一处扣 3 分			
12	加工程序正确合理	10	程序错误不得分			
13	基本操作	5	依据操作熟练度给分			
14	安全文明生产	5	违章视情节扣分			
监考人员签字			评卷人签字			

表 3.28　数控加工刀具卡

单位		数控加工刀具卡片	产品名称				零件图号		
			零件名称				程序编号		
序号	刀具号	刀具名称	刀具规格/mm		补偿值/mm		刀补号		
			直径	长度	半径	长度	半径	长度	
1	T01	立铣刀	$\phi 10$		D01 = 10（精）D02 = 10.6（粗）				
2	T02	麻花钻	$\phi 11.8$						
3	T03	铰刀	$\phi 12H7$						

表 3.29　数控加工工序卡

单位		数控加工工序卡片	产品名称	零件名称	材料	零件图号
工序号	程序编号	夹具名称	夹具编号	设备名称	编制	审核

续表

工步号	工步内容	刀具号	刀具规格/mm	主轴转速 $S/(\text{r}\cdot\text{min}^{-1})$	进给速度 $F/(\text{mm}\cdot\text{min}^{-1})$	背吃刀量 α_p/mm
1	钻孔	T01	$\phi11.8$ 麻花钻	1 000	30	5.9
2	铰孔	T02	$\phi12H7$ 铰刀	1 000	30	0.1
3	粗、精加工外轮廓	T03	$\phi10$ 立铣刀	2 000/2 500	80	
4	粗、精加工内轮廓	T03	$\phi10$ 立铣刀	2 000/2 500	80	

3. 装夹工件

用平口台虎钳装夹工件,工件上表面高出钳口 10 mm 左右。安装工件时必须将底面垫实、夹紧,校正固定钳口的平行度以及工件上表面的平行度,确保形位公差要求。

4. 程序编写

在工件中心建立工件坐标系,Z 轴原点设在工件上表面。凸台孔仿真加工与实际结果如图 3.15 所示。

图 3.15　凸台孔板仿真加工与实际结果

加工中心程序编写如下:

```
O0060;                      //主程序名
G54 G90 G00 Z50;            //程序初始化,设置起始点
X0 Y0;
M03 S1500;                  //启动主轴
M19;                        //主轴准停
G91 G28 Z0;                 //基于当前位置 Z 轴返回参考点
G28 X0 Y0 T01;              //基于当前位置 XY 轴返回参考点,选 1 号刀具
M06;                        //换 1 号麻花钻
G90 G54 G29 X0 Y0;          //从参考点返回到 X0Y0 处
G29 Z50;                    //从参考点返回到 Z50 处
```

```
M03 S1000 M08;                          //启动主轴,打开切削液
G98 G83 X0 Y0 Z－20 R10 Q2 F30;         //钻孔循环,结束孔返回起始点
G80;                                    //取消钻孔循环
M19;                                    //主轴准停,准备换2号铰刀
G91 G28 Z0;
G28 X0 Y0 T02;
M06;
G90 G29 X0 Y0;
G29 Z50;
M03 S1000 M08;
G98 G83 X0 Y0 Z－20 R10 Q3 F30;         //铰孔循环
G80 M09;                                //取消循环,关闭切削液
M19;                                    //主轴准停,准备换3号立铣刀
G28 G91 Z0;
G28 X0 Y0 T03;
M06;
G90 G29 X0 Y0;
G29 Z50;
M03 S2000 M08;                          //启动主轴,打开切削液
G00 X－41 Y－41 D02;                     //快速到外轮廓加工位置,调2号刀补
Z10;                                    //快速到安全高度
G01 Z0 F40;                             //切削到外轮廓粗加工位置
M98 P30061;                             //调用O0061子程序3次,粗加工外轮廓
G01 Z－2 F60 D01;                        //到外轮廓精加工位置,调1号刀补
M03 S2500;
M98 P0061;                              //调用O0061子程序1次,精加工外轮廓
G01 Z10 F100;                           //抬刀
G00 X0 Y0 D02;                          //快速到内轮廓加工位置,调用2号刀补
G01 Z0 F40;                             //切削下刀到工件表面
M03 S2000;
M98 P60062;                             //调用O0062子程序6次,粗加工内轮廓
G01 Z－5 F40 D01;                        //到内轮廓精加工位置,调1号刀补
M03 S2500;
M98 P0062;                              //调用O0062子程序1次,精加工内轮廓
G01 Z10 F100;                           //抬刀
G00 Z50 M09;                            //快速到起始点
M05;                                    //主轴停
M30;                                    //程序结束并返回

O0061;                                  //外轮廓子程序名
G91 G01 Z－1 F40;                        //增量下刀1 mm
G90 G42 G01 Y－36 F80;                   //建刀补
X36;                                    //去除边角余料
```

```
Y36;
X-36;
Y-35;
X27;                              //开始加工工件轮廓
G02 X35 Y-27 R8;
G01 Y30;
X30 Y35;
X-30;
X-35 Y30;
Y-27;
G02 X-27 Y-35 R8;
G01 Y-41;
G40 G01 X-41;                     //取消刀补
M99;                             //子程序结束并返回主程序


O0062;                           //内轮廓子程序名
G91 G01 Z-1 F40;                 //增量下刀1 mm
G90 G42 G01 X15 F80;             //建刀补,去除内部余料
G02 X15 Y0 I-15 J0;
G40 G01 X0;                      //取消刀补
G42 G01 X12 Y8;                  //建刀补,准备加工内部轮廓
G02 X20 Y0 R8;
G02 X-20 R20;
G01 Y12;
G02 X-12 Y20 R8;
G01 X12;
G02 X20 Y12 R8;
G01 Y0;
G02 X12 Y-8 R8;
G40 G01 X0 Y0;                   //取消刀补
M99;                             //子程序结束并返回主程序
```

任务 3.5 数控铣削加工技能强化——加工综合件

知识目标	技能目标	素质目标
1. 掌握轮廓类零件的加工工艺、制订刀具卡和工序卡、装夹刀具和工件知识、应用游标卡尺、外径千分尺测量工件等知识; 2. 掌握相关加工编程指令; 3. 掌握数控铣床/加工中心有关国家职业技能规范	1. 会分析数控铣床/加工中心加工工艺、能测量零件与控制质量能力; 2. 能编制和调试加工程序; 3. 具备数控铣床/加工中心熟练操作技能、设置刀具补偿技能、并养成安全文明生产的好习惯	1. 培养学生工匠精神,强化产品质量意识; 2. 培养学生吃苦耐劳、开拓进取、勇于创新、大胆实践等意志品质; 3. 培养学生甘于寂寞、乐于奉献、钉子精神; 4. 培养学生具有分析和解决实际问题的能力、独立思考及可持续发展能力

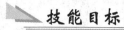

技能目标

1. 能分析数控铣床/加工中心加工工艺，具备测量零件与控制质量能力；

2. 能编写和调试加工程序；

3. 具备数控铣床/加工中心熟练操作技能、设置刀具补偿技能，并养成安全文明生产的好习惯。

知识目标

1. 掌握轮廓类零件的加工工艺，制定刀具卡和工序卡、装夹刀具和工件的方法，应用游标卡尺、外径千分尺测量工件的方法；

2. 掌握相关加工编程指令；

3. 掌握数控铣床/加工中心有关国家职业技能规范。

3.4.1 任务导入：加工综合件

任务描述：综合件形状如图 3.16 所示，按单件生产安排其数控铣削工艺，编写出加工程序（底面、四方轮廓已加工）。毛坯尺寸为 80 mm×80 mm×30 mm。六边形凸台和半圆凹槽相对圆孔中心对称度要求为 0.05，凸台底面相对工件底面平行度要求为 0.05，工件材料为 45 钢，表面粗糙度为 Ra 3.2 μm。

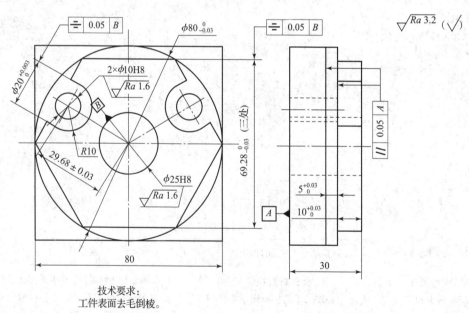

图 3.16 综合件

3.4.2 任务实施

1. 工艺分析

加工过程如下。

（1）外轮廓的粗、精铣削。批量生产时，粗、精加工刀具要分开，本例根据图形形状，由于六边形凸台轮廓上有凹槽，因此为了减少换刀次数和零件深度的加工误差，圆形凸台和六边形凸台加工采用同一把刀具进行，外轮廓的加工统一采用 $\phi16$ mm 普通立铣刀。粗加工单边留 0.2 mm 余量。

（2）加工和中心大孔预钻孔。根据孔的加工精度，确定 2 mm×$\phi10$ mm 通孔的加工方法为先钻中心孔，然后钻孔，最后铰孔精加工。

（3）加工中心大孔。根据孔的尺寸和加工精度，确定孔的加工方法为钻孔→扩孔→镗孔。

2. 刀具与工艺参数

数据加工刀具卡和工序卡分别如表 3.30 和表 3.31 所示。

3. 装夹工件

用平口台虎钳装夹工件，工件上表面高出钳口 17 mm 左右。安装工件时必须将底面垫实、夹紧，校正固定钳口的平行度以及工件上表面的平行度，确保形位公差要求。

4. 程序编写

在工件中心建立工件坐标系，Z 轴原点设在工件上表面。

表 3.30　数控加工刀具卡

单位		数控加工刀具卡片	产品名称				零件图号	
			零件名称				程序编号	
序号	刀具号	刀具名称	刀具规格/mm		补偿值/mm		刀补号	
			直径	长度	半径	长度	半径	长度
1	T01	立铣刀	$\phi16$		8.2（粗）/ 7.985（精）			
2	T02	中心钻	$\phi3$					
3	T03	麻花钻	$\phi9.7$					
4	T04	铰刀	$\phi10$					
5	T05	麻花钻	$\phi24.5$					
6	T06	镗刀	$\phi25$					

表 3.31　数控加工工序卡

单位		数控加工工序卡片	产品名称	零件名称	材料	零件图号
工序号	程序编号	夹具名称	夹具编号	设备名称	编制	审核
工步号	工步内容	刀具号	刀具规格/mm	主轴转速 $S/(\mathrm{r \cdot min^{-1}})$	进给速度 $F/(\mathrm{mm \cdot min^{-1}})$	背吃刀量 α_{p}/mm
1	粗铣外轮廓（圆台）	T01	$\phi16$ 立铣刀	450	100	

工步号	工步内容	刀具号	刀具规格/mm	主轴转速 $S/(\text{r} \cdot \text{min}^{-1})$	进给速度 $F/(\text{mm} \cdot \text{min}^{-1})$	背吃刀量 α_p/mm
2	粗铣外轮廓（六边形凸台）	T01	$\phi16$ 立铣刀	450	100	
3	精铣外轮廓（圆台）	T01	$\phi16$ 立铣刀	700	80	
4	精铣外轮廓（六边形凸台）	T01	$\phi16$ 立铣刀	700	80	
5	钻中心孔	T02	$\phi3$ 中心钻	2 000	80	
6	钻 $2 \times \phi10$ mm 底孔和中心预钻孔	T03	$\phi9.7$ 麻花钻	600	80	
7	铰 $2 \times \phi10H7$ 孔	T04	$\phi10$ 铰刀	200	50	
8	扩孔	T05	$\phi24.5$ 麻花钻	300	50	
9	镗孔（粗镗）	T06	$\phi25$ 镗刀	800	60	
10	镗孔（精镗）	T06	$\phi25$ 镗刀	1 500	40	

1）铣削外形轮廓

（1）粗、精加工圆台。

装 $\phi16$ mm 立铣刀（T01）并对刀，因为轮廓无凹槽，所以可采用同一把刀具、同一加工程序，通过改变刀具半径补偿值的方法来实现粗、精加工。加工路线如图 3.17 所示。

外轮廓的粗加工需要 XY 平面分层铣削，同时 Z 平面也必须分层下刀，粗、精加工路线相同，可采用同一加工程序通过改变半径补偿值来实现粗加工时的 XY 方向分层铣削，同样也可以利用同样的方法实现零件的粗、精加工。

加工路线为：$A \rightarrow B \rightarrow C \rightarrow C \rightarrow D \rightarrow E$。

加工程序如下：

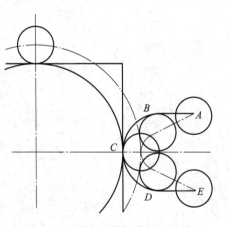

图 3.17　圆台的外轮廓加工路线

```
O0001;
N100 G54 G40 G49 G80 G90 G21
N110 M03 S450;          //主轴正转,启动主轴
N120 G00 X72 Y16 Z20;   //刀具快速定位,抬刀至安全高度
N130 Z5;                //下降至参考高度
N140 G01 Z – 7.5 F100;  //下刀切削 Z 平面第一层
```

```
N150 G41 D01 X56 Y16;        //建立刀具半径补偿,粗加工 XY 平面内第一刀 D1 =10
                             //粗加工 XY 平内第二刀 D1 =8.2;精加工时 D1 =7.985
N160 G03 X40 R16;            //切向切入
N170 G02 I -40;
N180 G03 X56 Y -16 R16;
N190 G40 G01 X72;
N200 G01 X72 Y16;
N210 G01 Z -15;              //下刀切削 Z 平面第二层
N220 G41 D01 X56 Y16;
N230 G03 X40 R16;
N240 G02 I -40;
N250 G03 X56 Y -16 R16;      //切向切出
N260 G40 G01 X72;            //取消刀具半径补偿
N270 G00 Z20;                //抬刀至安全高度
N280 M05;                    //主轴停止
N290 M30;                    //程序结束
```

（2）加工六边形凸台外轮廓。

同理，六边形凸台的外轮廓加工可参照圆台的铣削方法。加工路线如图 3.18 所示。

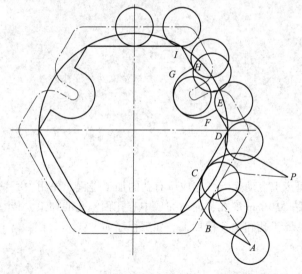

图 3.18　六边形凸台外轮廓加工路线

外轮廓加工采取切向进刀、切向退刀，进退刀圆弧 $R16$。

走刀路线为：$A \rightarrow B \rightarrow C \rightarrow D \rightarrow E \rightarrow F \rightarrow G \rightarrow H \rightarrow I \rightarrow P$。

加工程序如下：

```
O1002;
N102 G0 G17 G40 G49 G80 G90;
N104 T1 M6;                                     //自动换刀
N106 G0 G90 G54 X49.713 Y -47.177 S450 M3; //启动主轴,刀具快速定位
```

```
N108 G43 H1 Z20;                            //抬刀至安全高度
N110Z 5;                                    //下降至参考高度
N112 G1 Z -10.F100;                         //下刀至切削平面
N114 G42 D1 X35.856 Y -39.177;              //建立刀具半径右补偿;粗加工 XY 平面内第二刀
                                            //D1 = 8.2

加工时 D1 =7.985
N116 G2 X30.Y -17.321 R16;                  //切向切入
N118 G1 X40.Y0;
N120 X35.Y8.66;
N122 X30.704 Y6.18;
N124 G2 X20.704 Y23.5 R10;
N126 G1 X25.Y25.981;
N128 X20.Y34.641;
N130 X -20;
N132 X -25.Y25.981;
N134 X -20.704 Y23.5;
N136 G2 X -30.704 Y6.18 R10;
N138 G1 X -35.Y8.66;
N140 X -40.Y0;
N142 X -20.Y -34.641;
N144 X20;
N146 X30.Y -17.321;
N148 G2 X51.856 Y -11.464 R16;             //切向切出
N150 G1 G40 X65.713 Y -19.464;             //取消刀具半径补偿
N154 G0Z20;                                 //抬刀至安全高度
N156 M5;                                    //主轴停止
N162 M30;                                   //程序结束
```

2) 加工孔

通过在加工中心机床上自动换刀，完成所有孔的加工过程。先用中心钻钻 3 个中心孔，然后用 $\phi9.7$ mm 的麻花钻钻 $\phi10$ mm 底孔，同时完成中心孔预钻孔的加工；接着可先完成 2 个小孔的精加工；最后完成大孔的扩孔和镗孔精加工。加工程序如下：

```
O1003;
N102 G0 G17 G40 G49 G80 G90;
N104 T2 M6;                                 //自动换刀 T2（中心钻）
N106 G0 G90 G54 X25.704 Y14.84 S2000 M3;    //启动主轴,刀具快速定位
N108G43H2Z50;                               //抬刀至安全高度
N110 G98 G81 X25.704 Y14.84 Z -5.R5.F80;    //钻第一个中心孔
N112 X0.Y0;                                 //钻第二个中心孔
N114 X -25.704 Y14.84;                      //钻第三个中心孔
N116 G80;
N118 M5;
```

```
N120 G91 G28 Z0;                              //回换刀点
N130 M6 T3;                                   //自动换刀T3(麻花钻)
N140 M03 S600;
N150 G98 G83 X25.704 Y14.84 Z-35.R5.Q5 F80;   //排屑钻孔
N160 X0.Y0;
N170 X-25.704 Y14.84;
N180 G80;
N190 M05;
N200 G91 G28 Z0;                              //回换刀点
N210 M6 T4;                                   //自动换刀T4(铰刀)
N220 M03 S200;
N230 G98 G85 X25.704 Y14.84 Z-35.R5.F50;      //铰孔
N240 X-25.704 Y14.84;
N250 G80;
N260 M05;
N270 G91 G28Z0;                               //回换刀点
N280 M6 T5;                                   //自动换刀T5(扩孔钻)
N290 M03 S300;
N300 G98 G83 X0 Y0 Z-38.R5.Q5 F50;            //扩孔
N310 G80;
O1003;
N320 M05;
N330 G91 G28 Z0;                              //回换刀点
N340 M6 T6;                                   //自动换刀T6(镗刀)
N350 M03 S800;
N360 G98 G85 X0 Y0 Z-32.R5.F60;               //粗镗孔
N370 G80;
N380 M05;
N390 M00;                                     //程序暂停,调节镗刀尺寸
N400 M03 S1500;
N410 G98 G86 X0 Y0 Z-32.R5.P1000 F60;         //精镗孔
N420 G80;
N430 M05;
N440 M30;                                     //程序结束
```

【应用实例】 任务描述：圆形凸台形状如图 3.19 所示，零件毛坯尺寸为 80 mm × 80 mm × 19.8 mm，六面已加工过，表面粗糙度为 Ra 3.2 μm，零件材料为硬铝，按单件生产安排其数控加工工艺，编写出加工程序。

（1）工艺分析

①用平口台虎钳安装，保证精度。

②内、外轮廓采取调用子程序层切的办法，底面不保留精加工余量。同时，内、外轮廓应用不同刀补功能实现粗、精加工分开，轮廓精加工余量 0.3 mm。

③凸台右侧凹弧及上、下窄槽加工应用旋转指令，提高编程效率。

④圆形凸台仿真加工结果如图 3.20 所示。

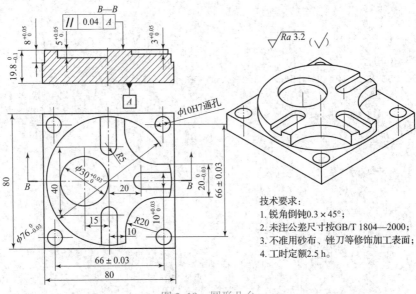

图 3.19　圆形凸台

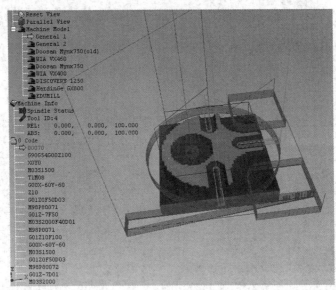

图 3.20　圆形凸台仿真加工结果

（2）刀具与工艺参数。

数据加工刀具卡与工序卡分别如表 3.32 和表 3.33 所示。

表 3.32　数控加工刀具卡

单位		数控加工刀具卡片	产品名称				零件图号	
			零件名称				程序编号	
序号	刀具号	刀具名称	刀具规格/mm		补偿值/mm		刀补号	
			直径	长度	半径	长度	半径	长度
1	T01	立铣刀	$\phi 20$		D01＝20（精） D02＝20.6（粗）			

续表

单位		数控加工 刀具卡片	产品名称				零件图号	
			零件名称				程序编号	
序号	刀具号	刀具名称	刀具规格/mm		补偿值/mm		刀补号	
			直径	长度	半径	长度	半径	长度
2	T02	立铣刀	$\phi 6$		D03 = 6（精） D04 = 6.6（粗）			
3	T03	麻花钻	$\phi 9.8$					
4	T04	铰刀	$\phi 10H7$					

表 3.33　数控加工工序卡

单位	数控加工 工序卡片		产品名称	零件名称	材料	零件图号
工序号	程序编号	夹具名称	夹具编号	设备名称	编制	审核
工步号	工步内容	刀具号	刀具规格/mm	主轴转速 $S/(\mathrm{r \cdot min^{-1}})$	进给速度 $F/(\mathrm{mm \cdot min^{-1}})$	背吃刀量 α_p/mm
1	粗、精铣外圆轮廓	T01	$\phi 20$ 立铣刀	1 500/2 000	50/40	
2	粗、精铣凹弧	T01	$\phi 20$ 立铣刀	1 500/2 000	50/40	
3	粗、精铣内圆轮廓	T01	$\phi 20$ 立铣刀	1 500/2 000	50/40	
4	粗、精铣右槽	T02	$\phi 6$ 立铣刀	1 500/2 000	50/40	
5	粗、精铣上槽	T02	$\phi 6$ 立铣刀	1 500/2 000	50/40	
6	粗、精铣下槽	T03	$\phi 6$ 立铣刀	1 500/2 000	50/40	
7	钻孔 4×$\phi 9.8$ mm	T04	$\phi 9.8$ 麻花钻	1 000	40	
8	铰 4×$\phi 10H7$ 孔	T05	$\phi 10H7$ 铰刀	1 000	40	

（3）装夹工件。

用平口台虎钳装夹工件，工件上表面高出钳口 17 mm 左右。安装工件时必须将底面垫实、夹紧，校正固定钳口的平行度以及工件上表面的平行度，确保形位公差要求。

（4）编写程序。

程序为数控铣床加工程序，换刀时应用程序暂停 M00 指令。程序如下：

```
O0070;                    //主程序名
G90 G54 G00 Z100;         //建立工件坐标系
X0 Y0;
```

```
M03 S1500;                    //启动主轴
T1 M08;                       //调1号ϕ20 mm立铣刀,打开切削液
G00 X - 60 Y - 60;            //快速到外圆轮廓位置
Z10;                          //快速到下刀点
G01 Z0 F50 D02;               //切削下刀到工件上表面,调2号刀补
M98 P80071;                   //调用子程序8次,粗加工外圆轮廓
G01 Z - 7 F50;                //到精加工位置
M03 S2000 F40 D01;            //调1号刀补准备精加工
M98 P0071;                    //调用子程序1次,精加工外圆轮廓
G01 Z10 F100;                 //抬刀
G00 X60 Y - 60;               //快速到达凹弧下刀位置
M03 S1500;                    //变速准备粗加工
G01 Z0 F50 D02;               //下刀,调2号刀补
M98 P80072;                   //调用子程序8次,粗加工凹弧
G01 Z - 7 D01;                //到精加工位置
M03 S2000;                    //变速准备精加工
M98 P0072;                    //调用子程序1次,精加工凹弧
G01 Z10 F100;                 //抬刀
M03 S1500;                    //变速准备粗加工
G68 X0 Y0 R90;                //坐标系逆时针旋转90°
G00 X60 Y - 60;               //快速到下刀位置
G01 Z0 F50 D02;               //下刀调2号刀补,准备粗加工
M98 P80072;                   //调用子程序8次,粗加工外轮廓凹弧
G01 Z - 7 D01;                //到精加工位置,调1号刀补
M03 S2000;                    //变速准备精加工
M98 P0072;                    //调用子程序1次,精加工凹弧
G01 Z10 F100;                 //抬刀
G69;                          //取消坐标系旋转
G00 X - 15 Y0;                //快速到内圆轮廓下刀位置
G01 Z0 F50 D02;               //下刀,调2号刀补
M98 P50073;                   //调用子程序5次,粗加工内圆轮廓
G01Z - 4 F50 D01;             //到精加工位置,调1号刀补
M03 S2000;                    //变速准备精加工
M98 P0073;                    //调用子程序1次,精加工内圆轮廓
G01 Z10 F100;                 //抬刀
G00 Z100;                     //Z轴返回
X0 Y0 M09;                    //XY轴返回
M05;
M00;
T2;                           //换2号ϕ6 mm立铣刀
G00 X50 Y0;                   //快速到右侧窄槽下刀位置
Z10 M08;                      //快速下刀
G01 Z0 F50 D04;               //切削下刀,调4号刀补
M03 S1500;                    //变速准备粗加工右槽
M98 P30074;                   //调用子程序3次,粗加工右槽
```

```
G01 Z -2 F50 D03;                        //到精加工位置,调3号刀补
M03 S2000;                               //变速准备精加工右槽
M98 P0074;                               //调用子程序1次,精加工右槽
G00 Z10;                                 //抬刀
G68 X0 Y0 R90;                           //坐标系逆时针旋转90°
G00 X50 Y0;                              //快速到下刀位置
G01 Z0 F50 D04;                          //切削下刀到工件上表面,调4号刀补
M03 S1500;
M98 P30074;                              //调用子程序3次,粗加工上槽
G01 Z -2 D03;
M03 S2000;
M98 P0074;                               //调用子程序1次,精加工上槽
G69;                                     //取消坐标系旋转
G00 Z10;                                 //抬刀
M03 S1500;
G68 X0 Y0 R -90;                         //坐标系顺时针旋转90°
G00 X50 Y0;
G01 Z0 F50 D04;
M98 P30074;                              //调用子程序3次,粗加工下槽
G01 Z -2 D03;
M03 S2000;
M98 P0074;                               //调用子程序1次,精加工下槽
G01 Z10 F100;
G69;                                     //取消坐标系旋转
G00 Z100;                                //Z轴返回
X0 Y0 M09;                               //XY轴返回
M05;
M00;
T3;                                      //换3号φ9.8 mm钻头
G00 Z50 M08;                             //快速到起始点
M03 S1000;                               //启动主轴
G99 G83 X -33 Y -33 Z -25 R10 Q2 F40;    //钻孔循环,钻左下方孔,并返回R点
X33;                                     //钻右下方孔
Y33;                                     //钻右上方孔
G98 X -33;                               //钻左上方孔,并返回起始点
G00 Z100;
X0 Y0 M09;
M05;
M00;
T4;                                      //换4号φ10H7铰刀
G00 Z50 M08;
M03 S1000;                               //启动主轴
G99 G83 X -33 Y -33 Z -25 R10 Q2 F40;
X33;
Y33;
```

```
G98 X - 33;
G00 Z100 M09;                              //Z轴返回,关闭切削液
X0 Y0;
M05;                                       //主轴停
M30;                                       //程序结束并返回


O0071;                                     //外轮廓子程序名
G91 G01 Z - 1;                             //增量下刀 1 mm
G90 G42 G01 Y - 38;                        //建刀补
G01 X0;                                    //直线切入
G03 X0 Y - 38 I0 J38;                      //切外圆轮廓
G01 X60;                                   //直线切出
G40 G01 X - 60 Y - 60;                     //取消刀补
M99;                                       //子程序结束并返回主程序


O0072;                                     //外轮廓凹弧子程序名
G91 G01 Z - 1;                             //增量下刀 1 mm
G90 G42 G01 X10;                           //建刀补
Y - 30;                                    //直线切入
G02 X30 Y - 10 R20;
G01 X60;                                   //直线切出
G40 G01 Y - 60;                            //取消刀补
M99;                                       //子程序结束并返回主程序
O0073;                                     //内圆轮廓子程序名
G91 G01 Z - 1;                             //增量下刀 1 mm
G90 G42 G01 X - 13 Y13;                    //建刀补
G02 X0 Y0 R13;                             //圆弧切入
G02 X0 Y0 I - 15 J0;                       //加工内圆轮廓
G02 X - 13 Y - 13 R13;                     //圆弧切出
G40 G01 X - 15 Y0;                         //取消刀补
M99;                                       //子程序结束并返回主程序


O0074;                                     //窄槽子程序名
G91 G01 Z - 1;                             //增量下刀 1 mm
G90 G42 G01 Y - 5;                         //建刀补
G01 X20;
G02 X20 Y5 R5;
G01 X50;
G40 G01 Y0;                                //取消刀补
M99;                                       //子程序结束并返回主程序
```

习　　题

1. 任务描述：零件形状如图 3.21 所示，零件毛坯尺寸为 φ100 mm×50 mm，零件材料为 45

钢，按单件生产安排其数控铣削工艺，编写出加工程序。根据表3.34进行评分。

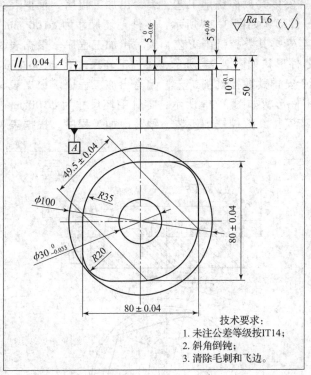

图 3.21 习题 1 图

表 3.34 习题 1 评分结果

件号	序号	项目及技术要求		配分	评分标准	检测结果	实得分
工件	1	型腔	$\phi 30_{-0.033}^{0}$	10	每超差 0.01 扣 1 分		
	2		周边 Ra 1.6	3	每降一级扣 1 分		
	3		深 $5_{-0.06}^{0}$	8	每超差 0.01 扣 1 分		
	4	外轮廓	80 ± 0.04	8	每超差 0.01 扣 1 分		
	5		49.5 ± 0.04	8	每降一级扣 1 分		
	6		$R20$	5	超差不得分		
	7		$R35$	5	每超差 0.01 扣 1 分		
	8		深 $5_{0}^{+0.06}$	6	每超差 0.01 扣 1 分		
	9		深 $10_{0}^{+0.1}$	4	每超差 0.01 扣 1 分		
	10		周边 Ra 1.6	6	每降一级扣 1 分		
	11	平行度	0.04	8	每超差 0.01 扣 1 分		
	12	其他	Ra 1.6	4	每降一级扣 1 分		
	13		全部清角	5	每处扣 0.5 分		
	总分			80			

2. 任务描述：零件形状如图 3.22 所示，零件毛坯尺寸为 ϕ100 mm × 50 mm，零件材料为 45 钢，按单件生产安排其数控铣削工艺，编写出加工程序。根据表 3.35 进行评分。

3. 任务描述：零件形状如图 3.23 所示，零件毛坯尺寸为 ϕ100 mm × 50 mm，零件材料为 45 钢，按单件生产安排其数控铣削工艺，编写出加工程序。根据表 3.36 进行评分。

4. 任务描述：零件形状如图 3.24 所示，零件毛坯尺寸为 ϕ100 mm × 50 mm，零件材料为 45 钢，按单件生产安排其数控铣削工艺，编写出加工程序。根据表 3.37 进行评分。

5. 任务描述：零件形状如图 3.25 所示，零件毛坯尺寸为 ϕ100 mm × 50 mm，零件材料为 45 钢，按单件生产安排其数控铣削工艺，编写出加工程序。根据表 3.38 进行评分。

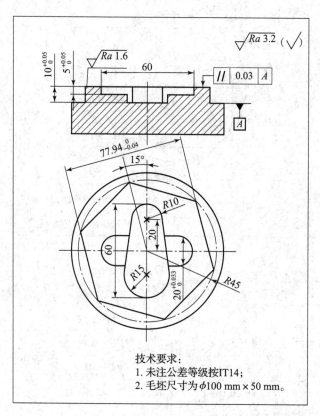

技术要求：
1. 未注公差等级按IT14；
2. 毛坯尺寸为 ϕ100 mm × 50 mm。

图 3.22 习题 2 图

表 3.35 习题 2 评分结果

件号	序号	项目及技术要求		配分	评分标准	检测结果	实得分
工件	1	正六边形	$77.94_{-0.04}^{0}$	8	每超差 0.01 扣 1 分		
	2		周边 Ra 3.2	6	每降一级扣 1 分		
	3		深 $10_{0}^{+0.05}$	4	每超差 0.01 扣 1 分		
	4	十字槽	$R15$	6	超差不得分		
	5		$R10$（三处）	6	超差不得分		

件号	序号	项目及技术要求		配分	评分标准	检测结果	实得分
工件	6		$20^{+0.033}_{0}$	6	每超差 0.01 扣 1 分		
	7		20	6	超差不得分		
	8	十字槽	长 60（两处）	4	超差不得分		
	9		深 $5^{+0.05}_{0}$	5	每超差 0.01 扣 1 分		
	10		深 $10^{+0.05}_{0}$	5	每超差 0.01 扣 1 分		
	11		周边 Ra 3.2	6	每降一级扣 1 分		
	12	其他	Ra 3.2	4	每降一级扣 1 分		
	13		全部清角	6	每处扣 0.5 分		
	14		15°	4	超差不得分		
	15		平行度 0.03	4	每超差 0.01 扣 1 分		
	总分			80			

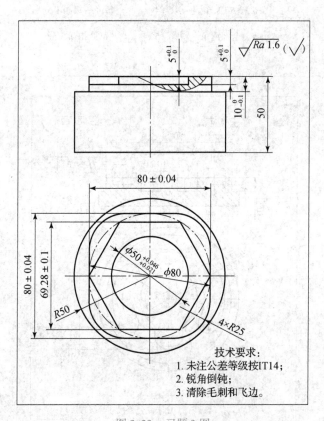

图 3.23　习题 3 图

表 3.36　习题 3 评分结果

件号	序号	项目及技术要求		配分	评分标准	检测结果	实得分
工件	1	型腔	$\phi 50 ^{+0.046}_{+0.021}$	10	每超差 0.01 扣 1 分		
	2		$Ra\,1.6$	3	每降一级扣 1 分		
	3		深 $5 ^{+0.1}_{0}$	5	每超差 0.01 扣 1 分		
	4	正四方形	80 ± 0.04	8	每超差 0.01 扣 1 分		
	5		周边 $Ra\,1.6$	6	每降一级扣 1 分		
	6		$R25$	5	超差不得分		
	7	正六边形	69.28 ± 0.1	8	每超差 0.01 扣 1 分		
	8		深 $5 ^{+0.1}_{0}$	4	每超差 0.01 扣 1 分		
	9		周边 $Ra\,1.6$	6	每降一级扣 1 分		
	10	总深	$10 ^{0}_{-0.1}$	6	每超差 0.01 扣 1 分		
	11	平行度	0.04	10	每超差 0.01 扣 1 分		
	12	其他	$Ra\,1.6$	4	每降一级扣 1 分		
	13		全部清角	5	每处扣 0.5 分		
总分				80			

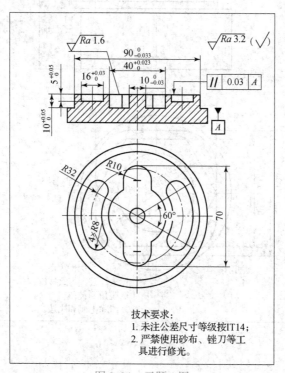

技术要求：
1. 未注公差尺寸等级按IT14；
2. 严禁使用砂布、锉刀等工具进行修光。

图 3.24　习题 4 图

表 3.37　习题 4 评分结果

件号	序号		项目及技术要求	配分	评分标准	检测结果	实得分
工件	1	圆	$90_{-0.033}^{0}$	6	每超差 0.01 扣 1 分		
	2		周边 Ra 3.2	4	每降一级扣 1 分		
	3		深 $10_{0}^{+0.05}$	5	每超差 0.01 扣 1 分		
	4	内轮廓	$40_{0}^{+0.023}$	6	每超差 0.01 扣 1 分		
	5		$R10$(两处)	4	超差不得分		
	6		$10_{-0.03}^{0}$	6	每超差 0.01 扣 1 分		
	7		长 70	4	超差不得分		
	8		深 $10_{0}^{+0.05}$	5	每超差 0.01 扣 1 分		
	9		周边 Ra 3.2	4	每降一级扣 1 分		
	10	槽	$R8$(四处)	4	超差不得分		
	11		深 $5_{0}^{+0.05}$	5	每超差 0.01 扣 1 分		
	12		$R32$	4	超差不得分		
	13		周边 Ra 3.2	4	每降一级扣 1 分		
	14	其他	60°(两处)	4	超差不得分		
	15		Ra 3.2	4	每降一级扣 1 分		
	16		平行度 0.03	5	每超差 0.01 扣 1 分		
	17		Ra 1.6	6	每降一级扣 1 分		
总分				80			

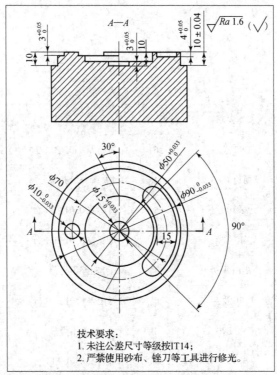

技术要求：
1. 未注公差尺寸等级按IT14；
2. 严禁使用砂布、锉刀等工具进行修光。

图 3.25 习题 5 图

表 3.38 习题 5 评分结果

件号	序号	项目及技术要求		配分	评分标准	检测结果	实得分
工件	1		$\phi 90 _{-0.033}^{0}$	10	每超差 0.01 扣 1 分		
	2		周边 Ra 1.6	4	每降一级扣 1 分		
	3		深 10 ± 0.04	6	每超差 0.01 扣 1 分		
	4		$\phi 50 _{0}^{+0.033}$	8	每超差 0.01 扣 1 分		
	5		$\phi 15 _{0}^{+0.033}$	8	每超差 0.01 扣 1 分		
	6	尺寸	深 $3 _{0}^{+0.05}$	4	每超差 0.01 扣 1 分		
	7		$\phi 10 _{-0.033}^{0}$	8	每超差 0.01 扣 1 分		
	8		深 $3 _{0}^{+0.05}$	4	每超差 0.01 扣 1 分		
	9		15	5	超差不得分		
	10		深 $4 _{0}^{+0.05}$	5	每超差 0.01 扣 1 分		
	11		周边 Ra 1.6	4	每降一级扣 1 分		
	12	其他	Ra 1.6	10	每降一级扣 1 分		
	13		全部清角	4	每处扣 0.5 分		
总分				80			

本章 小结
BENZHANGXIAOJIE

　　本项目按照分析工艺、数控仿真编程加工、实际数控机床操作顺序，精选企业典型加工案例，充分结合国家职业技能规范，借助数控仿真软件、数控机床同步分组教学，针对性极强，突出技能训练，使学生达到中级及以上技能操作水平。

　　学生可以根据自己的兴趣选择数控车床、数控铣床或加工中心其中的一种，训练时间为2周，其中数控车床针对典型的轴类与套类零件等进行编程加工强化考证训练，数控铣床或加工中心主要针对典型的凸台底板零件、内外轮廓零件、综合件等进行强化考证训练，并在2周训练结束后进行数控机床加工技能鉴定。

项目4　数控电火花加工技术